国家自然科学基金面上项目（72073053）

平台企业用户数据造假规制研究

——基于估值最大化目标

王　进　吴昌南◎著

RESEARCH ON THE REGULATION OF USER DATA FRAUD IN PLATFORM ENTERPRISES
—BASED ON THE GOAL OF VALUATION MAXIMUM

经济管理出版社
ECONOMY & MANAGEMENT PUBLISHING HOUSE

图书在版编目（CIP）数据

平台企业用户数据造假规制研究：基于估值最大化目标/王进，吴昌南著．—北京：经济管理出版社，2023.10

ISBN 978-7-5096-9362-9

Ⅰ.①平…　Ⅱ.①王…②吴…　Ⅲ.①网络公司—数据管理—研究—中国　Ⅳ.①TP274

中国国家版本馆 CIP 数据核字(2023)第 217385 号

组稿编辑：郭　飞
责任编辑：郭　飞
责任印制：张莉琼
责任校对：王淑卿

出版发行：经济管理出版社
（北京市海淀区北蜂窝 8 号中雅大厦 A 座 11 层　100038）
网　　址：www. E-mp. com. cn
电　　话：（010）51915602
印　　刷：唐山昊达印刷有限公司
经　　销：新华书店
开　　本：720mm×1000mm/16
印　　张：15.25
字　　数：282 千字
版　　次：2024 年 2 月第 1 版　　2024 年 2 月第 1 次印刷
书　　号：ISBN 978-7-5096-9362-9
定　　价：88.00 元

联系地址：北京市海淀区北蜂窝 8 号中雅大厦 11 层
电话：（010）68022974　　邮编：100038

序

当前，我国平台经济成为推动经济、社会发展的重要引擎。然而，平台企业数据造假现象严重，尤其是社交平台、媒体广告平台、点评平台成为数据造假的重灾区。这不利于平台企业行业规范健康发展。为此，国家高度重视平台经济规范健康持续发展，习近平总书记在中央财经委员会第九次会议明确强调，要推动平台经济规范健康持续发展。自 2016 年以来，监管部门陆续出台了规范平台经济发展的多种文件，如 2021 年国家发展改革委等部门发布的《国家发展改革委等部门关于推动平台经济规范健康持续发展的若干意见》（发改高技〔2021〕1872 号）明确表示，严肃查处利用算法进行信息内容造假、流量劫持以及虚假注册账号等违法违规行为。在此背景下，研究平台企业数据造假行为及规制政策具有重大意义。

本书主要研究目标包括三部分：第一部分以平台企业估值最大化目标为视角研究其数据造假的动因；第二部分分析数据造假的后果。分析在估值最大化目标下，平台企业数据造假机会主义行为误导消费者和商家、投资方、并购方对平台的选择，并出现损失，扭曲资本配置等问题，为构建规制政策提供理论依据和经验证据；第三部分立足于我国平台企业数据造假现状、后果以及现有规制政策的不足，提出数据造假机会主义行为的规制政策。

本书是吴昌南教授主持的国家自然科学基金“互联网平台企业估值最大化目标及其机会主义行为规制研究”（项目编号：72073053）成果，也是王进博士攻读博士学位的研究方向和博士学位论文成果。吴昌南教授对本书的选题、结构等方面给予了非常细致的指导。

感谢为本书编写提出宝贵意见的专家。感谢经济管理出版社对本书出版的大力支持。

由于笔者水平有限，书中难免出现错误和纰漏之处，敬请读者提出宝贵意见。

前　言

我国平台经济自2010年开始步入快速发展阶段，成为推动经济、社会发展的重要引擎，也推动着新业态、新模式不断涌现。在数字经济时代，数据成为平台经济的驱动要素。平台企业基于互联网技术，以数据作为生产要素对资源进行配置。然而，平台企业数据造假现象严重，尤其是社交平台、媒体广告平台、点评平台成为数据造假的重灾区。数据造假侵害消费者的知情权和选择权，损害商家的利益，还会误导投资方和并购方对企业价值的评判，扭曲市场机制，恶化创新创业环境，终将对数字经济发展造成极大的破坏，不利于平台行业规范健康发展。当前，我国经济正处于新旧动能转换的关键时期，党中央高度重视平台经济规范健康持续发展，监管部门陆续出台了规范平台经济发展的多种文件。在此背景下，研究平台企业数据造假行为及规制政策具有重大意义。

本书主要研究目标包括三部分：第一，以平台企业估值最大化目标为视角研究其数据造假的动因。第二，分析数据造假的后果。分析在估值最大化目标下，平台企业数据造假机会主义行为误导消费者、商家、投资方、并购方对平台的选择，并出现损失，扭曲资本配置等问题，为构建规制政策提供理论依据和经验证据。第三，立足于我国平台企业数据造假现状、后果以及现有规制政策的不足，提出数据造假机会主义行为的规制政策。

本书主要内容和结论如下：

第一，本书分析了平台企业估值最大化目标及数据造假行为。首先，本书依据马克思的劳动价值理论、平台企业的网络效应性质、企业价值理论提出用户价值决定企业价值；并在分析传统财务会计资产与平台企业用户价值的差异和平台价值生成机理的基础上构建了平台企业估值模型；利用估值模型推导出平台企业在不同经营目标下用户规模的差异，提出平台企业基于用户价值的估值最大化经营目标。从本质上来说，平台企业与传统企业经营目标不同的原因在于平台经济具有网络效应特征，平台企业需要快速积累用户并实现高成长、高估值，获得资本青睐，赢得竞争力。而传统企业由于其核心资产不具有自我增强能力，企业规模的扩大并不能保证企业具有竞争优势，不一定能带来高估值，反而易陷入扩张太快资金链断裂的泥潭，基于经营持续性的考虑必须保持一定的盈利水平。其次，本书基于估值最大化经营目标理论揭示了平台企业数据造假的动因。本书使用博弈论和演绎推理法两种方法进行论证：一是分析平台企业数据造假贝叶斯纳什均衡，结果是平台企业均选择数据造假。二是分析不同经营目标下平台企业数据造假的收益，得出的结论是以估值最大化为经营目标下平台企业数据造假收益大于利润最大化目标下的数据造假收益，这就可以更好地解释了为什么平台企业比传统企业数据造假更为常见。最后，分析在估值最大化经营目标下，平台数据造假机会主义行为的类型及数据造假由谁买单的问题。

第二，数据造假对消费者和商家的影响。一是以供需对接平台数据造假为例分析消费者和商家的福利变化。结果显示：数据造假通过网络外部性的作用误导消费者，且网络外部性越强距离成本越低，造假规模越大被误导的消费者数量越多，消费者福利损失也越多；数据造假还会使商家福利受损，损害正常经营平台的竞争力，易引发数据造假的不正之风。二是以媒体推广平台数据造假为例分析广告商的福利变化。结果显示平台数据造假使广告商遭受损失。

第三，数据造假对投资方的影响。一是考虑单一投资标的下数据造假的影响。平台基于数据造假收益最大化原则会选择一个最优数据造假规模，但数据造假会导致投资方收益受损，投融资方总收益也会受到损害。二是考虑多个投资标的下的逆向选择及影响。数据造假会扭曲资本配置，使真正有价值的平台企业面临融资约束问题，还会诱发“柠檬市场”问题，而提高数据造假成本可缓解该问题。

第四，数据造假对并购方的影响。以平台企业估值模型推导出互联网平台企业数据造假会损害并购绩效的结论，并以 2010~2020 年 197 个对平台企业并购的事件为研究对象进行实证分析，在实证分析前挤干并购目标平台企业的造假数据水分。具体做法是：基于 337 份平台企业的权益价值评估报告等公告构建平台企业估值指标体系与模型，在数据造假成行业潜规则的情况下，采用收益法估值会出现估值泡沫的问题（估值实践中多采用收益法进行估值），本书采用市场法中的上市公司比较法进行估值，利用敏感的资本市场挤干造假数据水分；利用因子分析法和层次分析法组合赋权；依据模糊物元法和海明贴近度筛选与并购目标公司特征相似的可比上市公司；基于启生信息（39 健康网）实际估值情况验证本书估值方法的可靠性。在挤干造假数据水分后，将数据造假与上市公司并购绩效进行回归。实证结果显示：平台企业数据造假的机会主义行为对主并企业并购绩效有负向影响；并购双方间的信息不对称越高，数据造假对并购绩效的负向影响越大；签订业绩承诺协议可以降低并购双方间的信息不对称造成的数据造假问题，缓和数据造假对并购绩效的负向影响。本书对数据造假成行业潜规则的情况下平台企业如何估值问题进行了有益的探索，为平台企业数据造假损害并购绩效提供理论与经验证据。

第五，本书最后部分是平台企业数据造假的规制政策分析和建议。在分析国内外平台企业数据造假规制政策的基础上，结合前文理论和实证分析提出平台企业数据造假的规制政策和建议。

本书共分为七章，包括导论、平台企业估值最大化目标及数据造假行为、数据造假对消费者和商家的影响分析、数据造假对投资方的影响分析、数据造假对并购方的影响分析、平台企业数据造假规制政策分析与建议、结论及展望。本书的主要创新点在于提出估值最大化经营目标理论，据此揭开了平台企业数据造假的动因；构建估值最大化理论模型，揭示了为何平台企业利润低甚至负利润还估值很高的谜题；理论推导和实证检验了数据造假对消费者、商家、投资方、并购方的影响，并指出现有文献极少关注信息不对称条件下平台企业数据造假的机会主义行为及其后果。

目 录

第1章　导论

1.1　研究背景和研究意义

1.1.1　研究背景

快速扩大用户基础、提高估值成为平台企业赢得竞争力的重要基础。得用户者得天下，根据梅特卡夫定律，平台企业的价值与用户数的平方成正比，用户规模决定着企业的竞争力和未来的发展潜力，平台企业需要大量资金实现其用户量快速增长，形成强大的网络外部性，不断吸引新用户，规模越来越大，估值越来越高。企业估值的迅速提高是获得“以退为进，为卖而买”的风险资本青睐的重要前提，平台企业获得融资后可以进行下一轮的用户规模扩张，形成强大的网络效应并获得竞争优势。平台企业由于轻资产、高风险的特点，大多依赖股权融资方式获得资金，且其核心资产的未来收益不如传统企业的稳定。平台企业的投资价值往往通过企业估值而非企业价值来体现，因此估值是其获得资金规模大小的依据，估值越高获得资金越多。总之，高成长、高估值对于平台企业而言相较于传统企业更具有战略意义，平台企业间的竞争往往演变为争夺用户的竞争。如2018年4月4日，美团点评以27亿美元收购了摩拜单车100%的股份，美团点评的招股书中称：我们无法保证摩拜或我们的整体业务在未来能获得盈利。我们计划在可预见的未来大力投资扩大我们的消费者及商家基础。

平台企业出现了难以用利润最大化解释的经营行为。如平台企业出现的“烧钱”补贴、溢价并购、不设盈利时间等行为。2013 年 12 月到 2014 年 3 月短短 4 个月时间，以滴滴出行和快的打车为代表的出行 O2O 在补贴大战中迅速烧尽 20 亿元。补贴和“烧钱”似乎成了平台行业最大的话题。2017 年，摩拜单车和 OFO 上演补贴大战，推出免费骑、1 元 2 元包月等活动。还比如成长或成熟平台企业，甚至是头部平台企业不设盈利时间、重视用户基础和企业长期价值的经营行为。2015 年，京东集团 CEO 刘强东表示“五年前我就说过，我在内部从来没有设定过将在哪年盈利，现在我依然没有设定，我们还是设定我们的用户满意度、新增消费者、产品应该提供多少等目标”①。“烧钱”补贴，溢价并购，不设盈利时间的结果往往是平台企业亏损，但平台企业却能卖出高价。比如：2016 年 2 月，滴滴出行获北汽产投等风险投资机构的 10 亿美元战略融资，估值高达 200 亿美元；2018 年 4 月，美团点评以 27 亿美元收购仅成立三年且一直亏损的摩拜单车 100%股权；2014 年 1 月，京东集团获腾讯控股 2.15 亿美元投资，估值达 14 亿美元。“烧钱”补贴、溢价并购、不设盈利时间对平台企业的意义在于：虽然平台企业初期在亏损，但平台行业的马太效应会使领先者具有竞争优势，只要平台企业积累用户基础的速度够快，企业的成长速度也就越快，企业估值就越高，资本的安全边际就越高，平台企业就容易被投资者看好，烧钱补贴、溢价并购就有意义，平台企业就能持续发展。总之，这些出现在平台行业的现象均表明平台企业的经营目标开始偏离利润最大化目标，转而寻求用户价值为基础的高估值。

平台企业在追求高估值过程中出现了数据造假行为。在数字经济时代，流量至关重要，数据造假成为行业心照不宣的秘密，如每日经济新闻报道：主播刷粉已经成为视频直播行业的“潜规则”，平台通过数据造假来营造火爆的直播场景，并以此骗取融资②。无论是初创平台还是成长或成熟平台都参与其中。对于初创平台企业而言，由于互联网产品在上线之初都会经历“冷启动”阶段，推广阻力大，在这个阶段很难获得足够数量的用户，初创平台企业很容易选择数据造假以导入流量或吸引融资，如 2015 年，《时代周报》报道互联网创业企业在点击率、用户数转化率等数据方面全面造假，互联网行业中有大量的泡沫③。除此

---

① 刘强东：京东不设盈利目标［EB/OL］.（2015-03-12）［2021-11-15］. http：//stock. eastmoney. com/news/1437. 20150312485193578. html.

② 王志福．网红直播出现“专业内容生产”趋势，平台“刷粉”成业内潜规则［EB/OL］.（2016-07-04）［2022-05-02］. https：//finance. ifeng. com/a/20160704/14555164_0. shtml.

③ 互联网数据造假盛行，浮夸风伤害创新经济［EB/OL］.（2015-12-01）［2022-7-30］. http：//finance. sina. com. cn/roll/20151201/065623895668. shtml.

之外，一些成长中或成熟的平台企业也被曝数据造假。《北京青年报》报道平台企业数据造假已成为行业的大问题，甚至成为许多点评类网站的“潜规则”①。2017年10月，某共享O2O平台宣布日订单量稳超3000万单。而美团点评招股书称“截至2018年4月30日止的四个月，该平台用户完成了10亿次骑行”。按此招股书数据计算，该共享O2O平台日均订单相比于其2017年10月宣布的日均订单（3000万单）缩水72.23%。可见，平台企业数据造假形式多为夸大活跃用户量、流量、用户数转化率，虚增用户数据资源，虚增交易额等，这些形式的数据造假均影响平台企业的用户价值，进而影响其估值。

除上述形式的数据造假外，在互联网广告业中被广泛诟病的“点击欺诈”数据造假形式，是通过人工或机器“水军”增加广告客户支出而非法牟利的行为，其目的是非法获取广告收入，此类造假行为的动因和后果明确，不在本书研究之列。本书研究影响互联网平台企业估值的数据造假行为，揭示此类数据造假行为的动因，系统论证其后果，以丰富该领域的研究。

数据造假侵蚀多方利益，影响互联网平台生态的健康发展。网经社电子商务研究中心发布的《2019-2020年中国电子商务法律报告》显示，2019～2020年度十大电子商务法律关键词排名第一的就是互联网“黑灰产”。互联网平台的刷单、刷成交量、刷好评等行为，严重侵蚀了消费者、商家、投资者的利益，也会让诚信经营的平台举步维艰，产生“劣币驱逐良币”的不良后果，引发行业信任危机，破坏有序竞争的生态。在数字经济时代，数据起着基础性作用，直接影响资源配置和“注意力”分配，数据一旦失真，数字经济的基石就会垮塌。

在此背景下，平台企业数据造假等问题也日渐受到政府监管部门的重视，如2021年12月23日，中央网信办部署开展专项行动，重点聚焦流量造假、黑公关、网络水军乱象问题，以保障网民的合法权益、维护公平竞争的市场秩序。

1.1.2　研究意义

1.1.2.1　理论意义

第一，本书根据平台企业利润低估值高这一普遍现象，在比较平台企业不同

① 唐伟．治理点评数据造假亟待厘清责任［N/OL］．北京青年报，（2018-10-30）［2021-12-20］．http：//media. people. com. cn/n1/2018/1030/c40606-30369925. html.

经营目标下的用户规模差异基础上，创新性地揭示了平台企业的经营目标是估值最大化，这与传统的利润最大化假说和经理人模型有很大的区别，有较强的理论意义。

第二，基于财务指标的传统财务会计估值方法已不适用于以估值最大化为经营目标的平台企业，本书从财务会计的角度解析平台企业用户价值与传统企业资产的差异，并在分析平台企业价值生成机理的基础上，创新性地构建适用于平台企业的估值模型，这可以弥补目前财务会计对平台企业估值的缺陷。

第三，以用户价值为基础，从平台企业估值最大化目标出发，分析信息不对称条件下平台企业数据造假行为的后果，为丰富我国关于平台领域的规制政策提供了理论依据。

1.1.2.2　现实意义

第一，对于保障消费者、商家、投资者合法权益，促进平台企业良性竞争，缓解资本配置扭曲具有重要的现实意义。本书揭示了估值最大化是平台企业数据造假的根本动因；证明了平台企业数据造假危害各方利益，扭曲资本配置，恶化创新创业环境的严重后果，对于防范数据造假具有借鉴意义，也可为规制数据造假、廓清竞争环境提供经验证据。

第二，建立了平台企业估值指标体系与模型。本书基于 337 份平台并购事件中主并方公布的权益资产评估报告、对外投资说明等材料，在因子分析法和层次分析法基础上，构建了较为合理的平台估值指标体系与模型，可为数字经济背景下平台企业融资收购中的价值评估提供支持。

第三，提出了具有操作性的数据造假规制政策。平台企业数据造假与其他企业的数据造假存在显著差异。平台企业数据造假多集中于用户数据方面的造假，造假更为隐蔽和普遍，造假带来的风险更为突出和广泛。现有关于平台企业数据造假机会主义行为的规制政策还较为模糊。本书中的平台企业数据造假机会主义行为的规制政策是在分析国内外数据造假规制政策基础上，基于估值最大化经营目标视角提出，具有较强的操作性，在政策上有较强的实践意义。

1.2　相关概念界定

1.2.1　平台经济的定义与特征

1.2.1.1　平台经济定义

Rochet 和 Tirole（2003）开创性地提出了具有“双边市场”性质的平台经济模式，之后 Rochet 和 Tirole（2006）从价格结构角度定义了平台经济：当总定价不变，交易总量会随着定价结构的变化而变化，则此类市场有双边用户。Armstrong（2006）、Rysman（2009）从网络外部性角度定义了平台经济：通过网络外部性，一边用户的收益取决于另一边用户的数量。虽然学者对平台经济的定义各有不同，但都认为平台经济具有网络效应，一边用户的决策对另一边用户的收益起到影响作用。在数字经济时代，平台经济基于互联网技术，以数据作为生产要素对资源进行配置，数据成为平台经济的驱动要素。2022 年 1 月国家发展改革委等九部门联合印发《关于推动平台经济规范健康持续发展的若干意见》（发改高技〔2021〕1872 号）指出，平台经济是以互联网平台为主要载体，以数据为关键生产要素，以新一代信息技术为核心驱动力、以网络信息基础设施为重要支撑的新型经济形态。

1.2.1.2　平台经济特征

（1）双边市场。

平台经济具有双边市场的性质，即平台存在两个市场，一边是用户（或消费者）市场，另一边为企业（或生产者）市场。在双边市场中，平台的价格结构影响着供需双方在市场中的交易倾向。

（2）网络外部性。

平台经济具有网络效应特征，这使平台之间的竞争通常是优势企业“赢者通吃”。网络效应的条件是平台的用户规模要达到一定的基础，这使得平台通常为吸引和培育用户而对用户进行补贴。平台具有双边市场性质，平台的工作重点是培育用户，用户端的规模上去了，由于平台交叉网络外部性的作用，企业端的规模也会随之增加。

（3）用户锁定。

由于平台经济的网络效应、交叉网络外部性及各平台之间的技术不兼容性（如注册了搜狐视频的用户并不能观看爱奇艺上的内容），平台企业对用户具有一定的锁定效应，用户转换平台需承担一定的转换成本。网络效应和用户锁定往往密切相关，平台企业在网络效应的作用下加速积累用户，网络也具有了更强的用户锁定能力。

（4）边际成本递减。

平台经济由于具有网络效应特征，一般都具有边际成本递减特性，前期投入大，后期随着用户规模增加，单位成本也随之下降。平台企业的市场规模往往决定其市场竞争力，平台企业的竞争演化为用户的竞争。

（5）消费者边际效用递增。

消费者从传统经济提供的商品或服务中获得的边际效用往往满足递减规律，平台经济提供的是准公共物品，随着加入平台的用户不断增加，用户消费商品或服务的效用就会递增，用户黏性也会增加，平台吸引用户的能力也随着平台用户规模的增加而增强。

1.2.2 平台企业定义

Rochet 和 Tirole（2004）最早提出平台概念，指出平台是通过双边市场聚集两组或两组以上的参与者，并促使双方交易的场所。那什么是平台企业呢？目前关于平台企业的定义在学术界有较为一致的界定，如 Evans（2003）提出平台企业是将具有相互依赖需求的不同客户群体连接起来的中介。全球企业中心发布的《平台型企业的崛起：全球调查》指出，平台企业是具有网络效应的能够捕捉、传递和加工数据的企业（Evans 和 Gawer，2016）。胡英杰和郝云宏（2020）提出平台企业是指依托互联网大数据等方式连通匹配商品或服务供应方与需求方的中介组织。因此，本书将平台企业定义为：利用线上渠道搭建供应方和需求方的联系平台来实现商业目的的企业。区别于传统企业，平台企业借助真实或虚拟的交易场所促进买卖双方达成交易，网络优势和海量数据对平台企业市场地位的争夺至关重要。

1.2.3 估值

现有文献大多将估值等同于评估、估价，鲜有文献对估值进行定义。姜楠

(2005) 提出评估在本质上是资产或产权进入市场之前开展的一种资产价值判断活动。鹿亚芹等（2007）提出资产评估是专业机构和人员依据有关法律、法规和资产评估准则，根据评估目的选择适当的价值类型，对资产价值进行分析及估算并提出专业意见的行为。王棣华（2008）认为企业价值评估是评价企业作为一个整体，在未来交易时的交换价值。

关于企业估值，程廷福和池国华（2004）认为企业评估价值的高低取决于特定条件下企业内在的获利能力转化为超额收益的数量及获利持续的时间，简而言之，企业评估价值的高低取决于企业内在价值的可实现程度，本质上企业评估价值是一种价格范畴。企业价值评估按照价值类型划分，主要可分为市场价值和投资价值。《资产评估价值类型指导意见》（中评协〔2017〕47号）中对市场价值和投资价值进行了定义，市场价值是指自愿买方和自愿卖方在各自理性行事且未受任何强迫的情况下，评估对象在评估基准日进行正常公平交易的价值估计数额；投资价值指评估对象对于具有明确投资目标的特定投资者或者某一类投资者所具有的价值估计额。市场价值是市场整体对被评估资产的价值的认可，可视为公允价值，而投资价值更关注投资的战略意义，往往具有明确的投资目标和投资者。企业投资价值根据投资目的的不同分为企业股权融资估值和企业并购估值。

本书的企业估值是指企业的内在价值的评估值，且研究对象聚焦于投资价值评估值。

1.2.4 用户价值

随着互联网经济的发展，一些国外学者开始研究互联网企业中的用户价值，并给出用户价值的定义。如 Park 和 Han（2013）提出用户价值是与某种产品或服务有关，是当用户使用某种产品或服务时达到的某种满意状态。Lotfy 和 Halawi（2015）认为用户价值是对产品的接受程度，并且这种接受程度越高时用户价值越大，对企业价值的影响越大。Yu（2018）则认为用户价值并非来自产品提供的不同层次对用户的影响，而是来自整体服务体验。

我国学者对用户价值的定义持有不同看法，一部分学者认为用户价值是用户使用产品或服务后的总体感受，如沙淑欣和常红（2014）、江积海和刘芮（2019）。另一部分学者认为用户价值有两面性，既可以从用户角度也可以从企业角度理解用户价值。如徐丽芳等（2017）提出用户价值既可以指产品或服务对于用户而言的价值，也可以指用户对于产品和服务提供者而言的价值，两者互为前提且可以相互转换，本质上是统一的。余顺坤等（2022）也认为用户价值可以从企业角度出发探讨用户给企业价值带来的贡献。另外，2015 年国泰君安证券发布的《互联网公司估值那些事儿（上）》显示，用户价值是从企业角度出发衡量用户对企业价值的贡献，以此作为评估企业价值的依据，且单位用户价值与用户规模成正比，随着用户规模的快速增加，单位用户价值也迅速提升。

借鉴前人研究成果，本书的用户价值定义为用户对平台企业价值的贡献，可从用户规模和单位用户价值两个维度进行衡量。用户规模用活跃用户量衡量，活跃用户量可以更好地体现平台企业市场地位和网络效应的大小，体现吸引用户加入平台的能力大小，也代表着平台企业可积累海量的用户信息、用户交易信息、供需双方匹配信息，是平台企业价值驱动的关键要素资源，因此活跃用户规模是衡量平台企业未来发展潜力的重要指标，是平台企业估值的重要指标。单位用户价值是企业愿意支付的可比市场价，流量变现能力越强，单位用户价值越高，且单位用户价值随用户规模的增加而增加。

1.3 文献综述

《国务院办公厅关于促进平台经济规范健康发展的指导意见》（国办发〔2019〕38 号）提出，“互联网平台经济是生产力新的组织方式，是经济发展新动能，对优化资源配置、促进跨界融通发展和大众创业万众创新、推动产业升级、拓展消费市场尤其是增加就业，都有重要作用”。党的十九大报告提出，加快建设制造强国，加快发展先进制造业，推动互联网、大数据、人工智能和实体经济深度融合。“十四五”规划提出，促进数字技术与实体经济深度融合，赋能传统产业转型升级，催生新产业新业态新模式。因此，大力发展平台经济，推动互联网、大数据、人工智能与实体经济深度融合是推动我国经济转型升级，经济增长新旧动能转换的重要驱动力。

平台企业出现数据造假等不规范竞争行为，引起了国内外学者的高度关注，积累了较为丰富的研究成果。目前国内外文献对平台企业的研究主要集中在四个方面：一是关于平台企业的价值；二是关于平台企业的经营目标；三是关于平台

企业数据造假的行为；四是关于平台企业市场行为的规制。

1.3.1 关于平台企业价值的研究

1.3.1.1 平台的用户与企业价值

任何企业都有市场价值，那么平台企业市场价值的基础是什么？Trueman 等（2000）利用 63 家互联网公司的财务信息与非财务信息对公司股价进行了回归，发现企业的净利润与股价无显著相关性，因为互联网公司的净利润通常包括大型短期项目，而投资者可能考虑更多的是长久性因素。Trueman 等还发现独立访问量和页面浏览量与互联网公司股价显著正相关。Lazer 等（2001）也认为，互联网公司最显著的非财务绩效指标之一是网站流量，高流量可能会立即转化为更多的广告收入，这是网站最重要的收入来源之一，高流量还意味着具有更强的网络效应，互联网公司的价值会随着用户数量的增加而增加，能产生更多的未来利润和现金流。Porter（2001）提出投资者依赖网络流量来预测互联网企业未来的盈利能力，进而评估企业价值。我国学者围绕互联网平台企业价值展开了有益的探索。周金泉（2006）认为互联网经济的本质是注意力经济，这种经济形态中最稀缺的资源是有限的注意力，互联网企业价值的衡量必须以注意力为标准，网站流量逐渐成为评估网络企业价值的价值驱动器。龙海泉等（2010）提出流量是网络公司最为核心的资源。因此，用户被视为互联网企业的资产，其价值可以衡量和最大化（Doligalski，2015），用户是互联网企业的核心资源（黄生权和李源，2014），是平台型企业的价值源泉（蔡呈伟，2016）。由此谭家超和李芳（2021）提出，平台企业的业务经营越来越依赖于用户规模，具有用户规模优势的平台企业将在市场竞争中占据有利地位，平台企业之间的竞争演变为用户规模的竞争。

基于对平台企业用户的认识，有学者考虑了用户与企业价值的关系。Metcalfe（1995）提出了著名的梅特卡夫定律，即网络的价值等于网络节点数（即用户数量）的平方。Rajgopal 等（2002，2003）认为，网络优势是财务报表中无法识别的重要无形资产。Bartov 等（2002）认为，互联网公司与非互联网公司的估值存在显著差异，非互联网公司的估值通常遵循传统的估值理念，然而互联网公司的估值偏离了传统观念。Gupta 等（2004）认为，传统的会计方法侧重于评估有形资产，但在数字经济时代，公司的财务价值取决于资产负债表外的无形资产，由网站访问量产生的网络优势对股票价格比传统的会计指标（例如收益和权益账面价值）更有解释力。Briscoe 等（2006）认为网络价值与 N×ln（N）成正比，其中 N 表示用户数量。2015 年国泰君安证券发布的《互联网公司估值那些事儿（上）》中指出，互联网企业的价值取决于其用户数、节点距离、变现能力和垄断溢价，其中用户数的影响力最大。江积海和刘芮（2019）也认为互联网企业的价值与用户数量的平方成正比。

总之，用户是平台企业的价值源泉，是平台企业价值评估的重要因素。这个观点得到不少学者的认同，也为本书的研究提供了良好的理论基础。

1.3.1.2 平台企业用户价值与企业估值

既然用户与平台企业价值密切相关，那么如何衡量平台企业的用户价值，进而评估互联网企业价值？国内外学者大多认为，客户数量、独立访问量、停留时间、变现率等指标可以较好地体现用户价值，可以作为估算平台企业价值的指标。

Trueman 等（2000）以独立访问量和页面浏览量为主要非财务指标分析平台企业与其价值的关系。他们以剩余收益模型为基础，将一些可能会产生未来收益的支出调整为投资而非费用，再在财务数据中加入互联网数据，作为自变量进行回归。Lazer 等（2001）也认为，网站流量是互联网公司最显著的非财务绩效指标之一，高流量可能会带来更多的广告收入，可以表明网站产品和服务的潜在市场规模，因此网站流量是市场价值和回报的决定因素之一，流量指标可能是互联网公司普遍接受的指标。Rajgopal 等（2003）以网站访问量为主要指标评估互联网平台的价值。Benbunan-Fich 和 Fich（2004）采用标准事件分析法研究了 1996~2001 年公司公布网络流量对其价值的影响，结果显示公布网络流量后，公司的价值平均提高了 5%左右。他们分析认为来自独立评级公司的商业网站流量数据并不总是可靠的，因为第三方对网络流量的估计在技术和方法上都有弱点，因此许多公司发布公告，宣布他们实际的网络流量，而此行为对公司市场价值产生了直接的影响。之后，学者们开始关注用户变现的问题，如 Gupta 等（2004）以客户的终身价值来估算互联网平台价值，并认为对于收益为负且高成长的企业，用客户价值可以更合理地评估企业的内在价值；Bauer 和 Hammerschmidt（2005）通过比较基于客户相关现金流和传统财务指标的企业价值评估的综合模型，证明客户相关现金流指标要优于使用传统的财务指标；Kossecki（2009）进一步提出以客户产生利润的潜力作为评估互联网企业价值的依据。

我国学者也注意到用户数、流量、停留时间、变现率对平台企业价值的影响。如沈洁（2001）使用网络公司页面访问次数、停留时间、回返率等指标估计

了网络公司的未来价值；高锡荣和杨建（2017）认为长期而言，活跃客户数平方的标准差和波动率可以体现互联网企业的变现能力，以此对互联网企业进行估值；路璐（2019）认为企业的价值与企业在互联网上占据的规模呈一定的正相关关系，该规模的主要构成因素之一就是活跃用户，用户的表现包括用户量、节点、变现能力、垄断溢价等都是企业客户价值的综合体现，最终转化为企业的市场价值，且互联网企业价值的高低随着该企业所掌握的客户价值的高低而变化。

总而言之，在互联网发展初期，评估互联网价值的指标往往局限于用户数量、点击量、注册用户数。随着互联网经济的发展，人们发现不同的互联网平台企业即便流量、用户数相同，流量变现能力也是不相同的，企业的内在价值也不同。因此，对平台企业价值的评估由基于用户数量、流量逐渐演变为用户数量、变现能力等体现用户价值的指标。

1.3.1.3 平台企业估值方法

既然用户价值会影响平台企业的估值，那么如何对平台企业进行价值评估？

关于企业价值的评估，Fisher（1906）在《资本与收入的性质》中提出的资本价值论是最早的企业价值理论，他认为评估一个投资项目的价值，实际上就是对其未来盈利能力的折现。1958年6月，Modigliani和Miller首次提出企业价值的概念，并提出著名的MM理论，为企业价值提供了一个明确的评估标准，即任何企业的价值，无论其是否存在负债，都与其资本结构无关，而取决于其生产经营活动创造现金流量的能力。之后Modigliani和Miller（1963）对MM理论进行了修正，认为企业借贷产生的债务利息可以产生避税的作用，企业价值等于无负债的企业价值和负债的纳税利益现值。自此以后企业理论研究者们摆脱了新古典经济学视企业为个体的局限，开始探究企业应当如何运作以增长企业价值，随之出现了影响力广泛的企业价值评估理论，如1969年经济学家詹姆斯·托宾提出Tobin's Q理论，以及被广泛运用到科技型公司价值评估的实物期权法、EVA法（经济增加值法）等。

平台企业的价值具有数字化的特殊性质，在数字经济时代，采用传统财务方法对高增长甚至现金流量为负的平台企业进行价值评估，往往与实际的企业价值不符。鉴于以经营业绩为基础的传统会计价值核算偏离了互联网平台价值，在20世纪90年代后，特别是在2000年3月“科恩风暴”之后，有文献就如何正确评估互联网公司的价值展开了研究。评估方法主要有两种：一种是传统的企业价值评估法，包括收益法、成本法、市场法。由于平台企业具有轻资产、高成长特性，且很多平台企业处于亏损或利润很低的状态，在预期收益、成本费用和资本的划分等方面面临诸多困难。因此许多学者对传统价值评估法进行了拓展和修正，开始引入用户价值、浏览量、访问时间等非财务指标与传统企业价值评估法相结合开展研究。另一种是新兴的企业价值评估法，包括剩余收益估值模型法、实物期权法、用户价值法、EVA 法（经济增加值法）等。新兴的企业价值评估法考虑到了互联网行业高成长、高风险的特点，但也存在假设性太强、估值过高的问题。总之，无论是传统的还是新兴的企业价值评估法，均开始考虑非财务指标在互联网平台企业估值中的作用。

关于传统的企业价值评估法：一是收益法。沈洁（2001）使用收益法中的“现金流量折现法”估计网络公司内在价值，即网络公司内在价值等于现有资产的现金流量价值总额加上增长机会价值，企业增长机会价值考虑了一些非财务指标，比如网络公司页面访问次数、停留时间、回返率等。张洪彬（2011）提出收益法符合企业价值最大化目标，可以体现企业的未来盈利潜力，又可以体现企业的投资风险。但高锡荣和杨建（2017）认为收益法中的现金流量折现法估值的前提条件是被评估资产的企业必须持续稳定地经营，然而互联网企业在经营过程中面临高度不确定性，故而现金流量法往往容易低估企业资产价值。二是成本法。Demers 和 Lev（2001）研究发现网络流量和用户黏性仍然与价值相关，他们提出早期投资者将互联网平台企业的产品开发（R&D）和广告费用（客户获取成本）视为资产资本化，因此将产品开发（R&D）和广告费用（客户获取成本）转化为企业价值。但众多学者如郑征（2020）、祝金甫等（2021）认为成本法不能合理体现企业未来盈利价值，难以有效计量无形资产对企业价值的贡献，因此成本法通常会低估互联网企业价值。三是市场法。岳公侠等（2011）认为“市场化”是中国资本市场改革和发展的方向，因此在评估方法选择上，市场化的主导性将逐渐得到显现。胡晓明（2013）也提出，市场法是最直接、最贴近实际且最容易被接受的估值方法。且在国际上，市场法是首选的估值法。因此一些文献采用市场法对互联网企业进行估值。如郭泰岳（2020）使用独立访问量、用户黏性等非财务指标和其他财务指标，利用市场法对目标互联网企业进行估值。但陈琪仁等（2020）则认为一些成长型企业的收益很小甚至为负数，销售额波动性也较大，那么就不适合市盈率和市销率等传统估值方法。

关于新兴的企业价值评估法：一是剩余收益估值模型法。Trueman 等（2000）首先使用了非财务数据对互联网股票进行估值，建立剩余收益模型，发

现净利润与市价之间的关系并不显著，再将独立访问量和页面浏览量作为核心解释变量进行回归，回归结果显示独立访客和页面浏览量与股价是显著正相关的。Keating（2000）也利用剩余收益评估模型，证明了独立访客和网页浏览量与公司价值显著正相关。二是实物期权估值法。除了使用剩余收益模型对互联网企业进行估值，还有些学者使用实物期权模型对互联网企业进行估值：Schwartz 和 Moon（2000）开创性地使用实物期权理论和资本预算技术对互联网企业进行估值，建立连续时间模型，并假设互联网公司初始的非常高的增长率随机收敛于行业的更合理、更可持续的增长率，通过仿真模拟估计该模型参数，证明了互联网企业高成长高估值的合理性。之后我国学者也开始将实物期权理论运用到互联网平台企业的估值中。黄生权和李源（2014）利用模糊实物期权法和模糊层次分析法确定互联网企业价值。高锡荣和杨建（2017）构建了连续时间实物期权模型，通过随机模拟计算互联网企业的现金流并进行蒙特卡洛模拟，最终得出互联网企业价值。三是用户价值法。该方法以用户为核心评估互联网企业价值，解释了平台企业成长过程中的“马太效应”。作为互联网用户价值法的奠基人，梅特卡夫于1995 年提出了著名的梅特卡夫定律，他认为网络的价值等于网络节点数（即用户数量）的平方。但这受到一些学者的质疑，Briscoe 等（2006）对梅特卡夫定律进行了修正，提出了 Briscoe's Law，认为网络价值与 N×ln（N）成正比，其中N 表示用户数量。之后 Chan（2011）提出基于用户终身价值的互联网评估模型，认为网站流量可以体现用户价值。魏嘉文和田秀娟（2015）采用传统估值方法DCF 模型与梅特卡夫法则新定价公式分别对新浪微博进行估值，表明传统的估值方法对新浪不适用。四是 EVA 法。朱伟民等（2019）利用了改进 EVA 法对互联网企业进行估值，传统的 EVA 是企业税后经营利润与全部投入资本成本的差额，改进的 EVA 估值模型是基于用户创造价值，以用户价值替代税后经营利润，因为他们认为互联网企业的价值源泉是用户，互联网企业对用户投资的过程也是企业价值增值的过程，改进的 EVA 模型既体现了互联网企业价值评估中以用户为核心，又体现了互联网企业的不确定性。

可见，众多学者认为目前会计资产负债表不能较合理地体现互联网平台的价值，应以用户为基础对互联网平台进行估值。但目前还没有形成权威性的基于用户为核心的互联网平台企业估值模型，没有形成统一的量化标准。主要原因在于在互联网企业的财务报表中，互联网企业为获得以流量为代表的注意力而付出的大量资本按照传统企业的记账方式“费用”化了，这意味着资产产生收入，收入产生利润，利润增加权益的逻辑链条是断裂的。因而互联网企业的财务报表呈现出“轻资产”的特征，而如果将注意力资本化，部分互联网平台甚至会出现“重资产”的特征（赵维，2016）；互联网经济下企业价值链的每一个环节与用户有关，并且要将用户纳入自己的价值链中以提高企业价值乘数，企业价值的大小与用户数量、反应率、付费率等指标有关。因此互联网企业价值的实现形式与传统经济下企业价值的实现形式是存在差异的（路璐，2019）。

1.3.2 关于平台企业经营目标的研究

企业经营目标是企业价值衡量的基础，也决定着企业的经营行为，关于企业经营目标的研究从经济学和企业财务管理两个方向展开。当然，企业的财务目标与经营目标常常是一致的，但有时也会有冲突（徐强国，2007）。

经济学中关于企业经营目标可分为利润最大化和非利润最大化目标，主流经济学通常假设企业的经营目标是利润最大化。利润最大化源自亚当·斯密的企业利润最大化理论，是西方微观经济学的理论基础，起源于20世纪70年代的新古典经济学派同样推崇利润最大化理论，认为企业应该按照边际原理来生产经营。这种传统观念得到当时许多学者和高管的支持，如诺贝尔经济学奖得主弗里德曼。随着企业所有权与经营权分离，产生了许多企业非利润最大化目标假说。有销售收入最大化假说，如Baumol（1959）认为，在两权分离下，经理人的目标是销售收入最大化；Yang等（2014）认为公司或经理通常不仅关心利润，还关心业绩指标，如收入和投资回报，提出了收入最大化经营目标。有增长最大化假说，如马里斯（Marris，1963）认为在完全竞争中，利润最大化很少是强制性的，当决策者不是利润的直接受益者，则经营目标就会偏离利润最大化目标，决策者有更强烈的动机使企业增长最大化；Jensen（1986）也认为经理们有动机使他们的公司增长超过最佳规模。还有自身效用最大化假说，如Williamson（1985）提出了经理效用最大化；Shleifer和Vishny（1989）也认为经理们为了自身效用最大化会做出损害企业利益的决策。

企业的经营目标的争论更多是从企业财务管理角度开展，也一度成为企业理论界争论的热点，产生了不同的企业财务目标理论，有利润最大化、股东财富最大化、相关主体利益最大化、企业价值最大化等，其中最传统和最有代表性的观点是利润最大化。从20世纪70年代开始，企业的财务目标理论开始分化，出现了股东财富最大化理论。股东财富最大化理论是在利润最大化理论基础上发展起

来的，属于“股东至上”理论范畴。其产生的背景是股东和经营管理日益分离，如何保障股东的利益，加强对经营者的监督成为股东们所关心的问题（周翼翔和郝云宏，2008）。股东财富最大化理论认为经营者应该采取行动来最大化当前股东的财富地位（Horne 和 James，1974）。随着人们对企业社会责任的理解的变化，利益相关者理论在 20 世纪 80 年代开始流行，被誉为利益相关者理论奠基人的弗里曼，在 1984 年出版的《战略管理：利益相关者方法》中提出了利益相关者理论，认为公司的财务目标是满足多方利益相关者的不同需求。但也有很多学者抨击利益相关者理论，认为利益相关者理论没有单一的目标函数，势必造成企业经营管理的混乱、冲突、效率低下，甚至可能是竞争失败（Jensen，2001），最终演化成以詹森为代表的“股东价值最大化”理论和以弗里曼为代表的相关利益者理论之间的激烈论战（沈洪涛和沈艺峰，2008）。

20 世纪 80 年代以来，随着企业对资本市场的依赖日益加深，企业的财务目标开始转向企业价值最大化。在我国不同的经济发展时期，企业的财务目标由最初的企业利润最大化转变为股东价值最大化再到企业长远价值最大化（张蕊，2014）。当前企业理论界广泛认同企业价值最大化目标，企业业绩评价以企业价值最大化为核心符合现代企业管理方向（胡元林和蒋甲樱，2012）。杨林和陈传明（2007）认为企业目标应该是追求企业价值最大化。利润最大化和企业价值最大化的主要区别在于企业价值最大化考虑的不是企业的账面总价值，而是其全部财产的市场价值，反映企业潜在或预期获利能力。但很大一部分中小企业，以利润最大化作为财务管理的首选目标，难免会出现一些短期行为。许思宁（2011）也认为企业价值最大化是我国目前现代企业财务管理目标的理性选择。之后，仉振锴（2019）提出西方微观经济学的理论基础当属企业利润最大化的财务目标，西方经济学家通过利润最大化来对企业业绩进行分析和评价。利润最大化与企业价值最大化在多数情况下是博弈的，前者是短期目标或行为，后者是长期行为，强调企业长期稳定发展。但企业价值最大化也存在弊端，即企业价值的衡量比较困难。

那么平台企业的经营目标是什么？既然平台企业的用户价值会影响其估值，那么平台企业的经营目标是利润等财务指标吗？还是基于用户价值的估值最大化目标（估值不仅包括当前的价值，还考虑了未来成长性的价值）？

然而遗憾的是，这方面的文献极少。有学者认为，平台企业追求用户规模最大化。Katz 和 Shapiro（1985，1986）认为，获得规模收益递增时，互联网企业会有更多的动机去获得用户。按照梅特卡夫定律（Metcalfe，1995）（即网络的价值与其规模的平方成正比。如果网络有 n 个用户，每个用户可以与其他成员建立 n-1 个连接，假如所有连接价值相等，网络的总价值与 n（n-1）成正比，因此网络总价值约是 n 的平方。在互联网的用户数量较少的时候，平台企业的成本大于自身价值，但随着用户数量增多，达到并超过了临界点，那么平台企业价值将会出现爆发性的增长），互联网平台追求的是用户规模最大化。Engel 等（2002）也认为，收益对互联网公司的估值作用有限，与非互联网公司相比，互联网公司在确定补偿金时对收益的重视程度较小。高估值可以提高平台企业吸引资金的能力，进而可以争取更多的用户，获得更强的网络效应和更强的竞争力。黄勇和蒋潇君（2014）提出互联网产业以网络外部性为主要特征，表现为用户更多的网络服务能够吸引更多的新用户，而原有用户的转移成本很高，从而建立起较高的进入壁垒，企业大获全胜。刘家明等（2019）提出互联网企业竞争的目的在于获得大量的用户基础，实现平台自动扩张的良性循环。

可见，基于互联网平台的网络效应或者梅特卡夫定律，多数文献均把互联网平台的经营目标理解为用户规模最大化。但是用户规模是基础，用户价值才是核心，最终目标是估值最大化，现有文献并没有往前探索。

1.3.3 关于平台企业数据造假行为的研究

1.3.3.1 平台企业数据造假的原因

数字经济时代，数据的重要性日益凸显，与此同时，数据造假问题也越发突出。那么数据造假的原因是什么？

（1）吸引用户，增加营业收入。

Baker（1999）认为数据造假的原因在于平台企业的盈利模式，用户数量影响着营业收入。Lappas 等（2016）提出平台企业虚构客户评论的动机是影响用户购买决策。汪毅毅（2021）指出数据造假的动机，一是满足广告主对流量的要求以便获得更高的报酬；二是营造百万人狂欢的假象吸引更多的用户进入，增加营业收入。

（2）提高市场价值、吸引投资和广告。

李业（2019）提出在“流量产业化”时代，流量的资本功能及其变质是互联网行业数据造假的原因之一。对社交媒体的平台来说，为获得更多流量，默许了“刷数据”的行为，甚至还会有意提供一些数据类的产品，利用非理性的粉丝情绪达到粉饰平台数据的目的。刷出来的数据可以为平台的市场价值、融资、广告招商等增加筹码。苏宏元（2019）也提出相似观点，认为互联网企业数据造假是为了赢得更多的广告客户，获取更大的经济利益。流量不仅仅是一个网站用户数量及其浏览量等的评估指标，还是为行业进行市场分析、舆情热度测量提供重要参考的指标，逐渐成为生产力因素之一。郗芙蓉和杜秋（2020）认为在数字新媒体时代下，与流量、用户相关的数据成为互联网企业竞争力的重要组成部分，数据造假的核心动机是利益，明星造势、企业融资都需要漂亮的数据。

（3）造假成本低。

Tan（2002）认为在线业务的增长、造假技术的日益成熟，加上造假的隐蔽性高，使用户难以察觉，为数据造假提供了绝佳的环境。Chen 等（2019）认为电子商务虚拟交易环境下虚假评论产生的根本原因在于商家对评论的操纵。弱势品牌商家操纵评论的收益较高，成本较低，操纵评论的可能性较大。而知名品牌商家操纵评论的间接成本较高，参与操纵评论的可能性较小。

（4）治理乏力。

洪云（2018）提出数据提供主体较为复杂，数据缺少透明性和科学性，很多数据提供者就是数据制作方，导致数据造假泛滥。郗芙蓉和杜秋（2020）指出当前有效的互联网治理手段相对滞后，导致数据造假在新媒体行业由潜规则变成显规则，甚至频繁出现劣币驱逐良币的现象。数据造假主要是因为互联网平台自律机制薄弱、缺乏基本的透明度、惩戒机制缺失等因素。

（5）其他方面原因。

刘能和马俊男（2019）提出数据失真和数据造假背后是经过复杂考量的个体和组织选择，既有理性的计算和权衡，又有晋升预期的考虑，还有文化伦理上的认知架构。

1.3.3.2 平台企业数据造假的影响

在利益的驱使下互联网平台领域涌现了大量的数据造假行为，那么数据造假的影响有哪些？

（1）影响消费者、广告商或平台企业。

Dellarocas（2006）研究发现如果有足够多的消费者发表真实评论，那么操纵评论的成本就会超过收益，此时操纵评论行为对平台无益。Knight（2006）指出互联网点击欺诈已经迅速发展成为一项庞大的产业，行业点击欺诈率已达14.1%，使广告商蒙受巨大损失。为了挽回损失，广告商不得不削减广告预算。

Mayzlin 等（2014）认为虚假评论的存在对消费者剩余造成了有害影响。首先，消费者会被虚假评论内容误导而做出次优选择。其次，有偏见的评论可能会导致消费者不信任评论。这反过来又迫使消费者忽视或低估评论者发布的有用信息。Lappas 等（2016）研究了 7 个城市 4709 家酒店的 230 多万条评论的数据，发现即使是有限的虚假评论注入也会产生显著的影响。具体而言，50 条虚假评论足以让造假者在曝光度方面超过任何竞争对手。Bao 等（2020）认为虚假点击会给消费者和利用平台做广告的企业带来负面影响，如降低消费者的信任度和购买意愿，影响企业的广告决策。张文等（2022）研究发现虚假评论信息严重影响了评论信息的参考价值，极大误导了潜在消费者的消费判断。

（2）影响投资者。

有学者提出并购是资本市场有效配置社会资源的重要方式，大幅度提高造假成本或建立完善的信用体系，可有效促进市场配置效率。但在缺乏完善的信用体系且对数据造假行为缺乏严厉惩处的环境下，改进并购市场调查效率或小幅提高造假成本反而不利于提高市场配置效率，会降低并购绩效。周晓波等（2018）提出互联网独角兽企业是资本追逐的宠儿，经过多轮融资，投资者们希望以 IPO 上市、并购等方式退出获利。但如果独角兽企业缺乏核心技术和自主研发能力，未来增长潜力不大，部分创业者就会做出数据造假行为，最终损害投资者的利益。

（3）影响平台行业或社会。

Grazioli 和 Jarvenpaa（2003）提出数据造假破坏了信任体系，威胁着网络经济的可持续性。洪云（2018）提出数据造假会大大降低数据分析的准确性和可靠性，容易引发用户反感，危害整个互联网行业的健康发展。刘能和马俊男（2019）从社会学角度研究数据造假的影响，认为数据造假的社会后果极其严重，尤其是在它对社会价值体系的潜在冲击和伤害方面。苏宏元（2019）认为流量造假损害了公平、公正、透明的市场原则，破坏了正常的竞争机制。汪毅毅（2021）也认为数据造假会使平台声誉受损，最终导致信任机制的崩坏。

目前关于平台企业数据造假行为的原因研究形成了较一致的观点，即吸引用户、投资和广告来获得利益，但大多止步于此。数据造假的影响研究缺乏系统论证，不能回答数据造假最终由谁买单及各市场主体的损失程度问题。

1.3.4 关于平台企业市场行为的规制研究

尽管当前我国平台经济发展迅速，但相关规制与反垄断政策滞后，技术性、

跨界性使平台经济领域的规制与反垄断更为复杂，因此相比经济学其他领域，这方面的文献较少且不系统。总的来说，对平台企业的规制与反垄断的研究主要有两个方面：一是对垄断行为的反垄断研究；二是对不正当竞争行为规制的研究。

1.3.4.1 平台企业垄断行为的规制

（1）滥用市场支配地位的规制。

滥用市场支配地位的认定难点有相关市场的界定、是否限制了竞争、是否造成了社会福利的损失。学者们围绕这些难题展开了研究。

Sabel 和 Simon（2004）提炼了欧盟公法诉讼中的创新性调查审理思想——实验主义思想，该思想强调利益相关者之间进行持续的谈判、不断修订的评判标准以及透明度，而不是以法官为中心，等级森严的自上而下受约束的干预模式。该思想开始广泛应用到互联网巨头垄断调查审理过程，特别是在审理滥用市场支配地位的垄断案中，并引起国内外很多学者的关注。如 Crampton（2006）分析了加拿大和其他法学上对“滥用支配地位”的评估方法，认为审核滥用支配地位的难点在于定义和评估“优势”，以及如何区分“优势竞争”和“优势滥用”；对于如何评估企业是否具有优势，可以用反事实的检验来补充法庭和主席团现有的直接和间接的证据；对于是“优势竞争”还是“优势滥用”的界定问题可以采用企业的行为是否对竞争者造成排他性、掠夺性或惩戒性影响等标准。贾开（2015）研究了欧盟对谷歌（欧洲）滥用市场支配地位的调查过程，认为欧盟滥用市场支配地位的调查过程体现了“实验主义治理理论”的思想，提出实验主义治理理论可能是解决互联网巨头垄断案难题的破局之道。张志伟（2015）认为衡量互联网企业拒绝交易行为反竞争效应的主要因素应是市场封锁效应，应以此作为考察企业是否存在滥用市场支配地位的依据。王先林和方翔（2021）提出对平台企业应秉持包容审慎依法监管的原则。

（2）经营者集中规制。

蒋岩波（2017）分析了网约车滴滴平台收购优步中国的经营者集中案例，认为滴滴收购优步中国的经营者集中具有排除、限制竞争的效果，但并不意味着商务部就可以当然地做出禁止集中的决定。孙晋（2018）认为对互联网行业经营者集中的规制应保持谦抑性。

1.3.4.2 互联网平台不正当竞争行为的规制

这方面的文献主要涉及平台定价、搭售、跨界竞争和具体不同类型平台如广告、融资等行为的规制。陈兵（2019）认为对“竞争关系”意义的辨识是认定互联网新型不正当竞争行为的关键，但是当前的司法审裁和学术讨论并未达成共识。郭传凯（2020）提出如何规制网络不当竞争行为是我国竞争法实施过程中面临的重大难题，并提出判断一种行为是否属于不正当竞争应采取“分寸”思维，即对经营者的损害结果持包容态度。在免费定价的规制方面，李仁杰和汪彩华（2014）认为，打车 App 平台对用户进行补贴是一种低价倾销行为，应进行规制。杨文明（2015）认为，虽然根据传统垄断规制理论，企业制定价格如果低于成本价则被称为掠夺性定价，但是这种思维没有考虑到平台企业特殊的定价结构及免费定价的必要性，因此他提出互联网平台免费定价不应该被视为掠夺性定价，从而不应该进行规制。

在跨界竞争方面，蒋岩波和王胜伟（2016）以 3Q 反垄断案为例，认为互联网产业的竞争与排他性交易行为的反垄断规制应坚持“审慎”原则；鲁彦和曲创（2019）也认为互联网平台可能会通过排他性协议、强制搭售等行为实现市场势力的跨市场传递，达到跨界垄断，监管部门应基于保护竞争的原则审慎监管。在平台搭售方面，叶明和商登珲（2014）提出在判断某种行为是不是互联网企业搭售行为时，应从主体和客观两个维度展开。曲创和刘伟伟（2017）提出搭售品可能在短期内带来社会福利的非帕雷托改进，但长期内对行业竞争和创新会有不利影响，应当将这两方面的作用作为评判平台厂商搭售行为的重要依据。

在数据造假方面，Korsell（2020）提出政府应加强互联网数据造假的监管，要努力建立一个执法官员、专家可访问的有关数据造假方面的数据库，并定期披露数据造假信息。高艳东和李莹（2020）提出数字经济时代注意力经济催生产业畸变，“流量黑灰产”成为注意力经济的畸形产物；“流量黑灰产”危害产业根基，还会引发数字经济危机，但由于“流量黑灰产”规模化、匿名化等特点，其他部门法在惩处时出现了治理失灵的情况，因此应运用刑法手段开展打击。王安异（2019）认为虚构网络交易会破坏电子商务平台的信用评价系统，应以虚假广告罪入罪。郑淑珺（2020）也认为，网络数据造假已成为互联网行业的潜规则，严重危害市场经济发展，建议设立利用信息网络妨害业务罪，建立合适的行刑过渡机制，充分利用法律的治理能力，在保障刑法谦抑性的同时，加强对企业数据造假行为的刑事处罚。与以上观点不同的是，张艳（2020）提出，平台企业的规制应该侧重于自我规制，行业自我规制比政府规制能更快适应市场变化，付出的整体成本也更小，管理过程也可及时调整更新。

总而言之，我国平台经济法治化建设之路尚处探索期（陈兵，2019）。相较于网络本身的飞速发展，网络立法缺乏顶层设计和前瞻规划，且在网络领域立法滞后性体现得尤为突出（王莹和张森林，2019）。

目前，关于平台企业市场行为的规制与反垄断的研究，角度较全面，并取得了一定的成果。但这些研究大多以互联网企业或平台企业正常情况下的行为为对象，鲜有关注到信息不对称情况下平台企业出于估值最大化的目的而进行数据造假，并在平台间的竞争、融资、并购中损害相关群体的利益，这对我国互联网领域规制提出了新的挑战。

1.3.5 文献简评

纵观国内外文献，发现国内外学术界对平台企业估值最大化目标及行为有关方面的研究取得了一些有益的成果，为本书的研究打下了良好的基础。形成的主要观点包括：用户是一种资产；用户价值对互联网平台企业估值有重要影响；用户访问量、流量、变现率等非财务指标可以作为衡量互联网平台企业价值的重要依据；平台企业竞争的焦点在于争夺用户。但目前文献还存在以下不足：

第一，没有研究平台企业经营目标的问题。一直以来，经济学都假定企业目标是利润最大化；两权分离后，经理人掌握了企业的控制权，提出了非利润最大化目标，如 Baumol（1959）、Marris（1963）和 Williamson（1985）提出了经理人模型，认为企业的目标是销售收入最大化、增长最大化、经理人效用最大化。然而，平台企业连年亏损但估值高的现象非常普遍。这说明目前的研究对平台企业的经营目标缺乏关注。不了解平台企业的经营目标，就很难真正研究其行为，更难真正得出其行为后果。

第二，缺乏对平台企业数据造假动因的有力解释。尽管有文献提出数据造假的动因在于争夺用户，但并没有从经营目标的角度解释，为什么平台企业比传统企业数据造假现象更为常见。

第三，对估值最大化目标下的平台企业估值方法研究还不深入。传统企业利润最大化目标以利润等财务指标来衡量，衡量方法十分明确。但是平台企业估值是以其用户价值为基础，如何结合平台企业的双边市场性质（网络效应、交叉网络外部性、行业成长性等）来衡量用户价值，从而构建一个操作性、应用性较强的估值指标体系呢？尽管有文献研究了互联网企业和一些平台企业的估值，但较为零碎，且均是从纯会计角度考虑，没有根据平台企业的双边市场性质和网络效应等特征展开研究，缺乏经济学理论逻辑。

第四，缺乏关于信息不对称下平台企业数据造假行为的研究。在信息不对称下，在以用户价值为基础的估值最大化目标下，平台企业是否存在数据造假的机会主义行为？数据造假对消费者和商家、投资方、并购方有何影响？尽管现有文献研究了平台双边最优定价问题、平台垄断问题、平台竞争问题，但还没有涉及信息不对称下平台数据造假行为原因和后果的系统理论和实证研究。然而现实中平台企业数据造假机会主义行为相当普遍，行业中的数据造假行为势必影响平台企业估值，影响相关市场主体利益。不深入研究这些问题，就难以真正了解平台企业的市场行为，也难以提出合理的规制政策。

当前，数字经济蓬勃发展，互联网跨界发展，各种互联网平台纷纷涌起，但同时数据造假的机会主义行为也相当普遍，2019 年，《光明日报》指出网络数据造假的社会危害需正视、数据造假滋生巨大的黑灰产业①。

基于以上缘由，本书研究数字经济背景下平台企业的经营目标，构建适用于平台企业的估值模型，分析信息不对称下平台企业数据造假机会主义行为及其影响，构建适应我国平台企业的规制政策体系。这些问题的探索将有利于推进平台经济规范健康持续发展，弥补该领域的理论和政策盲点。

1.4 研究内容、研究方法及技术路线

1.4.1 研究内容及结构安排

1.4.1.1 研究内容

平台经济经过 20 多年的迅猛发展，对社会、经济产生了深远的影响，人们的生活和消费方式也发生了显著变化，在此背景下平台行业出现了不顾利润烧钱补贴用户、溢价并购等新现象，并在经营过程中出现了数据造假行为，甚至数据

① 郭军．网络数据造假的社会危害需正视［N/OL］．光明日报，（2019-04-04）［2022-06-21］．http：//theory. people. com. cn/n1/2019/0404/c40531-31013287. html.

造假成为行业潜规则，长此以往平台行业会出现劣币驱逐良币的现象。因此制定合理的规制政策，对于推动平台行业健康稳定发展，助力我国数字经济发展战略有重大意义。纵观国内外文献，发现专家学者对平台企业经营行为展开了诸多有益探索，为本书的研究奠定了良好基础，但关于平台企业经营目标的经济学理论论证，数据造假动因，数据造假对消费者和商家、投资方、并购方影响的理论和实证研究等方面鲜有文献涉及。因此本书围绕上述问题展开研究，主要内容为：

第一，平台企业数据造假动因理论论证。本书提出平台企业的经营目标是估值最大化，并以估值最大化目标理论解释数据造假的动因，深入揭示了数据造假的背后逻辑。

第二，数据造假的影响。本书从三个层面分析数据造假的影响：一是理论和案例分析数据造假对消费者和商家的影响，揭示了数据造假会侵害消费者、商家的福利，还会削弱其他正常经营平台的竞争力。二是系统研究了数据造假对投资方的影响，证明了数据造假会损害投资方的投资收益，且会扭曲资本配置，使真正有价值的平台企业面临融资约束问题。三是分析数据造假对并购方并购绩效的影响及信息不对称影响并购方并购绩效的调节作用。

第三，数据造假机会主义行为的规制。本书分析了我国数据造假的规制政策现状及关键问题、域外数据造假的规制政策，并结合理论和实证分析结果提出平台企业数据造假的规制政策建议。

1.4.1.2　本书的结构安排

本书共分为7章，包括导论、平台企业估值最大化目标及数据造假行为、数据造假对消费者和商家的影响分析、数据造假对投资方的影响分析、数据造假对并购方的影响分析、平台企业数据造假规制政策分析与建议、结论及展望。

第1章导论。主要阐述研究的背景和意义，相关概念界定，文献综述，研究内容、研究方法和技术路线，拟解决的关键问题及可能的创新点。

第2章平台企业估值最大化目标及数据造假行为。首先，在马克思劳动价值理论、平台经济网络效应特征、企业价值理论基础上提出用户价值决定平台企业价值。其次，在分析互联网平台用户价值和传统财务会计资产的区别及平台企业价值生成机理的基础上，提出了平台企业估值模型；利用估值模型和利润函数模型推导了平台企业在不同经营目标下的用户规模差异，论证了平台企业的经营目标是以用户价值为基础的估值最大化目标假说。利用估值最大化目标揭示了平台数据造假的动因。最后，分析了平台企业数据造假的行为类型及相关利益主体。

第 3 章数据造假对消费者和商家的影响分析。证明了数据造假侵害了消费者的知情权和选择权、损害了商家的合法利益、削弱了其他正常经营平台的竞争力，扰乱了市场竞争生态的严重后果。

第 4 章数据造假对投资方的影响分析。一方面，以单一投资标的为例，证明了平台企业数据造假会损害投资方收益，且投融资方总收益也会受到损害。另一方面，以多个投资标的为例，证明数据造假会扭曲资本配置，最终使融资市场出现“劣币驱逐良币”的后果，揭示数据造假会使整个行业面临资本寒冬的严峻问题。

第 5 章数据造假对并购方的影响分析。理论推导了平台企业数据造假对并购绩效的影响。通过构建适合平台企业的估值体系和估值方法测算并购中的数据造假程度，以测算出的数据造假为解释变量，以并购绩效为被解释变量进行回归，结果显示数据造假对并购绩效具有显著的负面作用。进一步实证考察了信息不对称程度越高，数据造假对并购绩效的负面影响越大的问题。

第 6 章平台企业数据造假规制政策分析与建议。分析了我国数据造假的规制政策现状、规制的关键问题和困境、域外数据造假的规制政策，结合前文理论分析提出数据造假规制政策建议。

第 7 章结论及展望。

本书的研究框架与思路如图 1-1 所示。

1.4.2 研究方法

本书将理论研究、实证研究、案例分析、调查研究、比较研究相结合，结合西方经济学、产业组织理论、博弈论、财务会计知识进行研究。理论研究主要是借鉴国外现有研究成果，结合西方经济学、产业组织理论、规制经济学相关理论，建立严谨的数学模型，为平台企业数据造假是否损害消费者和商家、投资方、并购方福利提供理论与经验证据。案例分析和实证研究的目的是进一步为理论研究的结论提供经验支持。比较分析主要用于理论分析中，平台企业用户价值和传统财务会计资产的差异、利润最大化和估值最大化经营目标下平台企业用户规模的差异、利润最大化和估值最大化目标下数据造假的收益比较以及国内外数据造假规制政策比较。利用财务会计知识主要是分析现在会计估值方法不适应平台企业的估值，并根据相关财务会计方法重新设计互联网平台企业估值指标体系和估值模型。

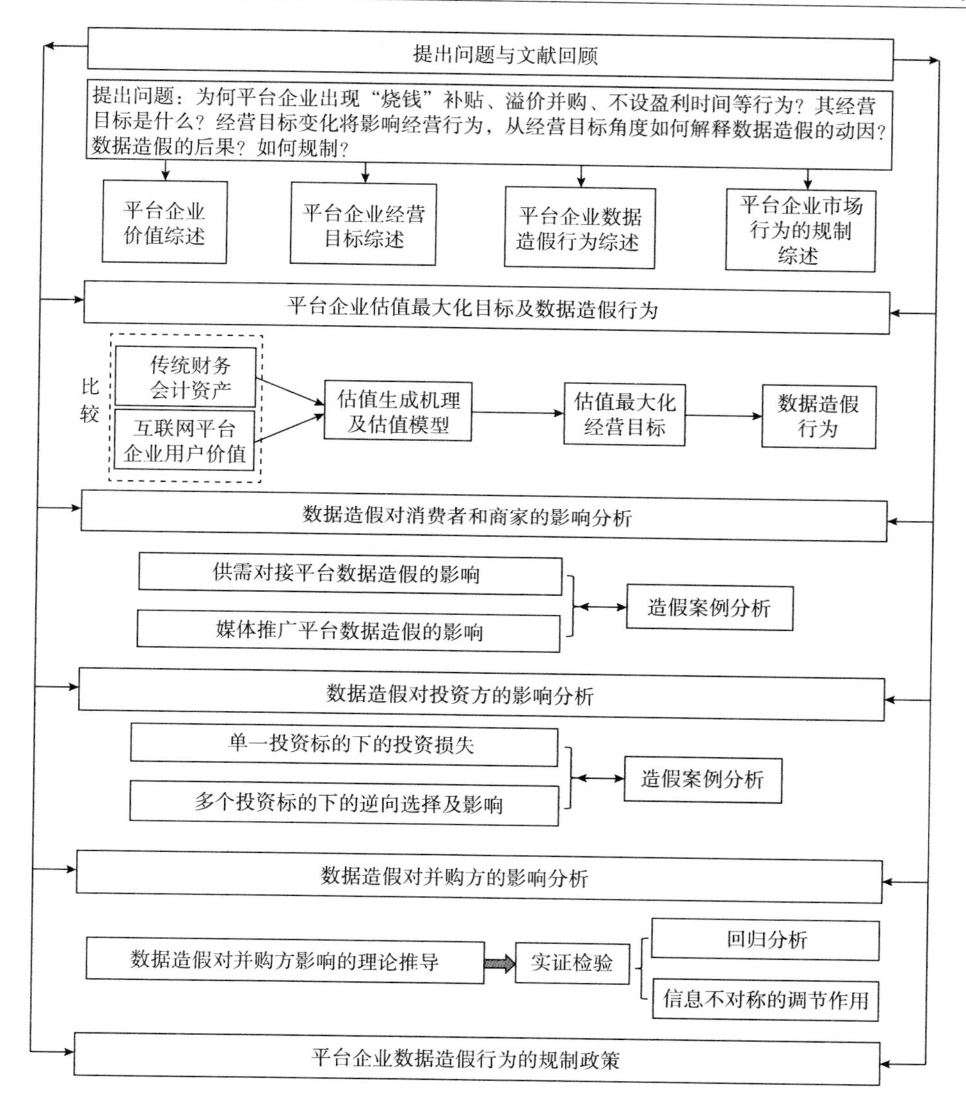

图1-1　本书的研究框架与思路

第一部分导论。利用案例法和观察法进行具体分析。采用典型案例和观察法分析平台企业出现的新行为，结合国家经济战略及目前研究的不足提出本书研究的问题。利用文献法，收集国内外关于平台企业估值、经营目标、数据造假行为及规制政策的文献，从中梳理观点，归纳关于平台企业估值的不同方法、经营目标的不同观点、数据造假的原因和影响以及现有的规制政策。

第二部分平台企业估值最大化目标及数据造假行为。利用比较分析法结合西方经济学理论、财务会计理论、资产评估理论分析传统财务会计资产和平台企业用户价值的差异，构建平台企业估值模型，通过比较利润最大化和估值最大化经营目标下平台企业用户规模的差异，提出平台企业估值最大化的经营目标理论。利用比较研究、博弈论结合西方经济学企业经营目标理论分析平台企业数据造假的行为。构建不完全信息静态博弈模型，分析平台企业数据造假的贝叶斯纳什均衡，比较了平台企业在利润最大化和估值最大化目标下数据造假的收益，深刻揭示了平台企业数据造假动因。

第三部分数据造假对消费者和商家的影响分析。运用比较法分析供需对接平台数据造假和媒体推广平台数据造假的影响。对于供需对接平台数据造假影响的研究，基于产业组织理论中的豪泰林（Hotelling）模型，并借鉴博弈论中的斯塔克柏格（Stackelberg）博弈模型展开，揭示互联网平台数据造假影响消费者、商家和其他正常经营平台的福利。对于媒体推广平台数据造假影响的研究，不考虑消费者的因素，基于第 2 章估值模型推导平台数据造假推高估值，得出了商家福利受损的结论。

第四部分数据造假对投资方的影响分析。采用演绎推理法和案例分析法分析平台企业数据造假损害投资方收益，扭曲资本配置的后果。

第五部分数据造假对并购方的影响分析。本部分利用演绎推理法、实证研究方法进行分析。先在估值模型基础上分析平台企业数据造假对主并企业的影响。然后根据本书构建的估值模型（可一定程度去除数据泡沫）评估的价值进行实证分析，并考察信息不对称对数据造假与并购绩效关系的影响，为提出对平台企业数据造假的规制政策提供了经验支持。

第六部分研究结论及规制政策。利用案例研究法、比较法，分析国内外平台企业数据造假的规制政策，然后基于第二部分、第三部分、第四部分、第五部分的理论研究、实证研究，提出我国平台企业数据造假的规制政策。

1.4.3 研究技术路线

本书的技术路线如图 1-2 所示。

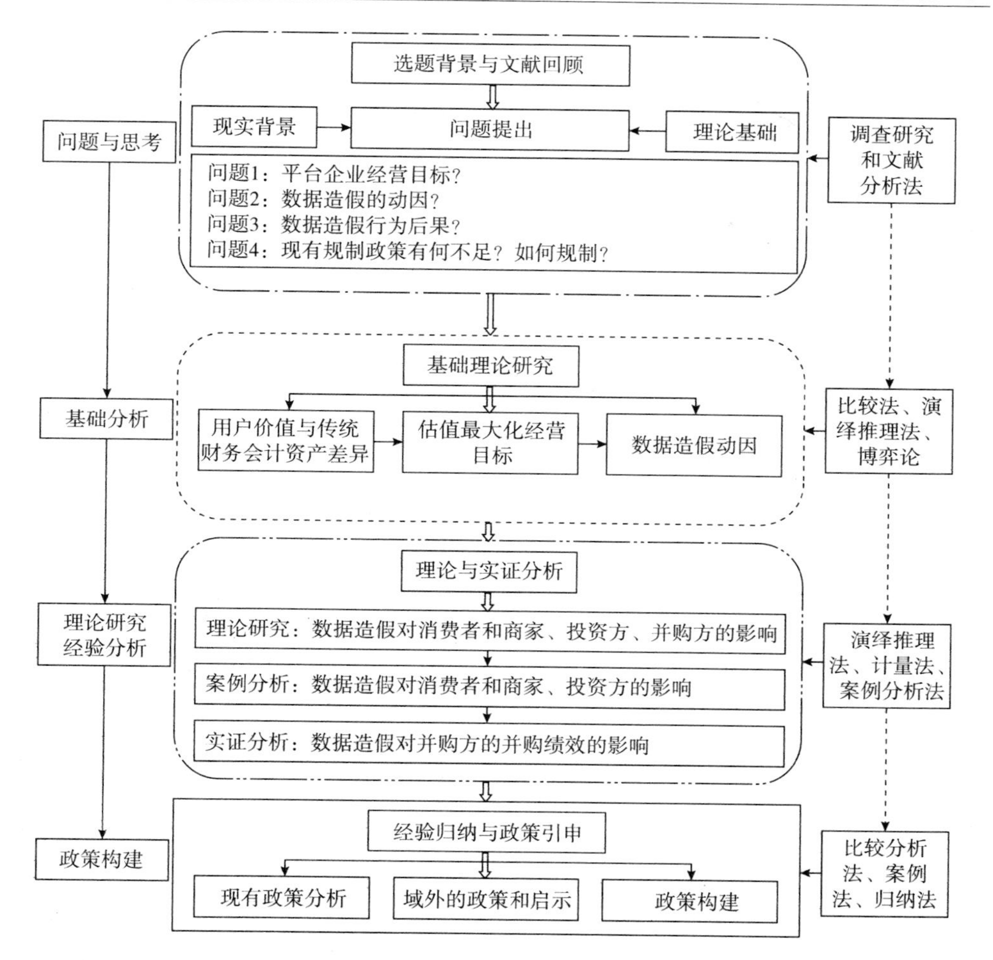

图 1-2　本书的技术路线

1.5　拟解决的关键问题及创新点

1.5.1　拟解决的关键问题

第一，平台企业经营目标问题。这是本书研究的基础，因为经营目标影响经营行为，只有厘清平台企业以用户价值为基础的估值最大化目标，才能为下一步研究信息不对称条件下平台企业数据造假机会主义行为的动因奠定理论根基，才能深入分析数据造假对消费者和商家、融资方、并购方的影响。

第二，平台企业数据造假的动因。虽然媒体和专家认为刷单、刷量、虚增交易额、用户点评及购买记录等数据造假行为的动因是帮助平台企业吸引投资、用户、广告商，或者帮助企业创造更高的收购价码，但对数据造假的根本原因未做系统研究。本书从互联网平台企业经营目标着手，探索不同经营目标下平台造假的收益，揭示平台企业数据造假的深层次逻辑。

第三，估值最大化目标下平台企业数据造假机会主义行为的影响问题。从理论上和经验上分析、厘清信息不对称下平台企业数据造假对消费者和商家、投资方、并购方的影响，为构建平台企业数据造假的规制政策提供理论支持和经验证据。

第四，估值最大化目标下平台企业数据造假机会主义行为规制政策构建问题。本书的最终目的就是要丰富目前的规制政策，提出适用于平台的规制政策体系。

1.5.2 可能的创新点

1.5.2.1 在平台企业经营目标的研究上有较大的理论创新

经济学关于企业的经营目标有利润最大化、销售收入最大化等理论，但本书提出，平台企业的经营目标是以用户价值为基础的估值最大化。为何现实中许多平台企业利润极低甚至为负，但市值还很高或者还能卖很高的价钱？平台企业的经营目标与经济学意义上的利润最大化目标一样吗？事实上由于平台经济的网络效应，快速扩大用户规模、提高估值是平台企业赢得竞争力的重要基础，因此高成长、高估值对于平台企业而言相较于传统企业更具有战略意义。本书提出平台企业的经营目标是以用户价值为基础的估值最大化，并在分析估值生成机理的基础上，构建理论模型来验证该假说。基于估值最大化经营目标理论更好地解释了为何平台企业比其他行业的企业数据造假更为高发的现象。

1.5.2.2 在选题与视角上有较大创新

当前研究主要是针对平台垄断、平台二选一、大数据杀熟等行为的规制与反垄断，极少有文献关注到平台用户数据造假问题。本书较系统地回答了信息不对称条件下平台企业为实现估值最大化而产生的数据造假机会主义行为，并从理论

上、实证上分析了数据造假机会主义行为对消费者和商家、投资方、并购方的影响。现有文献极少关注信息不对称条件下平台企业数据造假的机会主义行为及其后果。

1.5.2.3 在政策上有较强实践意义的创新

现有关于平台企业估值最大化目标下的数据造假机会主义行为的规制政策还不够完善，本书在分析国内外数据造假规制政策的基础上，提出的平台企业基于用户价值的估值最大化目标下数据造假规制政策有较强的操作性。

第2章　平台企业估值最大化目标及数据造假行为

2.1　平台企业价值决定因素与估值模型

2.1.1　用户价值决定平台企业价值

对于平台企业而言，用户在企业价值创造中扮演着越来越重要的角色。

2.1.1.1　*基于马克思劳动价值理论的解释*

马克思的劳动价值理论认为劳动是创造价值的唯一源泉，且劳动可分为具体劳动和抽象劳动。在大数据互联网时代，人们的生产、生活方式发生了翻天覆地的变化，人类正经历着与以往不同的技术革命，大数据互联网、人工智能、物联网等新一代科技信息技术将人与人之间、人与物之间进行广泛的连接，使海量数据得以产生和收集，并被处理和传递。余斌（2021）提出用户更新个人资料、上传视频图像等休闲活动，可生产出满足人类交往需要的数据产品和广告产业的目标广告空间，经过数据分析将数据商品出售给广告商，剥削和压迫了网站的用户。因此平台企业用户为平台提供的无偿性、非物质性和非生产性的劳动成为数字劳动的一部分，成为庞大的价值源泉和财富源泉（赵如涵和张磊，2016；邢海晶，2021）。

平台企业间的竞争主要在于争夺流量和点击量背后的"注意力"资源。"注意力"资源本身属于稀缺资源，对平台企业而言意味着可积累各种用户信息，可

将用户无偿的数字劳动转化为平台企业的数据资产。随着数字经济时代的到来，数字技术革命推动数据成为一种新的生产要素，数据要素逐渐成为经济发展新动能新引擎，成为企业重要的生产要素，参与企业的价值创造，因此用户在互联网平台上的各种休闲活动作为数字劳动成为平台企业重要的内在价值。

2.1.1.2　基于平台经济典型特征——网络效应的解释

平台企业是利用线上渠道搭建供应方和需求方的联系平台来实现商业目的的企业，以新一代信息技术为基础搭建平台将分散的市场对接，为用户创造价值以吸引用户加入平台。平台经济区别于传统经济的典型特征是具有网络效应，该特征决定了平台经济具有“赢者通吃”的特性。根据梅特卡夫定律（Metcalfe，1995），网络的价值等于网络节点数（即用户数量）的平方，即 $V=K\times x^2$，其中，V 是平台企业价值，x 是用户数量，只有当用户超过一定临界值，才能形成网络效应。Rochet 和 Tirole（2006）研究了双边平台的网络效应，指出双边平台用户是“鸡蛋相生”的问题。2015 年国泰君安证券发布的《互联网公司估值那些事儿（上）》中提出，梅特卡夫定律加剧了网络经济的马太效应，且单用户价值也会随着用户规模的增加而增加，用户数越多，网络价值越大；互联网企业的价值取决于其用户数、节点距离、变现能力和垄断溢价，其中用户数的影响力最大。并在此基础上构建了著名的国泰君安互联网公司估值模型：$V=KPN^2/R^2$。其中，V 为平台企业价值；K 为用户变现因子；P 为溢价率系数，该系数取决于企业在行业中的地位；N 为网络的用户数；R 为网络节点间的距离。

用户规模是平台企业形成网络效应的最关键要素，用户越多，网络效应越大，吸引用户能力越大，平台盈利能力越强。反之，平台企业用户越少，在网络效应的作用下，平台用户会很快流失，最终退出市场。一旦平台用户规模超过一定的临界值，形成一定强度的网络效应，平台能够快速黏合互联网环境中的大量买方卖方，实现规模经济以及关注力与购买力的聚集，必将带来巨大的商业价值；此外网络效应强大的平台往往还具有垄断势力，带动平台价值的提升。

2.1.1.3　基于企业价值理论的解释

Modigliani 和 Miller（1958）首次提出企业价值的概念，并提出著名的 MM 理论，即任何企业的价值，无论其是否存在负债，都与其资本结构无关，而取决于其生产经营活动创造现金流量的能力。Myers（1977）、Karanovic 等（2010）、钱晓东（2018）、王晋国（2019）、王治和李馨岚（2021）、焉昕雯和孔爱国（2021）等众多学者认为企业价值是企业预期未来自由现金流收益的折现。

一个平台拥有规模庞大的用户，在网络效应的作用下会形成关注力与购买力的聚集，实现流量的变现并获得巨大的商业价值。用户买方卖方信息、交易匹配信息被积累并储存，通过场景共享和算法导流等方式，让数据维度更加丰富和立体，进一步反哺业务，形成商业运转的底层逻辑，使数据的商业价值不断被挖掘和放大，实现用户数据的变现。互联网平台企业价值链有别于传统企业，虽然从企业端获取利润，但是其价值源泉却来源于由消费者组成的社群（蔡呈伟，2016），数据资源、用户是互联网企业的核心资源（吕晨等，2019），因此平台企业的价值会随着流量和数据资源的增加而增加，能产生更多的未来利润和现金流。这些资源可以作为衡量平台企业现有和未来现金流的依据，可以体现企业的未来盈利潜力，即企业未来发展潜力。

因此基于马克思的劳动价值理论对数字经济时代劳动价值的重新理解、平台企业的网络效应性质及企业价值理论，本书认为用户价值决定平台价值。

2.1.2 传统财务会计资产与平台企业用户价值的差异

2.1.2.1 未来收益的稳定性不同

第一，平台经济的网络效应使得用户价值易产生巨幅波动。平台经济具有网络效应，决定了平台经济具有马太效应特点，互联网平台头部企业在网络效应的作用下用户越来越多，网络优势越来越强，而一些缺乏创新的初创平台企业或成长性平台企业在网络效应的作用下，用户越来越少，市场地位越来越弱，直到退出市场，用户价值也相应锐减，即平台企业的用户价值可能随着用户规模的增加而呈指数级速度增值，也可能随着用户规模的减少而呈指数级速度削弱。

第二，互联网平台企业交易市场的虚拟性加剧了用户价值未来收益的不稳定性。由于交易市场的虚拟性，用户在平台间转换的成本较低，用户价值容易受到平台企业创新能力、提供产品和服务质量、平台补贴用户水平高低等因素的影响。

而传统财务会计的资产具有相对稳定性，可反映企业未来获取经济利益的能力。

2.1.2.2 增值方式不同

传统财务会计范畴的资产价值与其规模通常呈线性关系。用户价值的大小和增值速度取决于用户的规模。用户规模直接决定了网络效应的大小和吸引用户加入平台的能力。平台具有双边市场性质，用户端的规模上去了，由于平台两边交

叉网络外部性的作用，企业端的规模也会随之增加，因此由于网络效应和交叉网络外部性的作用，用户价值甚至可随用户规模的扩大呈指数型增长。无论是平台企业还是其投资者都非常重视平台的用户规模，平台之间的竞争也演变为争夺用户的竞争。

2.1.2.3　价值驱动因素不同

传统财务会计范畴中资产价值可脱离企业经营模式单独存在，而用户价值的发挥依赖于数据驱动的商业模式。即使平台企业利润为负，只要平台企业不断优化数据算法，提供优质商品和服务对接功能，用户规模和用户黏性也可以增加，在平台的网络效应作用下用户价值将加速上涨。

总而言之，平台企业用户价值与传统财务会计资产是不同的。传统财务会计资产主要表现为货币、金融资产、实物及技术、商誉等，该类资产本身并无明显的自我增强机制，这就决定了平台企业与传统企业估值方法必然存在着显著差异。

2.1.3　平台企业估值生成机理与估值模型

2.1.3.1　平台企业估值的生成机理

用户价值决定着平台价值，因此体现用户价值的用户方面数据是平台企业的估值基础，但用户数据到估值还需要生成路径，这就必须要研究互联网平台的特征。

（1）客户端用户自我增强机理。

平台企业的客户端用户具有网络效应、梅特卡夫定律特征，也可说是自我增强机制，通俗可说成自我繁殖能力；如果与众多竞争对手相比，客户端用户规模小，就可能是加速衰减能力。这种自我增强机制是呈指数形式增强的。由于客户端用户有自我增强机制，用户规模越大，流量越多，生成的数据资源也越多，变现能力往往也越强，用户价值越大，估值越高。多数平台如QQ客户端用户具有自我增强机制，当然也有些平台没有，如视频网站平台，客户端用户自我增强能力就相对较弱甚至没有。但这不妨碍本书把这个因素考虑进去并设相应的系数以表达用户数据对平台估值的生成机理。

（2）双边交叉增强机理。

客户端用户规模不仅对同端用户具有自我增强机制，对平台的另一端（企业端）还具有交叉网络外部性效应。客户端用户数量越多，意味着企业端用户曝光度越高，潜在消费者也越多，企业端用户在平台销售展示产品（广告）或服务的动机也越强，就会有越多企业参与平台，用户价值越高，平台企业的估值越高。由此，在平台估值模型中应设相应的交叉外部性系数。

（3）流量变现机理。

平台用户多并不一定意味着流量大，平台估值需考虑变现能力。用户活跃度不高，僵尸用户多流量就小，数据资源也少，变现能力低，用户价值低，平台估值就不高。反之，用户多且用户活跃度高，平台流量就大，流量变现和数据资源变现能力强，用户价值高，平台估值高。

（4）注意力经济机理。

平台流量要变现，谁来买单以实现平台的价值呢？平台有了规模大的用户和流量，就拥有了注意力经济。注意力经济是指吸引用户或消费者的注意力，以赢得潜在的消费者。只要平台客户端的用户规模大，就表示平台具有巨大的注意力经济，但这种注意力经济必须借助企业端的用户参与才能变现，即企业端用户向平台支付相应的费用在平台上销售或做广告，使潜在的消费者成为其客户。也就是说，尽管平台拥有注意力，但要实现经济性，必须有其他为之付费的参与者。因此，平台估值的生成需要付费方即企业参与。

2.1.3.2 平台企业估值模型

根据前面的平台企业估值生成机理，本书建立了平台企业估值模型。

传统企业利润模型一般为$\pi=q(p-c)-C$，其中，q 表示销售量，p 表示产品价格，c 表示单位可变成本，C 表示固定成本。

根据 Modigliani 和 Miller（1958）提出的企业价值理论（也称 MM 理论），即企业价值取决于其生产经营活动创造现金流量的能力，并借鉴沈洁（2001）使用收益法中的现金流量折现法的做法对平台企业进行估值，纳入行业未来成长潜力、平台交叉网络外部性、自我增强机制，即平台的价值等于未来现金流的折现，因此平台估值基础模型可表示为：

$$\pi=\alpha(n+bn)p-\alpha cn-C \tag{2-1}$$

其中，n 表示客户端基础活跃用户规模；α 表示行业成长性；b 表示平台交叉网络外部性系数（交叉网络外部性只考虑单向效应，即平台有用户，企业才会进入，由于交叉网络外部性，平台基础客户端的用户数量会引起平台企业端用户数量的增长）；p 表示每位用户的估值，这个价值可以表示为企业愿意支付可比市场价，即单位用户价值，是客户端和企业端的单位用户价值的加权平均值，即

$p=(p^a+bp^b)/(1+b)$，其中，p^a 表示客户端用户的单位用户价值，p^b 表示企业端用户的单位用户价值；$\alpha(n+bn)p$ 表示客户端和企业端的用户价值，包括客户端用户购买产品或服务支出的收益和企业端用户广告位支出等的收益以及用户信息、用户供需信息、用户供需匹配信息构成的数据资源可比市场价；c 表示吸引每个客户端用户的单位成本，由于交叉网络外部性的存在，吸引企业端用户的成本可假定为零；C 表示平台建设的固定成本。

在具有网络效应的市场，基础用户（Katz 和 Shapiro 在 1994 年将基础用户称之为安装基础，Installed Base）相当关键。因为网络效应的用户锁定效应和自我增强机制，基础用户会影响潜在用户是否加入，用户加入决策的重要依据是基础用户规模的大小。平台的基础用户越多，对后续用户的加入越有吸引力。因此平台企业的估值函数分为两个阶段：

达到基础用户临界点之前的估值：

$$\pi_1=\alpha(n_1+bn_1)p-\alpha c_1n_1-C_1,\quad n_1<n^* \tag{2-2}$$

其中，n_1 表示客户端基础活跃用户规模；n^* 表示基础客户端活跃用户规模临界点；c_1 表示吸引每个活跃用户的单位成本（到达基础客户端活跃用户规模临界点之前）；C_1 表示平台建设的固定成本。由于平台两端不但存在交叉网络外部性，平台之间竞争也存在网络效应，因此，随着平台的用户规模增加，在自我增强机制下，平台的活跃用户会迅速增加，由此平台达到基础用户规模临界点之后在自我增强机制作用下对用户的吸引力更强。且由于平台企业的成本可劣加性，在越过基础用户规模临界点阶段后，平台吸引用户的成本会显著降低。因此达到基础用户规模临界点后的估值模型为：

$$\pi_2=\alpha(n_2+bn_2)p-c_1n^*-c_2(\alpha n_2-n^*)-C_2+\alpha(n_2+bn_2)f(n_2)p,\quad n_2>n^* \tag{2-3}$$

其中，c_1 表示平台在基础活跃用户规模临界点之前吸引单位用户的成本，c_2 表示平台越过基础活跃用户规模阶段后吸引单位用户的成本；C_2 表示平台建设的固定成本；$f(n_2)$ 表示网络效应的大小，当 n_2 很小时，$f(n_2)$ 为零甚至为负，当 $n_2>n^*$ 时，则 n_2 越大，网络效应越大，平台用户越多，估值越高。

式（2-3）即为平台企业的估值模型。

企业估值是对企业内在价值进行评估。企业估值不仅反映企业目前的资产状况、财务状况，还反映未来的成长能力。对于上市公司来说，在资本市场有效的情况下，资本市场的股票价格反映了市场对公司的估值，且股票价格围绕企业估值上下波动，当股票价格高于企业估值时，投资者会抛掉股票，使得股票价格趋向于投资者对企业的估值。而对于非上市公司来说，公司估值相对复杂。但无论如何，由于用户价值决定平台价值，只要有用户、有流量，具备一定的流量变现能力，即使利润为负，互联网平台企业仍可以估值很高。

2.2 估值最大化目标及其对数据造假动因的解释

2.2.1 平台企业估值最大化目标

一直以来，经济学都假定企业目标是利润最大化。两权分离后，有学者提出非利润最大化目标，如 Baumol（1959）提出了销售收入最大化目标；Marris（1963）提出了增长最大化目标；Cyert 和 March（1963）提出企业为应对各种问题没有具体的最大化目标；Williamson（1985）提出了经理人自身效用最大化目标。但是，目前绝大多数文献仍是在企业利润最大化目标假定下开展研究。然而，平台企业“烧钱”补贴、溢价并购等经营行为成为行业常态，如为了培育用户，2013 年 12 月到 2014 年 3 月短短 4 个月时间，以滴滴出行和快的打车为代表的出行 O2O 在补贴大战中迅速烧尽 20 亿元；2020 年 8 月，饿了么启动“百亿补贴”计划，且宣称“百亿补贴”将成为常态化补贴行动。平台企业投入大量资源专注于开拓更多的用户基础，利润连续多年为负但估值很高的情况较为普遍，如拼多多从 2015 年 9 月成立之初到 2020 年，就一直处于亏损状态，而活跃用户和市值却快速增长，如图 2-1 所示；又如京东集团，2019 年之前一直处于亏损状态，但活跃用户一直快速增长，市值也很惊人，2018 年市值为年均 496 亿元，如图 2-2 所示。这些现象说明目前平台企业的经营目标悄然发生了转变，而目前的研究对互联网平台企业的经营目标缺乏关注。

目前很多研究企业经营目标的文献通过比较不同经营目标下的市场份额或市场需求差异来分析企业对不同经营目标的选择策略，如 Vickers（1985）、Katz（1991）比较了企业选择利润最大化和销售收入最大化下所获得的期望收益的大小来分析企业经营目标策略。Yang（2014）比较了利润最大化目标和收入最大化目标下市场份额的变化来作为分析依据。对于平台企业而言，用户规模往往决定着平台的市场规模和竞争优势，随着用户规模的扩大，平台网络效应增强，流

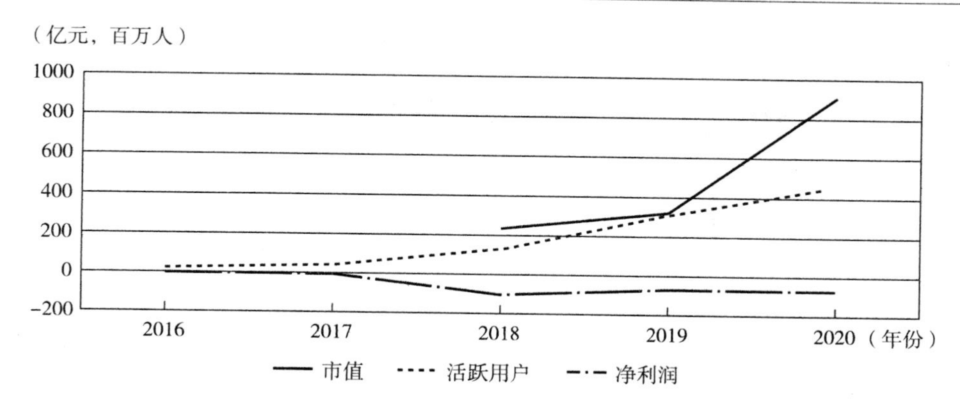

图 2-1　2016~2020 年拼多多市值、活跃用户、净利润

注：市值指上市公司的股权公平市场价值。对于在多地上市公司，区分不同类型的股份价格和股份数量分别计算类别市值，然后加总所得，下图同。

资料来源：Wind 数据库，经笔者整理计算而得，下图同。

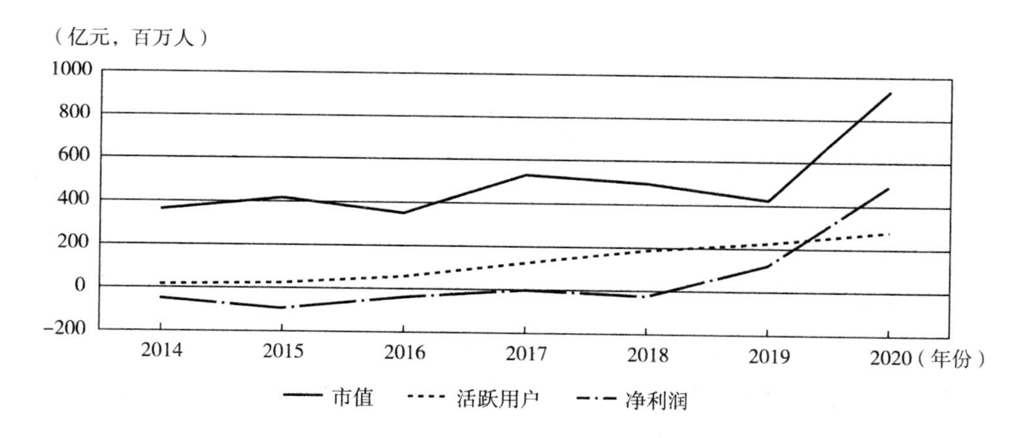

图 2-2　2014~2020 年京东集团市值、活跃用户、净利润

量变现能力提高，竞争优势也越加明显。因此本书通过比较不同经营目标下平台企业的用户规模差异来分析平台企业经营目标的选择。

为便于分析，设定基本假定：一是各平台企业拥有或控制的文字、语音、图像、视频等非用户信息的资源相同，平台之间争夺用户关键在于补贴；二是平台企业间为吸引每位活跃用户的单位成本相同；三是不考虑行业成长性因素。

主要变量的符号和含义如表 2-1 所示。

表 2-1 影响利润和估值的变量

符号	含义
b	交叉网络外部性系数。根据交叉网络外部性特征，平台企业只有拥有一定规模的客户端用户才能吸引企业端用户
p_e^a	客户端活跃用户当前（短期）流量变现的可比市场价
p_e^b	企业端活跃用户当前（短期）流量变现的可比市场价
p^a	客户端活跃用户估值。该估值是对客户端活跃用户未来流量变现能力及其用户数据资源变现能力的评估
p^b	企业端活跃用户估值。该估值是对企业端活跃用户未来流量变现能力及其用户数据资源变现能力的评估
c	吸引每个客户端用户的单位成本
$\bar{n}_1$、n_1、n_2	平台原有客户端活跃用户
n^*	客户端活跃用户规模临界点
R	平台企业预算约束
p_e	平台企业当前（短期）流量变现的可比市场价。是客户端和企业端用户当前流量变现的可比市场价的加权平均，即 $p_e=(p_e^a+bp_e^b)/(1+b)$
p	单位活跃用户的估值。是对用户未来流量变现及用户数据资源变现能力的评估，是客户端和企业端用户的单位价值的加权平均，即 $p=(p^a+bp^b)/(1+b)$
C_1、C_2	平台建设的固定成本
$f(n)$	客户端活跃用户为 n 时的网络效应的大小

2.2.1.1 *初创平台企业经营目标选择*

（1）平台企业选择利润最大化时的用户规模。

用户是平台企业的价值源泉，平台企业依靠流量变现获得利润，平台为了获得用户，需要对用户进行补贴。平台对用户的补贴本质是生产投入，流量变现相当于产出。根据经济利润的定义：厂商的经济利润是收益和成本间的差额（克里斯托弗和沃尔，2015）。在借鉴王昭慧和忻展红（2010）、郑春梅等（2016）提出的互联网平台企业利润函数的基础上，构建平台企业的利润函数：

$$\bar{\pi}_1=\frac{\bar{s}_1}{c}p_e^a+b\frac{\bar{s}_1}{c}p_e^b-\bar{s}_1，\ \bar{n}_1+\frac{s_1}{c}\leqslant n^* \tag{2-4}$$

其中，$\bar{s}_1$ 表示补贴额，平台客户端用户是由平台烧钱补贴或溢价并购（溢价并购中的溢价部分本质上也属于补贴，只不过是补贴并购企业而非用户）等方式获得，补贴后客户端活跃用户增加 $\bar{s}_1/c$，其他变量含义如表 2-1 所示。设平台固

定建设成本为前期投入，当期并未投入平台固定建设成本，因此利润函数不需计算平台固定建设成本。

目前，数据资源脱离数据驱动运营模式直接变现的规模较小。罗曼和田牧（2021）在证券时报中写到，贵阳大数据交易所业务几乎陷入停滞状态，因此平台企业的短期利润来源不考虑数据资源的变现，仅包含当前（短期）的流量变现能力，由于是短期利润因而也不考虑未来的流量变现能力。短期内初创平台的用户流量变现能力几乎为0，不妨设 p_e^a 和 p_e^b 均等于0，因此根据式（2-4）可知，平台无盈利能力。

对式（2-4）关于 $\bar{s}_1$ 两边求导，得：

$$\bar{\pi}'_1=\frac{1}{c}(p_e^a+bp_e^b)-1 \tag{2-5}$$

显然，式（2-5）小于0，因此基于利润最大化原则平台企业选择不补贴，此时利润为0。但网络效应是把“双刃剑”，平台如不迅速扩大其用户基础，原有用户极有可能在其他平台的网络效应作用下被粘走，最终平台退出市场，用户规模和市场规模为0，企业无竞争优势，如表2-2所示。

表2-2　不同经营目标下平台企业的用户规模

平台类型	经营目标	假设条件	用户规模
初创平台	利润最大化	$R\leqslant c(n^*-n_1)$	0
	估值最大化	无	$n_1+\frac{R}{c}+b\left(n_1+\frac{R}{c}\right)$
成长或成熟平台	利润最大化	$(1+k_0)(1+b)\frac{a_0}{c}-1<0$，$R<B$	0
		$(1+k_0)(1+b)\frac{a_0}{c}-1<0$，$R\geqslant B$	$(1+k_0)(1+b)\frac{R}{c}$
	估值最大化	无	$(1+k_0)(1+b)\frac{R}{c}$

注：$B=\left[1-(1+k_0)(1+b)\frac{a_0}{c}\right]/\left[(1+k_0)(1+b)\frac{a_1}{c}\right]$。

（2）平台企业选择估值最大化时的用户规模。

根据式（2-3）可得补贴后初创平台企业的估值函数：

$$\pi_1=\left[\left(n_1+\frac{s_1}{c}\right)+b\left(n_1+\frac{s_1}{c}\right)\right]p-s_1-cn_1-C_1,\ s_1\leqslant R\text{ 且 }n_1+\frac{s_1}{c}\leqslant n^* \tag{2-6}$$

其中，s_1 表示平台对用户的补贴，补贴后客户端活跃用户增加了 s_1/c。由于交叉网络外部性的存在，吸引企业端用户的成本可假定为零。

将式（2-6）两边关于 s_1 求导，可得：

$$\pi'_1=(1+b)\frac{p}{c}-1 \tag{2-7}$$

初创期交叉网络外部性系数 $b\geqslant0$。p 是单位用户价值，用户价值体现了用户未来流量变现能力的价值及用户数据资源价值，是客户端活跃用户估值 p^a 和企业端活跃用户估值 p^b 的加权平均值。根据成本法估值定义，某项资产的价值是现行重置成本，由于成本 c 只包括客户端用户成本，并没有企业端用户成本，因此有 $p^a=c$。但单位用户价值 p 是客户端用户价值和企业端用户价值的加权平均，即 $p=(p^a+bp^b)/(1+b)$，可得到 $(1+b)\frac{p}{c}=(p^a+bp^b)\frac{1}{c}>1$。故式（2-7）大于 0，说明估值函数只有最小值，随着补贴的增加，平台企业活跃用户快速增加，用户数据资源快速积累，用户价值也相应快速提高，当 s_1 等于预算约束（R）时，估值达到最大值，此时最大化估值为：

$$\pi_1=\left[n_1+\frac{R}{c}+b\left(n_1+\frac{R}{c}\right)\right]p-R-cn_1-C_1 \tag{2-8}$$

根据式（2-8）可知，平台企业选择估值最大化经营目标时，客户端活跃用户将会快速增加 $\frac{R}{c}$，在网络交叉外部性的作用下，平台用户增加到 $n_1+\frac{R}{c}+b\left(n_1+\frac{R}{c}\right)$，如表 2-2 所示，竞争优势增加，估值迅速提高。平台企业具有轻资产特性，难以通过折旧、资产典当、商业信用等方式获得债务融资，因而私募股权融资较普遍。而私募运作的基本特性是“以退为进，为卖而买”，因而平台企业以估值最大化为经营目标易得到更多融资额，平台用户规模得以迅速扩大，竞争力提升。而在初创期，平台企业如果选择利润最大化经营目标，企业的用户很快会流失，最终退出市场，市场规模为 0。

正是由于网络效应，平台企业的用户规模、用户数据资源得以迅速增加，用户价值也快速增加，网络效应是平台企业存在规模经济的根本因素，领先市场是互联网企业的最大竞争优势。因此平台企业需要不断吸引新用户，扩大用户规

模，这就需要通过用户补贴或溢价并购等方式快速积累用户，使得平台企业特别是初创平台企业融资需求强烈。高成长、高估值有利于企业获得更多融资机会和融资额，有利于形成网络优势，优质的企业往往具有虹吸效应，能够进一步吸引用户加入并扩大市场份额，规模越来越大，网络优势越来越大，企业估值越来越高，优势更加突出，形成强者越强，弱者越弱之势。因此平台企业通过牺牲短期利润可换取长期的更高估值，保持企业可持续发展。同时提高估值也符合广大股东的利益，由此估值最大化符合企业现代管理制度的资本目标和成长性目标。而传统财务会计资产并无明显的自我增强性，传统企业规模的扩大并不能保证企业具有竞争优势，由于核心资产并不具有自我增强性，即使规模扩大也不一定能带来高估值，企业易陷入扩张太快资金链断裂的泥潭，基于经营持续性的考虑必须保持一定的盈利水平。

2.2.1.2 成长或成熟平台企业经营目标选择

（1）平台企业选择利润最大化时的用户规模。

根据克里斯托弗和沃尔（2015）对厂商经济利润的定义，借鉴王昭慧和忻展红（2010）、郑春梅等（2016）提出的平台企业利润函数，并在考虑平台经济具有网络效应特征的基础上，构建成长或成熟互联网平台企业利润函数：

$$\bar{\pi}_2=\left(\frac{\bar{s}_2}{c}+b\frac{\bar{s}_2}{c}\right)p_e-\bar{s}_2+(1+b)\left[\left(n_2+\frac{\bar{s}_2}{c}\right)f\left(n_2+\frac{\bar{s}_2}{c}\right)-n_2f(n_2)\right]p_e,\quad n_2>n^* \tag{2-9}$$

其中，平台对用户补贴 $\bar{s}_2$，在补贴的作用下平台企业获得的客户端活跃用户为 $\bar{s}_2/c$。设平台固定建设成本为前期投入，当期并未投入平台固定建设成本，因此利润函数不需计算平台固定建设成本。

式（2-9）中 $\left(\frac{\bar{s}_2}{c}+b\frac{\bar{s}_2}{c}\right)p_e$ 表示平台企业在补贴 $\bar{s}_2$ 后增加的用户（包括客户端用户和企业端用户）给平台带来的当前（短期）流量变现收入，$(1+b)\left[\left(n_2+\frac{\bar{s}_2}{c}\right)f\left(n_2+\frac{\bar{s}_2}{c}\right)-n_2f(n_2)\right]p_e$ 表示客户端用户和企业端用户在网络效应作用下增加的用户给平台带来的当前（短期）流量变现收入。

成长或成熟平台企业用户已超过临界值，因此 $b>0$，且 $p_e>0$，平台企业具有盈利的可能。

将式（2-9）关于 $\bar{s}_2$ 求导，可得：

$$\bar{\pi}'_2=(1+b)\frac{1}{c}p_e-1+(1+b)\left[\frac{1}{c}f\left(n_2+\frac{\bar{s}_2}{c}\right)+\left(n_2+\frac{\bar{s}_2}{c}\right)\frac{1}{c}f'\left(n_2+\frac{s'_2}{c}\right)\right]p_e \tag{2-10}$$

为了具体分析式（2-9）和式（2-10），借鉴 Sarnoff 定律，即网络的价值与用户的数量成正比（Swann，2002），因此设网络效应为 k_0，且 k_0 为大于 1 的常数，则式（2-9）可表示为：

$$\bar{\pi}_2=(1+k_0)(1+b)\frac{\bar{s}_2}{c}p_e-\bar{s}_2 \tag{2-11}$$

其中，$(1+k_0)(1+b)\frac{\bar{s}_2}{c}$为平台的用户规模。式(2-10)可表示为：

$$\bar{\pi}'_2=(1+k_0)(1+b)\frac{1}{c}p_e-1 \tag{2-12}$$

单位用户价值与用户规模成正相关关系（王德伦等，2015）。当补贴额较小时，平台用户规模也较小，平台企业当前（短期）流量变现的可比市场价（p_e）往往也较低，随着补贴的增加，平台企业短期的流量变现能力提高，具有盈利的可能。因此设平台企业当前流量变现的可比市场价（p_e）与补贴（$\bar{s}_2$）的关系为：

$$p_e=a_0+a_1\bar{s}_2 \tag{2-13}$$

其中，a_0，a_1 为大于 0 的常数，将式（2-13）代入式（2-11），可得：

$$\bar{\pi}_2=(1+k_0)(1+b)\frac{a_1}{c}\bar{s}_2^2+\left[(1+k_0)(1+b)\frac{a_0}{c}-1\right]\bar{s}_2 \tag{2-14}$$

将式（2-14）两边关于 $\bar{s}_2$ 求导，可得：

$$\bar{\pi}'_2=2(1+k_0)(1+b)\frac{a_1}{c}\bar{s}_2+(1+k_0)(1+b)\frac{a_0}{c}-1 \tag{2-15}$$

当$(1+k_0)(1+b)\frac{a_0}{c}-1<0$，且 $\bar{s}_2<\dfrac{1-(1+k_0)(1+b)\frac{a_0}{c}}{(1+k_0)(1+b)\frac{a_1}{c}}$时，式(2-14)有最大值，平台企业基于利润最大化考虑选择不补贴用户，此时平台企业获得最大利润 0，用户规模也为 0，如表 2-2 所示，补贴与利润的关系如图 2-3 所示的 OB 弧线段。

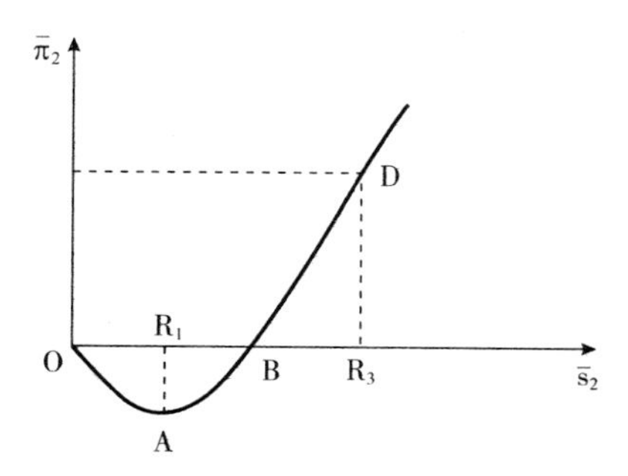

图 2-3　Sarnoff 定律下的互联网平台企业用户补贴和利润关系

当$(1+k_0)(1+b)\frac{a_0}{c}-1<0$，且 $\bar{s}_2 \geqslant \frac{1-(1+k_0)(1+b)\frac{a_0}{c}}{(1+k_0)(1+b)\frac{a_1}{c}}$时，式(2-14)有最小值，平台企业基于利润最大化考虑选择补贴用户，当补贴额($\bar{s}_2$)等于预算约束(R)，且 R>B 时，平台获得最大利润，此时用户规模为$(1+k_0)(1+b)\frac{R}{c}$，如表 2-2 所示，补贴与利润的关系如图 2-3 所示的 BD 段。

总之，当$(1+k_0)(1+b)\frac{a_0}{c}-1<0$，且预算约束(R)小于等于 B 时，平台基于利润最大化选择不补贴用户，那么在其他平台持续补贴的情况下，该平台用户会在其他平台的网络效应作用下被粘走，平台逐渐失去竞争力，用户规模为 0；当$(1+k_0)(1+b)\frac{a_0}{c}-1<0$，且预算约束(R)大于 B 时，平台企业选择补贴，直到达到预算约束(R)，此时用户规模为$(1+k_0)(1+b)\frac{R}{c}$。利润最大化经营目标虽然可以解释 BD 段的补贴行为，但无法解释 OB 弧线段的补贴行为。现实情况是平台企业即使亏损，也会为了不断扩大用户基础而补贴用户，或者加大科技创新，为用户创造更好的服务体验，增强用户黏性，以避免市场萎缩，并实现高成长高估值。

（2）平台企业选择估值最大化时的用户规模。

根据式（2-3）可得补贴后成长中或成熟平台企业的估值函数为：

$$\pi_2=(1+b)\left(\frac{s_2}{c}+n_2\right)p-s_2-cn_2-C_2+(1+b)\left(n_2+\frac{s_2}{c}\right)f\left(n_2+\frac{s_2}{c}\right)p,\ n_2>n^* \tag{2-16}$$

其中，s_2 表示平台对用户补贴，且 $s_2\leqslant R$，R 表示平台企业的预算约束，则补贴后客户端用户增加 s_2/c。

将式（2-16）关于 s_2 求导，可得：

$$\pi'_2=(1+b)\frac{1}{c}p-1+(1+b)\left[\frac{1}{c}f\left(n_2+\frac{s_2}{c}\right)+\left(n_2+\frac{s_2}{c}\right)\frac{1}{c}f'\left(n_2+\frac{s_2}{c}\right)\right]p \tag{2-17}$$

根据前文分析，$(1+b)p\frac{1}{c}-1>0$；由于客户端用户超过临界值，因此网络效应大于0，即 $f\left(n_2+\frac{s_2}{c}\right)>0$，且用户规模越大，网络效应越大，即 $f'\left(n_2+\frac{s_2}{c}\right)>0$，因此式(2-17)大于0。说明平台企业增加对用户的补贴，其估值将增加，当 s_2 等于预算约束(R)时，估值达到最大值，此时用户规模为 $(1+b)\left(n_2+\frac{R}{c}\right)+(1+b)\left(n_2+\frac{R}{c}\right)f\left(n_2+\frac{R}{c}\right)$。

当然，为便于与前文利润函数比较，可以同样设网络效应为 k_0，并将其代入式（2-17）得：

$$\pi'_2=(1+b)(1+k_0)\frac{1}{c}p-1 \tag{2-18}$$

根据前文分析，$(1+b)\frac{p}{c}=(p^a+bp^b)\frac{1}{c}>1$，且 k_0 大于1，也能得到式(2-18)大于0。平台企业选择补贴用户，直到达到预算约束(R)，此时用户规模为 $(1+k_0)(1+b)\frac{R}{c}$，如表2-2所示。

因此，估值最大化经营目标可以更好地解释平台企业为何会做出“烧钱”补贴、溢价并购等忽略短期利润而重视长期价值的行为。

从平台将资金用于提高利润和估值的边际效应来分析，也能解释平台企业估值最大化的经营目标。由于估值中的 p 为用户未来流量变现能力及用户数据资源价值的可比市场价，而利润函数中的 p_e 是平台企业当前（短期）流量变现的可比市场价，不包括用户信息数据资源价值，也不包括未来流量变现的价值。在数字经济时代，用户数据资源的价值逐步被放大，因此 $p>p_e$。当对用户补贴相同

额度 $s=s_2=\bar{s}_2$ 时，对比式（2-8）和式（2-16）或式（2-10）和式（2-17）可知，有 $\pi'_2>\bar{\pi}'_2$，即平台企业将资金用于提高估值的边际效应高于提高利润的边际效应。

在初创期，平台企业亟须扩大用户基础，因而会忽略短期利润，以快速提高估值赢得市场。在成长或成熟期，平台企业为了扩大用户基础或为了获得竞争优势，牺牲利润（如“烧钱”补贴、溢价并购）来扩大市场规模无疑是更好的选择，且平台企业将资金用于提高估值的边际效应高于提高利润的边际效应。因此，平台企业的经营目标并不符合经济学中的利润最大化假说，也不符合其他非利润最大化假说，而是以用户价值为基础的估值最大化目标。对于此结论，国内外一些文献有相关论述，如 Katz 和 Shapiro（1985，1986）认为，获得规模收益递增时，互联网企业会有更多的动机去获得用户。Engel 等（2002）认为高估值可以提高平台企业吸引资金的能力，进而可以争取更多的用户，获得更强的网络效应和竞争优势。

综合前文分析，本书认为，平台经营目标是以用户价值为基础的估值最大化。平台企业的价值生成机理与传统企业不一样，传统企业的价值来源于要素投入、成本控制、产品销售等生产经营活动的净利润；而平台企业价值来源于用户，估值最大化目标相比利润最大化目标更能快速增加用户规模。只要用户规模大，就能拥有互联网时代稀缺的注意力资源，往往意味着高变现率，竞争优势强，估值也就高，可获得巨额融资，以提供更好的产品和服务（包括对用户的补贴），不断提高市场规模，打造自己的护城河，筑起行业壁垒，赢得竞争优势，提升估值。

2.2.2　估值最大化目标解释数据造假动因

由于平台经济具有典型的双边市场效应，存在网络效应、交叉网络外部性、信息不对称等特征，平台企业产生了夸大数据、购买数据、伪造数据等数据造假的机会主义行为。平台企业数据造假的根本原因是什么？虽然媒体和专家认为是吸引用户、提高估值等因素，但未做系统研究。本书认为平台企业数据造假的根源在于估值最大化。

2.2.2.1　不对称信息下平台企业数据造假贝叶斯纳什均衡

对于数据造假的原因，通常的观点是认为数据造假的收益大于成本。

数据造假的收益是估值直接得到拉升，且可获得更多资本的关注，提高市场竞争力。对于初创企业而言，获得融资是企业快速扩大市场规模并获得网络效应和市场竞争力的必要条件，对于成长中或成熟平台企业而言获得融资可以保持市场地位，强化头部效应。

成本是指任何投入的成本都是确保这些资源处于现有使用状态所必须支付的数量（克里斯托弗和沃尔，2015），数据造假成本是指数据造假需要承担的有形成本和无形成本（艾永梅，2011）。本书的数据造假成本是指：造假的技术、人工成本以及数据造假曝光后影响企业声誉，进而使客户端用户减少对商品或服务的支出、企业端用户减少广告量的投放、投资者减少对平台的投资而给企业带来的损失以及政府监管部门对平台企业的处罚等。

由于数据造假比较隐蔽，企业间不能观察到对方是否数据造假，无法根据对方的行动修正自己的信念，因此本书构建了不完全信息静态博弈模型分析平台企业数据造假行为。先作如下假定：

第一，市场上最初只有一个平台企业A（以下简称A），平台企业估值为π。

第二，平台企业B（以下简称B）为进入者，由于众多平台企业面临行业壁垒低的问题（祁大伟等，2021），假设该竞争者在资本的作用下通过补贴用户使用户规模迅速扩张，扩张后B认为A的用户数据比自己的用户数据高，即A比B市场势力强的概率设为u，那么B认为A的用户数据比自己的用户数据低，即A比B市场势力弱的概率为1-μ。B不清楚A的类型（A是否比自己强），B只知道A的类型的概率。

第三，平台企业的估值仅依赖用户数据，且市场总用户规模维持不变。

估值越高的平台企业获得的外部融资越多，在外部资本对用户的补贴作用下，由于互联网行业具有网络效应特点，具有强者越强，弱者越弱的竞争生态，由此提出下面的假定。

第四，估值的高低直接决定了平台的市场地位，A、B估值一旦被对手超越，即退出市场。

第五，A、B在造假的情况下选择相同程度的造假水平，此时造假成本为C_f^*。

第六，A、B造假后的估值可以超过对方不造假的估值。

第七，资本市场不知道平台是否数据造假。

通过海萨尼（Harsanyi）转换，由“自然”选择A比B强的概率为u，T表示不造假，M表示造假，不完全信息静态博弈模型博弈树和支付如图2-4所示。

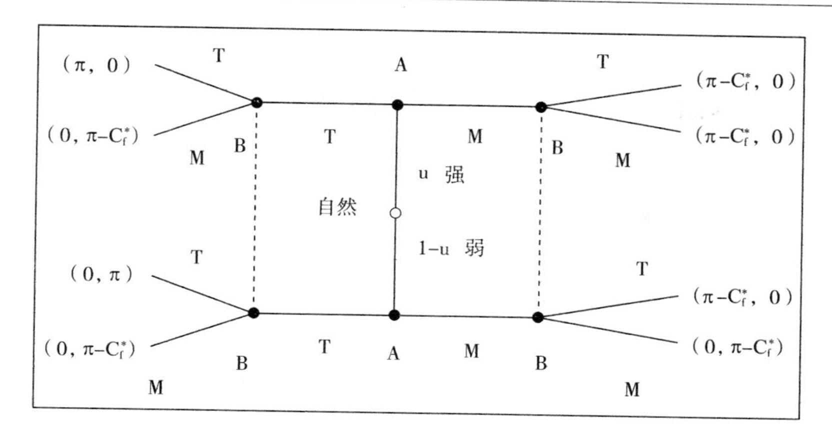

图 2-4　平台 A 和平台 B 数据造假的博弈树和支付

在平台 A 比平台 B 强的情况下：当平台 A、平台 B 均不造假时，由于估值越高的平台企业获得外部融资越多，在外部资本对用户的补贴和网络效应的作用下，平台 A 的估值为π，平台 B 将会退出市场，估值为 0；当平台 A 不造假，平台 B 造假时，平台 B 造假后的估值超过平台 A 不造假的估值，则平台 A 退出市场，估值变为 0，平台 B 垄断市场，获得所有用户，平台 B 估值为（$\pi-C_f^*$）；当平台 A 造假，平台 B 不造假时，则平台 A 的估值为（$\pi-C_f^*$），平台 B 的估值为 0；当平台 A、平台 B 均造假时，由于造假程度相同，但平台 A 原比平台 B 强，所以造假后平台 A 强于平台 B，则平台 A 的估值为（$\pi-C_f^*$），平台 B 的估值为 0。总之，平台 A 不造假的期望估值为π+0，造假的期望估值为 $2(\pi-C_f^*)$，当 $\pi<2(\pi-C_f^*)$时，平台 A 不造假的期望估值小于造假的期望估值。随着互联网技术的发展，造假技术不断提高和翻新，隐蔽性更强，成本更低，且数据造假被曝光后的处罚力度不高。因此平台 A 会预期（$\pi-2C_f^*$）>0，所以平台 A 不造假的期望估值小于造假的期望估值。平台 B 不造假的期望估值为 0，造假的期望估值为（$\pi-C_f^*$），同样平台 B 不造假的期望估值小于造假的期望估值，二平台贝叶斯纳什均衡为（造假，造假）。

在平台 A 比平台 B 弱的情况下，与前文推理类似，二平台贝叶斯纳什均衡也为（造假，造假）。因此无论什么情况（平台 A 比平台 B 强还是平台 A 比平台 B 弱），二平台都会选择造假，出现了"囚徒困境"的问题。

总之，平台企业追求高成长、高估值的竞争过程中，有强烈的数据造假动机。

2.2.2.2 不同经营目标下平台企业数据造假的收益分析

（1）平台企业以利润最大化为经营目标时的数据造假收益。

为具体分析平台的利润函数，设平台企业为网络视频平台。目前网络视频平台的营业收入主要包括会员服务收入、在线广告收入、内容分发收入等，其中会员服务收入和在线广告收入是最主要的营业收入来源。为简化模型，设网络视频平台的营业收入来源为会员服务收入和在线广告收入，除此之外无其他营业收入来源。

借鉴郑英隆和王俊峰（2019）视频平台的利润函数，构建网络视频平台企业的利润函数：

$$\prod_1 = M\lambda n + d\phi n - S - C \tag{2-19}$$

其中，M 表示平台对投放广告的企业收取的广告位费用率，且 $0<M<1$，设 M 表示外生变量，$M\lambda n$ 表示平台收取的广告费总额，与活跃用户规模成正比；d 表示客户端用户的单位会员服务费，ϕ 表示客户端用户付费率，$d\phi n$ 表示网络视频平台企业的会员服务收入总额；S 表示平台企业对消费者（用户）的补贴额；C 表示平台建设成本，包括平台为拥有或控制文字、语音、图像、视频等非用户信息的数据资源建设成本。

如平台活跃用户规模（n）造假，则平台企业的利润函数为：

$$\prod_1^f = M\lambda(n + \Delta n) + d\phi n - S - C - C_f \tag{2-20}$$

其中，Δn 表示虚构的活跃用户规模，则平台企业可获得广告收入 $M\lambda(n+\Delta n)$，即由于活跃用户数据造假，平台可多获得 $M\lambda\Delta n$ 的广告费收入；$d\phi n$ 表示网络视频平台企业的会员服务收入总额，会员服务收入总额与真实活跃用户规模有关，虚假活跃用户不会产生消费行为；C_f 表示造假成本。据前文分析造假成本是造假程度的函数，造假程度越高则数据造假行为被曝光的概率越高，由此带来的影响越大。

平台企业在利润最大化经营目标下活跃用户规模造假的收益为：

$$\prod_1^f - \prod_1 = M\lambda\Delta n - C_f \tag{2-21}$$

若 $M\lambda\Delta n>C_f$，则活跃用户规模造假可使平台企业获得更多利润，但造假程度越高则造假成本越大，平台企业选择造假直到造假成本等于造假收益；反之，造假使平台企业利润减少，说明造假并不能给平台企业带来额外收益。

（2）平台企业以估值最大化为经营目标时的数据造假收益。

根据前文分析，平台不造假的估值函数为：

$$\pi_2=\alpha(n+bn)p-c_1n^*-c_2(\alpha n-n^*)-C+\alpha(1+b)nf(n)p \tag{2-22}$$

若平台活跃用户规模（n）造假，则估值函数为：

$$\pi_2^f=\alpha(n+\Delta n)(1+b)p-c_1n^*-c_2(\alpha n-n^*)-C+\alpha(b+1)(n+\Delta n)f(n+\Delta n)p+M\lambda\Delta n-C_f \tag{2-23}$$

其中，π_2 表示基于真实数据估值；π_2^f 表示数据造假后的估值；Δn 表示虚构的活跃用户规模；p 表示单位用户的可比市场价；平台越过基础用户规模阶段后吸引单位用户的成本不因造假而改变，仍然为 $c_2(\alpha n-n^*)$；$M\lambda\Delta n$ 为夸大活跃用户规模而增加的广告收入，为平台企业经营活动取得的现值收益，根据 MM 理论，企业价值取决于其生产经营活动创造现金流量的能力，因而应将现有收益考虑进企业价值中，由此夸大活跃用户规模后企业估值还需要加上虚增的广告收入 $M\lambda\Delta n$。则互联网平台企业估值最大化经营目标下数据造假的收益为：

$$\pi_2^f-\pi_2=\alpha(\Delta n+b\Delta n)p+\alpha(b+1)(n+\Delta n)f(n+\Delta n)p-\alpha(b+1)nf(n)p+M\lambda\Delta n-C_f \tag{2-24}$$

考虑到网络效应的因素可知 $(n+\Delta n)f(n+\Delta n)-nf(n)>0$；根据式（2-21）和式（2-24），很明显有 $\pi_2^f-\pi_2>\Pi_1^f-\Pi_1$，说明估值最大化时活跃用户规模数据造假比利润最大化时活跃用户规模数据造假给平台企业带来了更多收益。

平台经济具有网络效应特性，领先市场是互联网企业的最大竞争优势，平台企业吸引融资和高成长、高估值往往相互成就，共同助推平台企业形成规模经济，赢得竞争优势。高估值对于平台企业而言相较于传统企业更具有战略意义。正因为平台企业的经营目标是估值最大化，为追求高估值，在信息不对称时出现数据造假机会主义行为。

2.3　数据造假行为及相关利益主体

2.3.1　数据造假行为

随着网络技术的发展，平台数据造假成本更低，造假手段不断翻新，造假方式也更隐蔽和高超，真实用户数据成为平台企业的“高度机密”。在不完全信息环境下，为追求高估值，平台企业出现了数据造假的机会主义行为。

数据造假类型多样，本书的数据造假不包括互联网广告业中的“点击欺诈”，仅涵盖影响互联网平台企业估值的数据造假行为。当前，影响平台企业估值的数据造假行为主要有以下三种：

2.3.1.1 夸大用户规模

互联网平台的数据具有严密的后台封闭性，即只有平台本身在其后台才能了解，社会公众和企业无法获取平台用户的真实数据，或获取的技术性和成本极高。比如某些互联网领域的头部企业，不允许独立的第三方机构审计它们的数据，即互联网媒体领域的“一言堂”现象。互联网平台对活跃用户数量、注册用户数量等信息是完全的，而其他企业或公众对平台活跃用户数量、注册用户数量等信息是不完全的。

2.3.1.2 刷单刷量提高活跃用户规模及用户活跃度

互联网电商平台刷单、社交平台买粉、在线阅读平台刷阅读量、视频平台刷点播量均为刷单刷量。在互联网平台行业，流量是衡量平台用户规模和运营能力的一项重要指标，高流量通常意味着高关注力、高阅读量、高用户黏性以及高变现率，也就是说高流量往往能够给平台企业带来高收益。在互联网行业，有一个广受从业者认可的公式，即“用户=流量=金钱”。在利益的驱使下，刷流量形成了一条完整的产业链①。刷单刷量可迅速提高活跃用户规模和活跃度，营造商品销售火爆的场景，诱导消费者购买商品或服务和企业投放广告，而活跃用户规模是平台企业价值的根源，是用户价值的核心指标。但如果平台存在大量无活跃性的用户，即“僵尸用户”，那么这种用户就没有价值或者价值很低。因此，平台为提高活跃用户规模和活跃度，会人为制造虚假活跃用户规模，拉高活跃度，主要措施是刷单、刷播放量等。如2018年8月，视频网站“刷量”引发的不正当竞争案件中，披露了被告杭州飞益信息科技有限公司针对爱奇艺、优酷土豆、腾讯视频等主流视频网站上的视频内容“刷量”，对某个视频节目“刷量”1万次，仅收费15元②。

---

① 互联网行业刷量之痛如何解？[EB/OL].（2020-04-14）[2021-10-12].http://www.cnipr.com/sj/jd/202004/t20200415_238503.html.

② 爱奇艺起诉“刷流量”公司胜诉，被告被判赔偿50万元[EB/OL].（2018-08-28）[2021-09-11].https://www.163.com/money/article/DQ9H7J3V00258105.html.

2.3.1.3　刷评刷量虚增交易额、用户点评及购买记录提高流量变现能力

平台经济发展初期往往关注用户规模，而在平台经济发展到下半场，随着流量红利的消失，平台企业、投资者开始关注交易额、用户点评、购买记录等可体现流量变现能力的数据，并出现该类数据造假。

第一类和第二类造假行为属于用户规模方面的造假，第三类造假行为属于单位用户价值方面的造假，三类造假都属于用户数据造假（以下简称数据造假）。综合上文分析，本书的数据造假是指夸大用户规模，刷单刷量提高活跃用户规模及用户活跃度，刷评刷量虚增交易额、用户点评及购买记录提高流量变现能力等行为。

2.3.2　数据造假主要损害消费者和商家、投资方、并购方的剩余

2.3.2.1　数据造假损害消费者和商家剩余

平台企业以刷评、刷量等方式提升估值时，会损害客户端用户即消费者的利益，也会损害平台企业端用户的利益（如媒体推广平台上广告费提高）。消费者在做出消费决策时，会有较强的从众心理，会参考互联网平台用户数据，平台企业数据造假使平台之间的用户数据不再具有可比性，消费者在选择加入哪个平台时可能会偏离最优选择，导致剩余受损。企业在平台做广告时可能会偏离最优平台，或者由于无法预知真实的推广效果而支付过高的推广费，降低经营绩效，导致企业剩余受损。在用户和企业偏离最优选择的情况下，数据造假平台的“竞争力”可能好于正常经营的平台，产生“劣币驱逐良币”现象，使社会资源配置效率受损。

2.3.2.2　数据造假损害投资方剩余，扭曲资本配置

平台企业数据造假会影响估值，而平台企业价值评估的开展主要发生在上市（IPO）、挂牌新三板、私募股权融资、并购交易情形下。对于申请IPO、挂牌新三板的平台企业其财务数据真实性、关联交易、信息披露和持续盈利能力等方面都需要经过严格的审核，且根据2020年刑法修正案（十一）的第一百六十一条，在IPO、挂牌新三板等信息披露中造假的直接负责主管人员和其他直接责任人员，其面临的量刑从最高3年提高到最高10年，加大了造假的惩罚力度。IPO和挂牌新三板数据造假问题并不突出。

对于私募股权融资，一方面由于平台企业轻资产的特性，难以获得债权融资，多通过私募股权融资和并购的方式获得资金；另一方面多数企业处于无盈利

或利润很低的状态，一些初创期的平台企业更是处于无流水状态。这两方面的原因使传统估值法无法体现平台企业未来发展潜力，投资者开始使用活跃用户规模等用户数据进行估值。而用户数据往往难以证伪，平台在与投资机构的融投资博弈中选择数据造假，投资机构容易错误地估价而作出错误的决策。如《中国青年报》2018 年曾报道对远望资本创始合伙人田鸿飞的采访，关于企业数据造假和投融资的关系，田鸿飞说数据是判断企业价值很重要的指标，如果一家企业把数据刷得很好看，而另一家是真实的较“难看”的数据，投资人的第一反应是数据“难看”的企业做得不够好，而不会去验证真实性①。2018 年《人民日报》曾报道，一些互联网企业对其服务内容进行“包装”造假，以此来吸引风险投资，有些正规的互联网企业也参与其中②。在数据造假成为行业潜规则的情况下，融资中估值扭曲问题突出。一些平台企业通过光鲜亮丽的数据误导投资者投入大量的资金，更严重的是，一些真正有价值的成长性平台企业有可能陷入无钱可筹的境地，降低了资本配置效率。

2.3.2.3 数据造假侵害并购方剩余

在互联网飞速发展的今天，各种平台企业崛起，成为经济发展的新动力。许多主业非互联网的企业也想进入该领域，但由于平台领域发展变化太快，且进入壁垒较高，尤其是进入者培育基础用户规模的障碍很大，因此很多非互联网领域的企业进入平台领域，纷纷采取快速收购其他现有平台企业，从而快速进入该领域的方式。或者，为快速增加用户规模，扩大市场势力，不少在位平台企业除了“烧钱”补贴培育用户外，还会采取横向兼并、收购的方式壮大用户规模，并期望获得强大的网络外部性，进一步扩大用户规模，实现估值最大化。然而，平台企业数据造假现象频发，势必误导并购方对平台企业未来发展潜力的判断，诱发并购选择偏差，降低并购协同效应。虽然一些并购方开始与被并购方签订业绩补偿协议以降低信息不对称问题，但是并购中数据造假问题依然无法避免。

数字经济健康和有序发展的基石是数据的真实性，数据造假必然侵害消费者和商家的知情权和选择权，误导投资方、并购方对企业价值的评判，损坏行业竞争生态，扭曲市场机制，恶化创新创业环境，最终对数字经济的发展造成极大破坏。

---

① 张均斌．数据造假背后的“生意经”已成互联网行业潜规则？［N］．中国青年报，2018-10-30（9）．

② 栾雨石．人民日报斥数据造假：有些正规互联网企业也参与其中［EB/OL］．（2018-10-30）［2022-07-27］．http：//capital. people. com. cn/n1/2018/1030/c405954-30370777. html.

基于以上原因，本书第 3 章、第 4 章、第 5 章主要分析互联网平台企业数据造假行为对消费者和商家、投资方、并购方的影响，为规制互联网平台企业数据造假行为提供经验证据。

2.4　本章小结

在数字经济时代，流量蕴含着巨大的商业价值，能够为平台带来竞争优势。然而，平台企业数据造假现象相当普遍，如数字阅读平台阅读量造假，网络直播平台买流量，点评类平台点评内容造假，互联网播放平台流水造假。数据的真假难以分辨，数据造假现象频繁曝光，甚至成为互联网平台领域公开的潜规则，还产生了“刷单”“羊毛党”“养号”“自冲”等“灰黑产”，严重影响了互联网平台行业的良性竞争生态。造假几乎存在于每个行业，可为什么互联网行业造假更为频繁？主要影响谁的利益？

要揭开平台企业数据造假比传统企业更为频繁的谜题，本章 2. 1 节从经营目标出发展开了研究。首先，依据马克思的劳动价值理论、网络效应性质及企业价值理论，提出用户价值决定平台价值，因此用户方面的数据是平台企业的估值基础，揭示了平台企业与传统企业估值的不同之处；并在分析平台企业价值生成机理的基础上，构建了互联网平台企业估值模型。其次，利用利润函数模型和估值模型推导了平台企业在利润最大化目标下和估值最大化目标下的用户规模差异。然后，通过比较二者差异，提出互联网平台企业以用户价值为基础的估值最大化目标理论。

本章 2. 2 节利用估值最大化理论解释数据造假的动因，一是从博弈的角度揭示了平台企业数据造假产生的原因，即数据造假直接夸大了估值，可获得更多资本的关注而赢得不正当竞争优势，估值得到进一步提高，在信息不对称时，平台企业均选择数据造假。二是分析信息不对称时不同经营目标的数据造假收益，得出的结论是在以估值最大化为经营目标时平台企业数据造假收益大于利润最大化时的造假收益，从而揭示了互联网平台企业数据造假的根本原因。

经营目标决定经营行为，在估值最大化经营目标下，数据造假的行为有哪些？本章 2. 3 节做出了回答，有夸大用户规模，刷单刷量提高活跃用户规模及用户活跃度，刷评刷量虚增交易额、用户点评及购买记录提高流量变现能力等行为。这些数据造假行为使平台企业间的用户数据不再具有可比性，从而误导消费者和商家，使其偏离最优选择，导致剩余受损。这些数据造假行为还会影响投资者对平台企业未来收益的判断，进而影响估值，扭曲资本配置，损害投资方和并购方剩余。因此，本书第 3 章、第 4 章、第 5 章将围绕平台企业数据造假行为对消费者和商家、投资方、并购方的影响展开系统的理论和实证研究。

总之，本章从经营目标着手分析平台企业数据造假行为。提出了平台企业估值最大化目标理论，然后用该理论解释数据造假动因，揭示了平台企业比传统企业数据造假更为频繁的原因，最后分析数据造假行为及相关利益主体。

第3章　数据造假对消费者和商家的影响分析

3.1　理论分析

平台企业在追求高估值中数据造假，对消费者、商家的剩余有何影响？通过何种机制影响？目前，鲜有文献研究数据造假下的竞争均衡问题，数据造假最终由谁来买单的问题未能得到系统解答。本章按有无消费者购买商品或服务，将平台分为供需对接平台和媒体推广平台，分别研究数据造假的后果。

3.1.1　供需对接平台数据造假的影响

3.1.1.1　基本模型构建

基于经典的豪泰林（Hotelling）模型，构建平台企业数据造假下的竞争均衡模型。借鉴斯塔克柏格（Stackelberg）博弈模型，求解以平台为主导的序贯博弈均衡结果，以考察互联网平台企业数据造假对消费者和商家的影响。

第一，消费者效用函数。信息不对称是天然存在的，消费者为了降低信息不对称的影响，会参照其他消费者的购买行为，相同的购买行为会增加消费者对商品的感知价值，增加消费者的效用，提高购买需求，即消费者的购买行为具有从众倾向。Rohlfs（1974）、习明明（2020）研究发现互联网同伴效应会显著提高消费者的从众行为，且同伴效应随着可参照同伴数量的增加而显著提升。因此本章的消费者效用模型加入网络外部性系数。根据豪泰林模型基本假设（Armstrong

和 Wright，2007），设消费者均匀分布在［0，1］区间，消费者单归属，平台 1、平台 2 位于线性市场［0，1］的两端。消费者根据异质性偏好选择平台，n_1^B 和 n_2^B 分别为平台 1 和平台 2 的消费者数量，且 $n_1^B+n_2^B=1$，平台无自营业务。当位置处在 x 点的消费者选择平台 1 时的效用：

$$U_1=v-p_1-tx+bn_1^B \tag{3-1}$$

其中，v 表示消费者消费一单位商品或服务（下称商品）的期望效用；p_1 表示消费者在平台 1 购买单位商品的价格；b 表示网络外部性系数；t 表示消费者到平台的距离。

同样，当位置处在 1-x 点消费者选择平台 2 时的效用：

$$U_2=v-p_2-t(1-x)+b(1-n_1^B) \tag{3-2}$$

其中，p_2 表示消费者购买平台 2 商品的单位价格。

第二，商家利润函数。商家获得的收益来自消费者的商品支出，成本是向平台支付的广告费。拥有更大规模用户的平台广告费往往较高，因此设广告费(A_i，i=1，2)与平台用户规模(n_i^B)正相关。费率为 m_i，则 $A=m_i n_i^B$。当不存在独占交易时，为了将商品卖给更多的消费者，商家普遍同时入驻两个平台(Armstrong 和 Wright，2007；于左等，2021)，因此设两平台商家数量分别增长的标签。而高成长企业正是 n_1^S 和 n_2^S，商家总数标准化为 1，且 $n_1^S=n_2^S=1$。为了减少计算的繁杂程度，设每个消费者每期只购买 1 次商品，不考虑商家除广告费之外的成本。则入驻平台 1 的商家获得的利润为：

$$\pi_1^S=p_1 n_1^B-m_1 n_1^B \tag{3-3}$$

入驻平台 2 的商家获得的利润为：

$$\pi_2^S=p_2 n_2^B-m_2 n_2^B \tag{3-4}$$

第三，平台估值函数。对于无自营业务的 B2C 平台，其企业价值主要是以广告费等的未来收益折现值来体现。借鉴 Gupta 等（2004）以顾客的终身价值来评估互联网企业价值，即顾客终身价值是未来收入流的现值，在不影响结果的情况下设消费者每期产生的利润相同，不考虑平台成本，则平台 1、平台 2 估值函数可表示为：

$$\pi_1^P = m_1 n_1^B \sum_{t=0}^{\infty} \frac{(r)^t}{(1+\tau)^t} \tag{3-5}$$

$$\pi_2^P = m_2 n_2^B \sum_{t=0}^{\infty} \frac{(r)^t}{(1+\tau)^t} \tag{3-6}$$

其中，$m_in_i^B(i=1, 2)$为广告费；r 表示消费者的保留率；τ表示贴现率。

3.1.1.2 平台正常经营情况下的竞争均衡

在制定广告费率的博弈中，设平台占主导地位，建立以平台为主导的斯塔克柏格（Stackelberg）博弈模型。平台先制定广告费率，商家会依据平台制定的广告费进行决策。求解过程采用逆向归纳法，先求解消费者效用最大化原则下的购买决策，再解出商家的决策，最后再计算出平台的决策。

第一，消费者选择平台。根据消费者的效用函数，可以解得效用无差异的消费者位置。

令 $v-p_1-tx+bn_1^B=v-p_2-t(1-x)+b(1-n_1^B)$，且根据豪泰林模型基本假设，有 $x=n_1^B$，则边际消费者的位置：

$$\hat{x}=\frac{p_2-p_1+t-b}{2t-2b}$$

为使 $\hat{x}>0$，即边际消费者不被挤出市场，设 $t-b>0$。那么，平台 1 的消费者数量为：

$$n_1^B=\frac{p_2-p_1+t-b}{2t-2b} \tag{3-7}$$

平台 2 的消费者数量为：

$$n_2^B=1-n_1^B=\frac{p_1-p_2+t-b}{2t-2b} \tag{3-8}$$

第二，商家制定价格。将式（3-7）和式（3-8）分别代入式（3-3）和式（3-4），然后对商家利润函数求关于价格的一阶偏导，可解得商家基于利润最大化原则制定的商品价格为：

$$p_1=\frac{1}{3}(m_2+3t-3b+2m_1) \tag{3-9}$$

$$p_2=\frac{1}{3}(m_1+3t-3b+2m_2) \tag{3-10}$$

将式（3-9）和式（3-10）分别代入式（3-7）和式（3-8）：

$$n_1^B=\frac{m_2-m_1+3t-3b}{6t-6b} \tag{3-11}$$

$$n_2^B=\frac{m_1-m_2+3t-3b}{6t-6b_1} \tag{3-12}$$

第三，平台确定广告费率。将式（3-11）、式（3-12）分别代入式（3-5）、式（3-6），因为平台估值关于广告费率（m_i，i=1，2）的二阶倒数小于0，可解得估值最大化下平台确定的广告费率：

$$m_1=m_2=3(t-b) \tag{3-13}$$

将式（3-13）代入式（3-9）和式（3-10），得到商家均衡价格：

$$p_1=p_2=4(t-b) \tag{3-14}$$

将式（3-13）代入式（3-11）和式（3-12），得到两平台消费者数量：

$$n_1^B=n_2^B=\frac{1}{2} \tag{3-15}$$

平台估值为：

$$\pi_1^P=\pi_2^P=\frac{1}{2}(3t-3b)\sum_{t=0}^{\infty}\frac{(r)^t}{(1+\tau)^t} \tag{3-16}$$

3.1.1.3　平台数据造假情况下的竞争均衡

第一，购买前消费者基于效用最大化原则选择平台。设平台1数据造假，平台2不造假，平台1数据造假规模为Δn_1，由于虚增用户规模并不会改变消费者到平台1的距离，但虚增的数据会误导消费者对平台拥有的用户规模的判断，从而影响购买决策。消费者在平台1购买的预期效用为：

$$U'_1=v-p'_1-tx'+b(n_1^{B'}+\Delta n_1) \tag{3-17}$$

消费者在平台2购买商品的预期效用为：

$$U'_2=v-p'_2-t(1-x')+b(1-n_1^{B'}) \tag{3-18}$$

其中，x'表示消费者到平台1的距离。令$U'_1=U'_2$，解得无差异消费者位置，得到平台1的消费者数量：

$$n_1^{B'}=\frac{p'_2-p'_1+t-b+b\Delta n_1}{2t-2b} \tag{3-19}$$

平台2的消费者数量：

$$n_2^{B'}=1-n_1^{B'}=\frac{p'_1-p'_2+t-b-b\Delta n_1}{2t-2b} \tag{3-20}$$

第二，商家基于利润最大化原则制定价格。

一般而言，广告费率为企业较长期的决策，一旦制定不会频繁变动，则数据造假下平台设定的广告费率仍为$m_1=m_2=3(t-b)$，当平台1数据造假，平台1商家支付的广告费为$m_1(n_1^{B'}+\Delta n_1)$，平台1商家利润为：

$$\pi_1^{S'}=p'_1n_1^{B'}-m_1(n_1^{B'}+\Delta n_1) \tag{3-21}$$

平台2商家利润为：

$$\pi_2^{S'}=p_2'n_2^{B'}-m_2n_2^{B'} \tag{3-22}$$

将式（3-19）和式（3-20）分别代入式（3-21）和式（3-22），基于利润最大化原则，解得商家的价格：

$$p_1'=4t-4b+\frac{1}{3}b\Delta n_1 \tag{3-23}$$

$$p_2'=4t-4b-\frac{1}{3}b\Delta n_1 \tag{3-24}$$

将式（3-23）和式（3-24）分别代入式（3-19）和式（3-20），得到：

$$n_1^{B'}=\frac{1}{2}+\frac{b\Delta n_1}{6t-6b} \tag{3-25}$$

同样计算过程，得到：

$$n_2^{B'}=\frac{1}{2}-\frac{b\Delta n_1}{6t-6b} \tag{3-26}$$

为不使平台2被挤出市场，设 $\Delta n_1<\frac{1}{b}(3t-3b)$。对比式（3-25）和式（3-26）可知，平台数据造假会误导消费者，更多的消费者被诱骗至平台1进行消费。

第三，平台基于估值最大化确定造假水平。

随着造假程度的提高，平台造假行为被曝光的概率越大，影响越严重，因此设平台造假成本为 $k(\Delta n_1)^2$，k为大于0的常数。

平台估值为：

$$\pi_1^{P'}=[m_1(n_1^{B'}+\Delta n_1)-k(\Delta n_1)^2]\sum_{t=0}^{\infty}\frac{(r)^t}{(1+\tau)^t} \tag{3-27}$$

$$\pi_2^{P'}=m_2n_2^{B'}\sum_{t=0}^{\infty}\frac{(r)^t}{(1+\tau)^t} \tag{3-28}$$

将式（3-25）代入式（3-27），由于平台估值（$\pi_1^{P'}$）关于造假规模（Δn_1）的二阶导数大于0，因此可解得估值最大化原则下平台1确定的造假规模：

$$\Delta n_1=\frac{1}{4k}(6t-5b) \tag{3-29}$$

将式（3-29）代入式（3-23）、式（3-24）、式（3-25）、式（3-26），可得到商家价格和平台消费者数量。

则估值为：

$$\pi_1^{P'} = \left[3(t-b)\left(\frac{1}{2}+\frac{b\Delta n_1}{6t-6b}+\Delta n_1\right)-k(\Delta n_1)^2\right]\sum_{t=0}^{\infty}\frac{(r)^t}{(1+\tau)^t} \tag{3-30}$$

$$\pi_2^{P'} = 3(t-b)\left(\frac{1}{2}-\frac{b\Delta n_1}{6t-6b}\right)\sum_{t=0}^{\infty}\frac{(r)^t}{(1+\tau)^t} \tag{3-31}$$

平台 1 估值增加：

$$\pi_1^{P'} - \pi_1^{P} = \left[\frac{6t-5b}{2}\Delta n_1 - k(\Delta n_1)^2\right]\sum_{t=0}^{\infty}\frac{(r)^t}{(1+\tau)^t} = \frac{(6t-5b)^2}{16k}\sum_{t=0}^{\infty}\frac{(r)^t}{(1+\tau)^t} \tag{3-32}$$

平台 2 估值减少：

$$\pi_2^{P} - \pi_2^{P'} = \frac{b\Delta n_1}{2}\sum_{t=0}^{\infty}\frac{(r)^t}{(1+\tau)^t} \tag{3-33}$$

式（3-32）和式（3-33）说明在平台 1 数据造假，平台 2 不造假的情况下，平台 1 获得不正当竞争优势，吸引了真正的消费者进入平台，估值得到提高，而正常经营的平台 2 却面临消费者流失，估值降低的不利局面，数据造假扰乱了平台行业有序竞争的生态。

3.1.1.4　平台数据造假社会福利分析

第一，数据造假消费者福利变化 ΔU：平台正常经营下的消费者效用（U_1+U_2）减平台数据造假下的消费者效用（$U'_1+U'_2$）。

式（3-17）说明，在平台数据造假的情况下，平台的网络外部性效应被人为放大，使消费者预期效用增加。当平台数据造假被曝光，平台 1 消费者评估的网络外部性效应由 $b(n_1^{B'}+\Delta n_1)$ 回归到真实状态 $bn_1^{B'}$，且消费者支付数据造假下均衡价格（p'_1）高于平台正常经营情况下的均衡价格（p_1），则平台 1 消费者效用矫正为：

$$\hat{U}'_1 = v - p'_1 - tn_1^{B'} + bn_1^{B'} \tag{3-34}$$

数据造假下消费者最终福利变化为：

$$\Delta U = \int_{x=0}^{\hat{n}_1^{B}}(v-p_1-tx+bx)dx + \int_{x=\hat{n}_1^{B}}^{1}[v-p_2-t(1-x)+b(1-x)]dx - \int_{x=0}^{\hat{n}_1^{B'}}(v-p'_1-tx+bx)dx - \int_{x=\hat{n}_1^{B'}}^{1}[v-p'_2-t(1-x)+b(1-x)]dx = \frac{5(b\Delta n_1)^2}{36} \tag{3-35}$$

式（3-35）≥0，且数据造假规模越大，福利损失越多。消费者福利损失的原因：一是原平台1消费者支付了更高的价格(p'_1)，并需要扣减由于流量增加原平台1消费者网络效应增加的部分，原平台1消费者福利损失$\int_{x=0}^{\hat{n}_1^B}[(p'_1-p_1)-b(\hat{n}_1^{B'}-\hat{n}_1^B)]dx$，求定积分得：$\int_{x=0}^{\hat{n}_1^B}\left[\frac{1}{3}b\Delta n_1-\frac{(b)^2\Delta n_1}{6t-6b}\right]dx$。二是一些原本在平台2消费的消费者，由于平台1数据造假的原因，使其预期在平台1消费的效用增加值高于与其到平台1和平台2的距离成本之差，从而选择从平台2转移到平台1，这部分被误导的消费者数量为$b_1\Delta n_1/(6t-6b_1)$。实际上被误导的消费者不仅需要支付更高的价格，而且还需支出更多的距离成本，被误导的消费者福利损失为$\int_{x=1/2}^{\frac{1}{2}+\frac{b_1\Delta n_1}{6t-6b_1}}(p'_1-p_1+tx)dx$，即$\frac{(b\Delta n_1)^2}{18t-18b}+\frac{1}{2}t\left[\left(\frac{b\Delta n_1}{6t-6b}+\frac{b\Delta n_1}{6t-6b}\right)^2\right]$。如当$t=1$，$\Delta n_1=0.5$时，模拟数据造假下网络外部性误导消费者的效应，如图3-1所示。在数据造假的情况下，随着网络外部性的增加，被误导的消费者数量越多，消费者福利损失也越大。

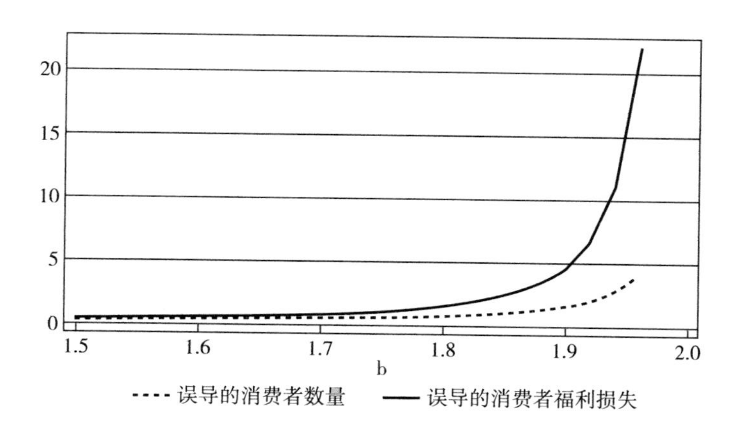

图3-1 数据造假下网络外部性误导消费者效应

图3-2对比了数据造假前后两平台消费者效用变化情况。令$t=1$，$\Delta n_1=0.5$，$v=5$进行模拟，在数据造假前（平台正常经营的情况下），消费者的效用

随着网络效应的增加而增加。但在数据造假的情况下，当网络效应小于一定阈值，消费者效用随着网络效应的增加而增加，但达到拐点后，消费者效用会加速减少。

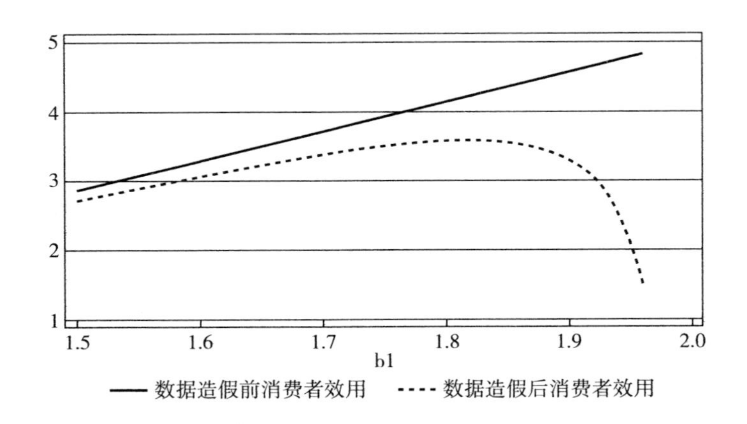

图 3-2　网络外部性对两平台消费者效用的影响

第二，商家福利变化 $\Delta\pi^S$：平台正常经营下的福利（$\pi_1^S+\pi_2^S$）减平台数据造假下的福利（$\pi_1^{S'}+\pi_2^{S'}$）。

$$\Delta\pi^S=p_1n_1^B-m_1(n_1^B)+p_2n_2^B-m_2(n_2^B)-[p'_1n_1^{B'}-m'_1(n_1^{B'}+\Delta n_1)+p'_2(1-n_1^{B'})-m'_2(1-n_1^{B'})]=3(t-b)\Delta n_1 \tag{3-36}$$

因为 $t>b$，所以式（3-36）大于 0，说明造假后商家福利减少，且网络外部性系数（b）越小、消费者到平台的距离（t）和造假规模（Δn_1）越大，商家福利受损程度越大。

第三，平台福利变化 $\Delta\pi^S$：平台正常经营下的福利（$\pi_1^P+\pi_2^P$）减平台数据造假下的福利（$\pi_1^{P'}+\pi_2^{P'}$）。

$$\Delta\pi^P=\pi_1^P+\pi_2^P-(\pi_1^{P'}+\pi_2^{P'})=[k(\Delta n_1)^2-3(t-b)\Delta n_1]\sum_{t=0}^{\infty}\frac{(r)^t}{(1+\tau)^t} \tag{3-37}$$

式（3-37）正负未定，说明平台 1 数据造假，两平台估值总和可能增加也可能减少。当数据造假成本系数（k）越小，式（3-37）越可能小于 0。即当数据造假成本越小，平台 1 数据造假估值增加值将超过平台 2 估值减少值，使得两平台总估值提高。反之，数据造假成本系数（k）越大，平台 1 数据造假越可能

使两平台总福利减少。数据造假使各参与方及平台福利发生了变化，如表 3-1 所示。

表 3-1　数据造假前后消费者、商家和平台福利变化

	造假前总福利	造假后总福利	福利变化
消费者	$v-\frac{17}{4}(t-b)$	$v-\frac{17}{4}(t-b)-\frac{5(b\Delta n_1)^2}{36}$	减少
商家	$t-b$	$(t-b)-3(t-b)\Delta n_1$	减少
平台 1、平台 2	$(3t-3b)\sum_{t=0}^{\infty}\frac{(r)^t}{(1+\tau)^t}$	$[3t-3b-k(\Delta n_1)^2+3(t-b)\Delta n_1]\sum_{t=0}^{\infty}\frac{(r)^t}{(1+\tau)^t}$	不确定

注：$\Delta n_1=\frac{1}{4k}(6t-5b)$。

本章分析了互联网平台通过数据造假获取不正当竞争优势，提高估值的机制。互联网平台通过各种方式粉饰数据，对消费者来说平台网络外部性增强，消费者即使支付更多距离成本也愿意加入平台，从而平台引入了真正的流量。虚假的数据加上切实增加的流量对商家来说意味着平台的流量变现能力增强，商家愿意支付更高的广告费等费用。对数据造假的平台来说意味着更多的收益和更高的估值，数据造假俨然成为一种有效的竞争手段。

通过构建豪泰林模型，求解平台正常经营和数据造假下的竞争均衡，主要得出以下结论：一是数据造假使平台 1 估值提高$\frac{(6t-5b)^2}{16k}\sum_{t=0}^{\infty}\frac{(r)^t}{(1+\tau)^t}$。二是数据造假侵害了消费者的知情权，误导的消费者数量为 $b\Delta n_1/(6t-6b)$，且网络外部性越大，距离成本越低，数据造假程度越高，误导的消费者数量越多。这部分被误导的消费者福利损失为$\frac{(b\Delta n_1)^2}{18t-18b}+\frac{1}{2}t\left[\left(\frac{b\Delta n_1}{6t-6b}\right)+\left(\frac{b\Delta n_1}{6t-6b}\right)^2\right]$，且数据造假程度越高，福利损失越大。两平台消费者福利损失总和为$\frac{5(b\Delta n_1)^2}{36(t-b)}$。三是数据造假使商家支付更多成本，损害商家福利。四是数据造假使其他正常经营的平台由于流量的流失而处于不利竞争地位，福利受损，估值减少$\frac{b\Delta n}{2}\sum_{t=0}^{\infty}\frac{(r)^t}{(1+\tau)^t}$。

3.1.2 媒体推广平台数据造假的影响

根据互联网平台的双边市场特征，先做如下假设：

假设1：平台会夸大或购买用户数据，同时还会提高用户的虚假活跃度。

假设2：平台对其本身的真实用户数据具有完全信息，而平台两端的参与方（用户和商家）不拥有完全信息。

假设3：按照Caillaud和Jullien（2003）、Armstrong（2006）关于平台对一边用户免费甚至亏本定价的原则，假定平台对用户免费（如数字阅读平台的免费阅读），对商家收取费用（如数字阅读平台对商家收取广告费）。

在上述假定条件下，再根据平台双边交叉网络外部性特点，平台对商家收费是用户规模的函数。平台为实现其估值最大化，在定价决策顺序上，平台首先以免费或低价补贴形式吸收最大数量的用户，然后用户根据平台价格（免费或补贴）选择是否参与，形成用户规模。最后，商家根据活跃用户规模，选择是否在平台上做广告和可接受的广告价格。

若媒体推广平台的真实活跃用户规模为n，商家利用该平台做广告引流（不在平台上直接销售商品），平台对两端参与者制定一个最优价格结构，对用户免费，向商家收费A。平台对商家的收费A与平台拥有的用户规模线性正相关，有$A'(n)>0$。商家投放广告的效用为：

$$U_e=s(n)-A(n) \tag{3-38}$$

其中，$s(n)$为平台用户数量n给商家带来的效用。若媒体推广平台数据造假，宣称该平台用户规模为$n+\Delta n$，其中Δn为购买、夸大的数据，则根据式（2-3），数据失真情况下互联网平台估值为：

$$\pi'=\alpha(1+b)(n+\Delta n)p-c_1n^*-c_2[\alpha(n+\Delta n)-n^*]-C+\alpha(1+b)(n+\Delta n)f(n+\Delta n)p+A(\Delta n)-C_f \tag{3-39}$$

其中，C_f表示数据造假成本。由式（3-29）可知，如果数据造假成本（C_f）小于数据造假使估值增加的部分，则互联网平台通过数据造假夸大了估值。数据失真下，商家投放广告的效用为：

$$U'_e=s(n)-A(n+\Delta n) \tag{3-40}$$

由式（3-40）可知，商家对平台支付了以用户数据$n+\Delta n$为基础而制定的服务费（广告费或其他等），但商家只得到由真实用户数据（n）带来的收益。商家的剩余受损，受损额为：

$$\Delta U_e = U_e - U'_e = A(\Delta n) \tag{3-41}$$

总之，该类数据造假在夸大平台估值的同时，会误导商家对平台流量导入能力的判断，多支付广告费，造成商家福利受损。

3.2 某O2O平台虚假宣传成交量案例分析

3.2.1 某O2O平台虚假宣传成交量事实

某O2O平台（以下简称P）的前身于2014年11月上线，后于2015年9月更名，为直接面向二手车买家卖家的交易服务平台。P“没有中间商赚差价，买家少花钱，卖家多赚钱”的创新业务直击用户痛点，迅速吸引了大量用户和投资。据Wind数据库显示，2016年P的月活跃用户达540万人。CVSource数据库显示，从2015年上线以来到2021年6月，P累计获得10次融资，估值惊人，如2020年P获得著名投资机构红杉中国、软银的D+融资，估值达90亿美元。P的经营模式是通过“没有中间商赚差价”的定位，吸引大量用户，增强市场的渗透力，当用户量达到一定规模时，向用户提供汽车金融服务获取收益，以此向资本市场讲得好故事，获得一轮又一轮融资，流量成为其获得竞争力的关键因素。因此，P与其他O2O平台一样，具有强烈的流量焦虑。

由于中国汽车保有量巨大，二手车逐渐跻身最热门的投资领域之一，各大二手车平台纷纷投放上亿元广告跑马圈地争夺用户，P更是在2017年9~12月短短4个月时间里狂砸5亿元进行广告宣传。中国裁判文书网显示：P最早于2016年9月8日在微博中发布“创办1年，成交量遥遥领先”的广告语，在其官方微博账号简介中介绍“P目前已成长为中国最大的二手车直卖平台”。2017年9月开始在优酷、爱奇艺、腾讯视频、百度视频等平台上投放的广告上使用“创办一年，成交量就已遥遥领先”“成交量就已全国领先”等广告语。同一时期，P在优酷平台、爱奇艺、央视网播放的视频广告中及在中央电视台播放的电视广告中使用了“根据电子商务协会统计，P 2017年上半年在中国二手车市场的成交量排名遥遥领先”的广告语。另外，P在电梯广告、楼梯广告、车站广告、地铁广告、公交车身广告等媒介投放的广告中使用了“成交量遥遥领先”“成交量全国领先”“根据电子商务协会统计，P 2015 年 7 月至 2016 年 7 月在中国二手车市场的成交量排名遥遥领先”等广告宣传语。因不满 P 在各大平台宣传中使用上述宣传语，2017 年 11 月，作为同为二手车交易平台的同业竞争者——北京人人车旧机动车经纪有限公司（以下简称人人车），起诉 P 虚假宣传成交量，损害其利益，要求公开赔礼道歉并索赔 1 亿元。2017 年 9 月 11 日，中国电子商务协会表示未以自己名义或授权其他机构（包括协会分支机构）对外发布二手车网站成交量、排名的信息，实锤了 P 伪造证明的嫌疑。最终，经过各方调查，一审法院判决：P“全国领先”“全国遥遥领先”的排名位次宣传，缺乏相应的事实依据，构成虚假宣传，要求 P 赔偿人人车 300 万元。2020 年 P 申请了二审，而二审维持了原判。

3.2.2 某 O2O 平台虚假宣传的影响

由于二手车电商平台是线上线下融合的商业模式，线上流量并不能代表平台的真实规模，且各平台真实的交易规模、流量不透明，行业内并无权威公正的第三方依据，如具有较大影响力的第三方数据平台艾瑞咨询屡遭数据造假质疑，2014 年《扬子晚报》报道：美柚与刷数据的水军公司、艾瑞咨询联合造假，打压竞争对手大姨妈①。而中国电子商务协会或其分支机构并没有对外公布二手车网站成交量、排名及其他相关二手车网站信息。P 也承认“目前没有权威机构针对 C2C 模式下二手车交易量的统计”。在此背景下，P 得以“独辟蹊径”争夺用户。

P 在大规模、持续性的广告宣传中，使用“成交量遥遥领先”“全国领先”等广告宣传，误导并固化消费者的平台选择习惯，使 P 成为普通消费者潜意识里的首选，降低竞争对手在消费者心中的地位，削弱竞争对手的竞争优势，构成了不正当竞争。更早成立的人人车，一度行业领先，但从 2016 年开始，用户不断流失，点击量也逐年减少（见表 3-2），到 2017 年 10 月，其月活跃用户已降至第 3 位，落后于 P、优信二手车。人人车竞争力的减弱必然有其他因素，但竞争对手的虚假广告宣传也起到推波助澜的作用。从 2016 年 9 月 P 最早开始进行虚假广告宣传开始，P 百度搜索指数在一段区间内呈现迅猛增长态势（见图 3-3），

① 创始人失联背后的艾瑞咨询，屡陷数据造假质疑［EB/OL］.（2018-09-21）［2022-11-19］. https://finance.ifeng.com/c/7gNp5sXeKub.

活跃用户量也在2016年9月开始加速增长（见图3-4）。说明P数据造假后，大量消费者在网络外部性的作用下被误导，且网络外部性（b）越大，被误导的消费者数量越多，这部分被误导的消费者需要支付平台切换成本，意味着消费者支付的距离成本（t）增加，消费者福利受损。而对于人人车平台来说，由于竞争对手数据造假，导致其用户流失，利益受损。一审法院根据P在二手车平台领域的市场体量、涉案侵权广告投放量和传播范围及持续时间、收益等情况，判令P赔偿人人车公司共计300万元，作为其利益受损和维权合理开支的补偿。

表3-2　人人车活跃用户量和点击量　　单位：万人，万次，%

年份	年均日活跃用户量	活跃用户量同比增长率	年均日点击量	流量同比增长率
2016	206	—	562	—
2017	169	-18	515	-9
2018	132	-22	455	-13
2019	241	82	511	11
2020	123	-49	431	-19
2021	229	86	886	51
2022	16	-93	82	-980

资料来源：亚马逊Alexa全球流量综合查询，http：//www.alexa.cn/。

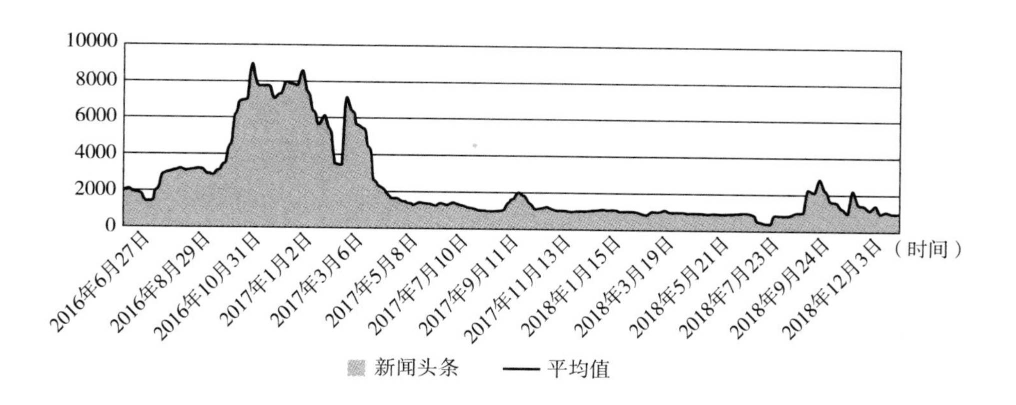

图3-3　2016年9月P百度搜索指数

资料来源：百度指数网，http：//index.baidu.com/。

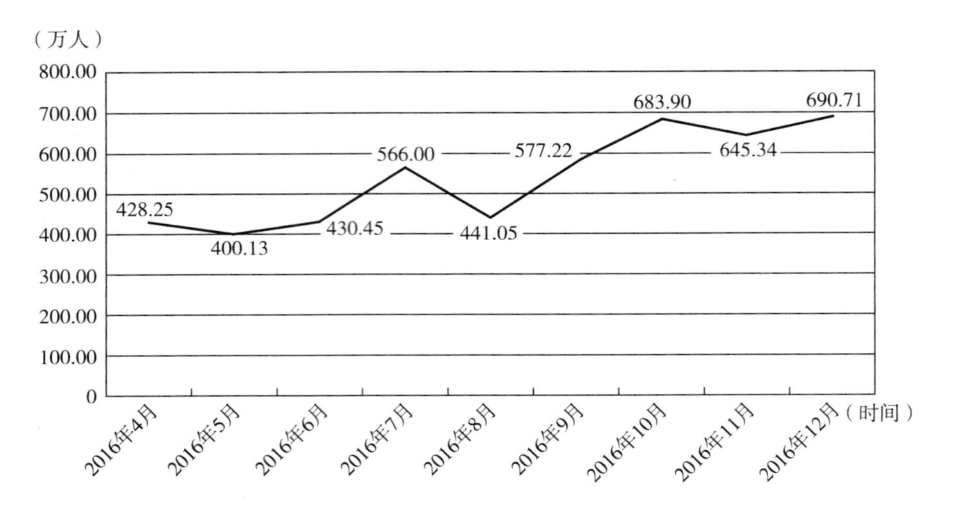

图 3-4　2016 年 4~12 月 P 月活跃用户量

资料来源：Wind 数据库。

3.2.3　案例评析

对于平台企业来说，网络外部性是其重要的特性，通常来讲，用户偏好选择规模较大、成交量较高的平台进行交易。只有拥有强大品牌影响力的平台和良好的口碑，做到行业第一，才能成为普通消费者潜意识里的首选，才能体现平台优势，为资本所看重。正因为如此，平台为吸引用户的注意力、获取更多交易机会，都非常重视自身在用户心中的排位，几乎所有的 O2O 都在烧钱做市场，二手车平台也不例外。P 从 2017 年 9 月开始“烧钱”，密集地在各大平台、电视、车站、地铁上投放广告。“烧钱”的直接效果是固化了消费者思维，使消费者联想到 P 是行业遥遥领先的平台，损害了消费者的知情权，引诱一些真实的用户放弃其他平台而进入自己的平台，获得竞争优势，赢得高估值，扰乱行业竞争生态。各平台在争夺用户的竞争博弈中，极易相互效仿，使数据造假成为行业常态。

3.3　本章小结

本章基于豪泰林（Hotelling）模型，构建平台企业数据造假下的竞争均衡模

型，求解以平台为主导的序贯博弈均衡结果，分析了平台企业通过数据造假获取不正当竞争优势，提高估值的机制，揭示了估值最大化目标下平台企业数据造假对消费者和商家的影响，回答了平台企业数据造假由谁来买单的问题。研究发现：①在网络外部性的作用下，平台企业通过各种方式粉饰数据可提高平台对消费者的吸引力，消费者即使支付更多距离成本也愿意加入平台，虚假的数据加上切实增加的流量促使商家愿意支付更高的广告费等费用，平台的用户基础得以扩大，估值提高。据此揭示平台企业通过数据造假方式赢得不正当竞争优势，提高估值的机制。②供需对接平台数据造假会误导消费者，且网络外部性越强，距离成本越低，造假规模越大，被误导的消费者数量越多，总消费者福利损失越多；数据造假使商家福利受损，造假规模越大，福利受损越大；正常经营的平台流量流失，竞争力降低，估值降低，不利于行业规范发展。③媒体推广平台数据造假一方面会提高平台估值，另一方面使广告商多支付广告费，使广告商遭受损失。

使用P数据造假案例分析数据造假的后果，结果显示：P数据造假误导消费者对平台的选择，使消费者多支付距离成本，消费者福利受损，还会侵害正常经营的平台利益，最终扰乱整个市场。

第4章　数据造假对投资方的影响分析

Baker（1999）研究发现互联网数据造假问题集中在电子商务和互联网投资等领域。根据前文分析，平台企业在追求估值最大化的过程中，通过夸大用户规模，刷单刷量提高活跃用户规模及用户活跃度，刷评刷量虚增交易额、用户点评及购买记录提高流量变现能力等方式营造虚假繁荣景象诱骗消费者和广告商加入平台，以扩大用户基础。虚假的用户数据使平台缺乏可比性，会影响投资方和并购方对平台的价值判断并出现链式反应。本书第4章和第5章就平台企业追求高估值过程中数据造假对投资方和并购方的影响问题展开深入研究。

4.1　理论分析

由于互联网平台行业具有网络效应（网络效应是双刃剑，强者越强、弱者越弱），平台企业初创期一般要经历大规模“烧钱”，利润极低，甚至为负，资金需求相当强烈，即使是一些平台头部企业，为保持自己的领先优势也需要补贴用户。如果初创平台企业无法顺利融资，在“马太效应”作用下，会迅速失败，如果成长中或成熟平台企业无法顺利融资，市场规模可能面临一定程度的萎缩。平台企业由于轻资产、高风险的特点主要依赖于PEVC进行融资。PE是私募股权投资，是指通过私募形式对非上市企业进行的权益性投资，在交易过程中考虑了将来的退出机制，即通过IPO、并购或回购等方式退出时出售持股获利（闻岳春和谭丽娜，2016）。VC是风险投资，是指主要投资于初创企业的高风险股权投资，广义的私募股权投资包括风险投资。本章的融资指PE和VC两类融资。

在平台经济领域，平台为了获得发展，均存在 A 轮、B 轮甚至超过十多轮的融资，在反复的多轮融资下，有些平台用户数量激增，获得了飞速发展；但也有一些平台经多轮融资后仍失败倒闭。互联网平台的发展要经历一个吸引、培育用户的过程。在这个过程中，用户免费使用或对用户采取“烧钱式”补贴是互联网平台培育用户的普遍方式。因此，在互联网平台发展初期和中期，从财务来看，绝大多数平台是无利甚至亏损的。

那么，为什么互联网平台明显亏损，但仍能获得风险投资和其他机构的融资？平台企业拥有非常丰富的用户资源和用户数据资源，用户资源可通过流量变现获得巨大的商业价值，而用户数据资源是平台企业宝贵的资源，具有巨大的经济价值。只要拥有巨大的用户规模，具备一定的流量变现能力，在网络效应的作用下平台企业就具有较高的未来盈利能力，就可以贴上“高成长”的标签。而高成长企业正是“为卖而买”的私募基金公司的投资目标，平台企业获得融资后，可以更快地扩大用户规模，进一步提高市场地位，而未能获得融资的企业则烧钱难以为继，在网络效应的作用下，用户迅速流失而退出市场。

在平台企业追求以用户价值为基础的估值最大化的目标下，数据造假的机会主义行为相当普遍。那么，互联网平台数据造假的机会主义行为对投资机构会产生何种影响？如何规制？不从理论上和经验上厘清这些问题，平台经济就很难健康发展，国务院（国办发〔2019〕38 号）提出的平台经济作为经济发展新动能的作用就会大大减弱。

基于以上缘由，本章分析了在信息不对称下，平台企业融资中数据造假对投资收益的损害，为规范平台企业融资中数据造假机会主义行为提供理论依据。

4.1.1　单一投资标的下投资损失

4.1.1.1　完全信息下投资收益

设私募股权投资机构 i_M 参与平台企业 M 轮融资，向平台企业投资 I，该投资机构在平台企业 M+1 轮融资时退出。

平台成功融资后，利用资金加速培育活跃用户，平台企业拥有的活跃用户在资金补贴和平台用户的自我增强机制作用下加速增长，平台用户数据资源也得到快速累积。为了具体分析数据造假的影响，借鉴 Sarnoff 定律，即网络的价值与用户的数量成正比（Swann，2002），设网络效应为 k_0，且 k_0 为大于 1 的常数。根据估值式（2-3），平台企业估值可表示为：

$$\pi_M=\alpha(n_M+bn_M)(1+k_0)p-c\alpha n_M-C,\ n_M>n^* \tag{4-1}$$

其中，α 表示行业成长性系数；b 表示交叉网络外部性系数；n_M 表示平台在 M 轮融资时的活跃用户数量；n^* 表示基础活跃用户规模临界点；p 表示单位用户价值；c 表示吸引每个活跃用户的单位成本；C 表示平台建设固定成本。

平台获得融资且融资规模为 I，根据式（4-1）中平台吸引每个用户的成本为 c，则融资后平台的用户规模为（n_M+I/c），平台企业在（M+1）轮融资时估值：

$$\pi_{M+1}=\pi_M+\alpha(I/c+bI/c)(1+k_0)p-\alpha I \tag{4-2}$$

则平台企业融资收益为：

$$U_M=\frac{\pi_M}{\pi_M+I}\pi_{M+1}-\pi_M \tag{4-3}$$

其中，π_M 表示平台企业在 M 轮融资时的融资估值；π_{M+1} 表示平台企业在（M+1）时期的融资估值；I 表示投资机构投资额；$\pi_M/(\pi_M+I)$ 表示投资机构股权占比。

则私募股权投资机构 i_M 对平台企业投资的收益为：

$$E_M=\frac{I}{\pi_M+I}\pi_{M+1}-I \tag{4-4}$$

完全信息下的投资收益为平台融资的收益（U_M）加上投资企业收益（E_M）：

$$W_M=U_M+E_M=\pi_{M+1}-\pi_M-I \tag{4-5}$$

4.1.1.2　不完全信息下投资的收益

随着网络技术的发展，数据造假成本更低，各类数据造假的手段不断翻新，造假方式也更隐蔽和高超，真实数据成为平台企业的“高度机密”。私募股权运作的基本特性是“以退为进，为卖而买”（郭琰，2014），因此更关注被投资企业的发展潜力和成长性，待被投资企业获得高估值后，在退出时可获得丰厚的回报，所以更偏好选择具有高风险、高成长特点的互联网行业。平台企业为了获得融资，在逆向选择机制下，会选择数据造假以证明其具有高成长特质。

设 M 轮融资之际，平台企业在真实用户规模 n 的基础上将数据虚增到（n+Δn），其中 Δn 为平台企业融资中的数据造假规模。投资机构通常会对平台开展尽职调查，当尽职调查成本 r 大于等于 $\bar{r}$ 时，投资机构能避免平台企业的数据造假问题，当尽职调查成本 r 小于 $\bar{r}$ 时，此时的尽职调查流于形式，不能避免平台数据造假问题。数据造假严重，调查时间长且成本高昂。因此尽职调查成本需要达到一定阈值才能避免平台数据造假问题。

那么，在不完全信息下平台企业估值为：

$$\pi'_M=\alpha(1+b)(n_M+\Delta n)(1+k_0)p-c\alpha n_M-C-C_f,\ r<\bar{r} \tag{4-6}$$

其中，π'_M表示 M 轮融资时期平台企业虚假的数据（$n_M+\Delta n$）基础上计算的估值；C_f 表示数据造假成本，包括造假的技术、人工成本及数据造假曝光后影响企业声誉带来的一系列损失；r 为尽职调查成本。根据 MM 理论，企业价值取决于其生产经营活动创造现金流量的能力，造假成本需要从未来现金流中扣除。随着造假程度的提高，平台造假行为被曝光的概率越大，影响越严重，因此设造假成本函数为：

$$C_f=\delta\left(\frac{\Delta n}{n_M}\right)^2 \tag{4-7}$$

其中，$\Delta n/n_M$ 表示造假程度；δ 表示大于 0 的常数，是造假程度影响造假成本的系数。设参与平台（M+1）轮融资的私募股权投资机构 i_{M+1} 在之前以某种方式掌握了平台的真实数据，如投资机构 i_{M+1} 与平台企业存在董事联结关系等。（M+1）期真实估值不考虑 M 期数据造假的影响，则不完全信息下平台企业融资收益为：

$$U'_M=\frac{\pi'_M}{\pi'_M+I}\pi_{M+1}-\pi_M \tag{4-8}$$

平台企业 M 轮融资中数据造假的收益为：

$$\Delta U=U'_M-U_M=\frac{\pi'_M}{\pi'_M+I}\pi_{M+1}-\frac{\pi_M}{\pi_M+I}\pi_{M+1} \tag{4-9}$$

将式（4-1）、式（4-6）、式（4-7）代入式（4-9），得：

$$\begin{aligned}\Delta U&=U'_M-U_M=\frac{\pi'_M}{\pi'_M+I}\pi_{M+1}-\frac{\pi_M}{\pi_M+I}\pi_{M+1}\\&=\left\{\frac{\alpha(1+b)(1+k_0)p\Delta n-\delta\left(\frac{\Delta n}{n_M}\right)^2}{\left[\pi_M+\alpha(1+b)(1+k_0)p\Delta n-\delta\left(\frac{\Delta n}{n_M}\right)^2+I\right](\pi_M+I)}\right\}I\,\pi_{M+1}\end{aligned} \tag{4-10}$$

对式（4-10）两边关于 Δn 求导，得：

$$\partial\Delta U/\partial\Delta n=\left\{\frac{\left[\alpha(1+b)(1+k_0)p-2\delta\left(\frac{\Delta n}{n_M}\right)\right](\pi_M+I)}{\left[\pi_M+\alpha(1+b)(1+k_0)p\Delta n-\delta\left(\frac{\Delta n}{n_M}\right)^2+I\right]^2}\right\}\frac{I\,\pi_{M+1}}{\pi_M+I} \tag{4-11}$$

平台造假收益最大化的一阶条件为：

$$\Delta n^{*}=\frac{1}{2\delta}\alpha(1+b)(1+k_0)pn_M \tag{4-12}$$

则平台选择 Δn^{*} 水平的造假规模，此时造假收益为最大。根据式（4-12）可知，随着平台网络交叉外部性（b）、单位用户价值（p）、网络效应（k_0）的增加，平台造假规模会增加，而造假成本系数 δ 的提高则会抑制造假规模。

参与 M 轮融资的投资机构 i_M 的投资收益为：

$$E'_M=\frac{I}{\pi'_M+I}\pi_{M+1}-(I+r),\ r<\bar{r} \tag{4-13}$$

不完全信息下参与 M 轮融资的投资机构由于平台企业融资中数据造假遭受的损失为：

$$E_M-E'_M=\left[\frac{I}{\pi_M+I}\pi_{M+1}-\frac{I}{\pi'_M+I}\pi_{M+1}\right]+r,\ r<\bar{r} \tag{4-14}$$

因为$\pi'_M>\pi_M$，故式（4-14）大于 0，说明融资中数据造假使估值虚高，股权价值稀释，投资者收益受损，除此之外，投资机构还需支付尽职调查成本。根据资本逐利的本质，投资收益受损将降低投资机构的投资意愿，互联网泡沫破裂之际必然使整个行业面临资本寒冬。

不完全信息下，投资收益为不完全信息下平台的融资收益（U'_1）加上投资企业的投资收益（E'_1）：

$$W'_M=U'_M+E'_M=\pi_{M+1}-\pi_M-(I+r) \tag{4-15}$$

4.1.1.3 投融资总损失

不完全信息下，投融资总损失为完全信息下的投融资收益减去不完全信息下的投融资收益，即式（4-5）减式（4-15）。具体为：

$$\Delta W=W_M-W'_M=r \tag{4-16}$$

说明融资时数据造假会出现投融资损失，使投资机构多支付尽职调查成本①。由此得出：平台企业数据造假影响投融资总收益。数据造假前后的投融资收益变化如表 4-1 所示。

① 由于本章（M+1）期真实估值不考虑 M 期数据造假的影响，仅考虑 M 期数据造假对 M 期真实估值的影响，所以社会投资总损失是尽职调查成本。

表 4-1　数据造假前后投融资收益

	造假前收益	造假后收益	收益变化
融资方（平台）	$\frac{\pi_M}{\pi_M+I}\pi_{M+1}-\pi_M$	$\frac{\pi'_M}{\pi'_M+I}\pi_{M+1}-\pi_M$	增加
投资方	$\frac{I}{\pi_M+I}\pi_{M+1}-I$	$\frac{I}{\pi'_M+I}\pi_{M+1}-(I+r)$	减少
投融资双方	$\pi_{M+1}-\pi_M-I$	$\pi_{M+1}-\pi_M-(I+r)$	减少

4.1.2　多个投资标的下的逆向选择及影响

4.1.2.1　平台企业融资中“柠檬市场”模型

参照 Akerlof（1976）经典的“柠檬市场”模型作如下假设。

假设 1：每家平台数据造假程度不同，投资机构不知道平台的具体造假程度，但知道行业平均造假程度。

假设 2：每个投资项目的投资额相同，在完全信息下共有 q 家平台参与融资。

风险投资往往收益和风险并存，项目收益越高其成功的概率也越低，作假设 3。

假设 3：投资机构对平台的投资收益平均值相等。

设投资的收益均值为：

$$\bar{S}=Yu+0(1-u)$$

其中，Y 表示项目成功下的收益；u 表示项目成功的概率；项目不成功的收益为 0。

假设 4：造假后各平台数据相同，造假程度越高的平台项目质量越低，造假程度越低的平台项目质量越高，造假程度离散随机分布。

假设 4 实际强调的是平台初始用户规模对平台取得竞争优势具有重要作用，符合 Fudenberg 等（1983）R&D 竞赛的“ε-先占权”模型思想。“ε-先占权”模型思想为：如果两个 R&D 竞争的企业双方的 R&D 投资强度相同，那么 R&D 竞争是在连续时间内，竞争获胜受先动优势和经验效应的影响，企业进入竞赛的先后时间对竞争获胜至关重要；企业的经验积累可用已进行 R&D 的总时间量来表示。固定强度的“ε-先占权”模型说明，平台企业初始用户越多，在同时融资并对用户进行补贴的竞争中，相当于具有先动优势，更容易在竞赛中取得胜利，投资机构的投资项目就越容易成功。

在完全信息下，高风险的项目对应着高收益，各种风险偏好的投资机构选择风险不一的项目进行投资而实现帕累托最优。在不完全信息下，投资者不知具体项目的成功率（项目质量），但知道行业平均造假水平（行业平均质量），投资机构只能根据项目的平均造假水平确定平台估值。在A期融资中，平台企业融资的期望收益均值为：

$$U=\left(\frac{\hat{\pi}'_A}{\hat{\pi}'_A+I}\pi_{A+1}-\pi_A\right)\mu+0(1-\mu) \tag{4-17}$$

其中，μ 表示平台项目成功的概率，根据假设4，造假程度越高的平台，初始真实用户越少，投资项目成功率越低；$\hat{\pi}'_A$ 为投资机构在A期融资时基于行业平均数据造假水平 $\bar{\lambda}_0$ 计算平台的融资估值；π_A 为平台在融资时的真实估值；π_{A+1} 为平台企业在（A+1）期退出时的真实融资估值。

为简化计算，本节的数据造假程度与估值存在如下关系：

$$\pi'_A=\pi_A\lambda_A \tag{4-18}$$

即平台造假后的估值等于平台真实估值乘以平台数据造假程度。其中，π_A 为平台在融资时的真实估值；π'_A 为平台宣称的估值。根据前文分析，投资机构根据平台行业平均造假程度确定平台估值，则投资机构对平台估值为：

$$\hat{\pi}'_A=\frac{\pi_A\lambda_A}{\bar{\lambda}_0} \tag{4-19}$$

平台愿意融资的前提是融资期望收益均值大于等于0，为计算出平台融资的临界，令式（4-17）等于0，可得到：

$$\frac{\hat{\pi}'_A}{\bar{\pi}'_A+I}\pi_{A+1}-\pi_A=0 \tag{4-20}$$

根据式（4-2）的估值公式，有：

$$\pi_{A+1}=\pi_A+\alpha(I/c+bI/c)(1+k_0)p-\alpha I \tag{4-21}$$

将式（4-21）代入式（4-20），得到：

$$\frac{\hat{\pi}'_A}{\hat{\pi}'_A+I}[\alpha(I/c+bI/c)(1+k_0)p-\alpha I]-\left(1-\frac{\hat{\pi}'_A}{\hat{\pi}'_A+I}\right)\pi_A=0 \tag{4-22}$$

因此存在一个临界值 $R^*=\frac{\hat{\pi}'_A}{\hat{\pi}'_A+I}[\alpha(I/c+bI/c)(1+k_0)p-\alpha I]-\left(1-\frac{\hat{\pi}'_A}{\hat{\pi}'_A+I}\right)\pi_A$，当且仅当融资收益 $R\geqslant R^*$，平台企业才会融资。

根据式（4-19）、式（4-22）可解得平台企业愿意参与融资的数据造假临界值：

$$\lambda_A^* = \frac{\overline{\lambda}_0}{\alpha(1/c+b/c)(1+k_0)p-\alpha} \tag{4-23}$$

根据假设4，各平台造假后数据相同，那么造假程度越低的平台，设 i 平台，在 A 期融资时其数据造假 $\lambda_{i,A}$ 越低，且 $\lambda_{i,A}$ 低于 λ_A^* 时，此时 $R_i<R^*$，平台企业 i 由于过高的融资成本无奈放弃融资。造假水平高（低质量）的平台企业愿意支付给投资机构的收益要高于中等质量平台愿意支付的收益，因此造假水平高（低质量）的平台企业参与融资。

参与 A 期融资交易的平台企业造假程度分布在 $[\lambda_A^*, \lambda_{max}]$。$\lambda_{max}$ 是市场中最高的数据造假程度。说明一些数据造假程度低的真正有价值的成长性平台企业有可能陷入无钱可筹的境地。而一些数据造假程度高却无成长性的平台企业却有可能获得融资，数据造假会扭曲资本配置，使真正有价值的平台企业面临融资约束问题。

在 A 期融资后，投资行业掌握平台行业平均数据造假程度 $\overline{\lambda}_A$，且 $\overline{\lambda}_A>\overline{\lambda}_0$。根据假设3，投资机构会选择比 A 期融资时平均收益更高的项目。随着融资次数的增加，逆向选择继续发生，参与 M 期融资交易的平台企业的数据造假分布逐步增加到 $[\overline{\lambda}_M, \lambda_{max}]$，且 $\overline{\lambda}_M>\overline{\lambda}_{M-1}>\cdots>\overline{\lambda}_A>\overline{\lambda}_0$。只要融资继续发生，逆向选择就不会停止，直到造假程度达到最高 λ_{max} 才是均衡解，此时项目质量为0，只有造假程度最高的平台企业才愿意融资，而造假程度低的平台企业被驱逐出融资市场，逆向选择机制会导致造假程度高的平台企业驱逐造假程度低的平台企业的"柠檬市场"现象。

数据造假下投融资总损失（ΔW_n）为完全信息下的投融资收益（W_n）减去不完全信息下的投融资收益（W'_n）。根据假设2及式（4-2）、式（4-3）、式（4-4），完全信息下投融资收益（W_n）为：

$$W_n = q[\alpha(I/c+bI/c)(1+k_0)p-\alpha I-I] \tag{4-24}$$

不完全信息下，最终只有造假程度最高的平台参与融资，投资收益和融资收益均为0。数据造假下投融资总损失为：

$$\Delta W_n = q[\alpha(I/c+bI/c)(1+k_0)p-\alpha I-I] \tag{4-25}$$

4.1.2.2 "柠檬市场"模型的思考

Akerlof（1976）提出的市场崩溃的结论并没有在平台融资市场中出现，主要原因在于 Akerlof“柠檬市场”模型暗含的信息完全不对称、无退出成本、无外部力量干预等假设与平台融资市场的现实不完全一致。事实上，投资机构在对平台投资前会开展尽职调查，平台数据造假程度越高越容易被投资机构识破，从而导致企业信誉降低，甚至失去融资机会。另外，平台数据造假的问题开始受到政府监管部门的重视，政府监管部门的干预也会加大平台数据造假的成本，数据造假成本的提高必然使行业平均数据造假水平($\overline{\lambda}_0$)降低，平台企业愿意参与融资的数据造假临界值 $\lambda_A^* = \frac{\overline{\lambda}_0}{\alpha(1/c+b/c)(1+k_0)p-\alpha}$ 也随之降低，提高数据造假成本可缓解平台融资中的“柠檬”问题。

4.2 某旅游平台数据造假案例分析

4.2.1 某旅游平台数据造假事件

某旅游平台（以下简称 M）于 2006 年创办，起步于旅游社区，并凭借平台上的 UGC（用户创造内容）赢得市场，交易佣金是该平台的主要盈利模式，用户数据直接体现了 M 的核心竞争力。对于用户而言，M 的最大竞争力在于 UGC，用户在制订旅游计划时，可查看某个酒店、餐厅、景点的所有评价，以便做出更合适的决策。2014 年，M 开始打造基于用户的游记和攻略的旅行产品交易平台，据 M 称其已实现连续多年的成交总额增长，且 2017 年总交易额近 100 亿元。对于 M 来说，首先，UGC 本身作为流量的一种表现形式，向消费者、企业、投资机构展示平台高流量的特质；其次，UGC 作为一种镶嵌于网络结构中的资源，成为平台企业重要的用户价值来源，能够增强用户对平台的忠诚度和黏性，对平台的用户规模具有保障和增强作用。因此用户点评是 M 商业化、差异化的基础，M 以此构筑竞争壁垒，并借此将流量导入交易环节，这是 M 备受资本青睐的重要原因，也是其从创立之初到未来发展的根本。

经过十多年发展，M 已跻身旅游类综合服务平台前列。然而，2018 年 M 遇到自创业以来最严重的信任危机，2018 年 10 月 20 日自媒体小声比比曝出 M 2100 万条“真实点评”中有近 1800 万条是通过机器人从其竞争对手处抄袭而来

的。2018 年 10 月 21 日，该自媒体又发文称 M 点评、游记和问答均被水军所充斥。10 月 22 日，M 发表声明表示：涉嫌虚假点评账号数量占整体用户数量的比例是微乎其微的。10 月 23 日，M 的 CEO 公开表示，“M 在餐饮等点评数据方面存在部分问题”，数据造假被实锤。一时间，《光明日报》、《中国日报网》、凤凰财经等众多媒体报道了 M 数据造假事件，痛批点评类行业数据造假成潜规则现象，呼吁政府加大对数据造假的惩罚力度，行业加强自律。

4.2.2 某旅游平台数据造假被曝光前后的估值变化

与其他迅速成长的互联网平台企业一样，M 受到资本的青睐，获得私募股权的多轮融资。CVSourse 显示，M 在 2011 年 7 月获得今日资本 500 万美元的 A 轮融资，在 2013 年 4 月获得今日资本、启明创投 1500 万美元的 B 轮融资，到了 2015 年 3 月融资额进一步加码，获得高瓴创投、启明创投、Coatue、CoBuilder 8500 万美元的 C 轮融资，2017 年 12 月获得鸥翎投资等私募股权投资机构 1.33 亿美元的 D 轮融资。M 在 2018 年 7 月前就开始 D+轮融资，然后就在 D+轮融资接近完成之际，有自媒体在 2018 年 10 月 20 日发文称 M 抄袭携程、艺龙等网站的 1793 万条点评，占 M 点评数的 85%。而在 2018 年 8 月 17 日下午，路透社报道：M 计划最高融资 3 亿美元，估值或达 25 亿美元①，最终 M 在 2018 年 10 月 24 日完成 D+轮融资，由深圳腾讯产业投资领投，估值为 20 亿美元，约合人民币 138.88 亿元，估值出现了缩水。2019 年 5 月 23 日 M 完成 2.5 亿美元的 E 轮融资，私募股权投资机构包括深圳腾讯产业投资、泛大西洋投资、启明创投等 6 家。此次融资 M 估值为 18.8 亿美元，约合 129.88 亿元，估值较 D+轮融资减少约 9 亿元。

4.2.3 某旅游平台数据造假对投资者的影响

数据造假使平台企业估值存在泡沫，可以在出让相同的股权的情况下获得更多融资，而投资机构则面临股权稀释、投资机构股权贬值的问题。在平台企业融资实践中，私募股权投资获利的案例不在少数，并不一定说明平台企业不存在数据造假行为，而是击鼓传花的庞氏骗局，只要有接盘侠投资机构就不会亏损，直

① 路透：马蜂窝计划最高融资 3 亿美元，估值或达 25 亿美元［EB/OL］.（2018-08-17）［2022-06-12］. https：//www. chinaventure. com. cn/cmsmodel/news/detail/330624. html.

到平台数据造假被曝光，估值泡沫破裂，泡沫破裂前的最后一个投资机构成为接盘侠，投资收益受损。M 在 2018 年 10 月 24 日完成 D+轮融资，由深圳腾讯产业投资领投，约合人民币 138.88 亿元，落在了 D+轮融资中私募股权投资机构起初对 M 估值定为 20 亿~25 亿美元的最低值，估值出现缩水，估值缩水的原因在于 2018 年 10 月 20 日自媒体爆料 M 数据造假。因为对于被称为旅游界大众点评的 M 来说，拥有用户全旅游周期的用户行为数据，原创是平台内容最有价值的部分，是 M 最大的流量入口。若数据造假在融资之后被曝光，投资机构将遭遇估值缩水而投资收益受损的困境。且此轮融资长达 3 个月之久，尽职调查时间较长，信息不对称下融资交易成本增加，出现了社会福利的损失。

然后，接下来 M 的 E 轮融资情况引人深思。M 在 2018 年 10 月 24 日完成 D+轮融资，由深圳腾讯产业投资领投。2019 年 5 月 23 日 M 完成 E 轮融资，此次仍由深圳腾讯产业投资领投，但此次 M 估值仅为 18.8 亿美元，估值较 D+轮融资减少约 9 亿元，说明出现了估值缩水。估值缩水是不是 M 用户量减少导致？根据亚马逊 Alexa 全球流量综合查询网显示，2018 年，M 年均日活跃用户数量为 85 万人，年均日点击量为 481 万次，2019 年其年均日活跃用户数量为 96 万人，年均日点击量为 547 万次（见表 4-2）。在 M 举办的 2019 新旅游电商大会上，M 的 CEO 表示，2019 年交易用户数量增长了 40%，供应商在 M 上的内容产出量是 2018 年的 20 倍。说明这期间 M 活跃用户规模、用户数据资源是上升的。

表 4-2　M 活跃用户量和点击量　　单位：万人，万次，%

年份	年均日活跃用户	活跃用户同比增长率	年均日点击量	流量同比增长率
2016	102	—	482	—
2017	57	-44	255	-47
2018	85	49	481	88
2019	96	13	547	14
2020	90	-6	134	-75
2021	145	61	239	78
2022	65	-55	217	-9

资料来源：亚马逊 Alexa 全球流量综合查询，http：//www. alexa. cn/。

M 的活跃用户规模、用户数据资源上升，而估值下降的原因是投融资方信息

不对称程度下降。据 CVSource 数据库显示，参与 E 轮融资的领投机构与参与 D+轮融资的领投机构同为深圳腾讯产业投资基金有限公司，该公司属于私募股权投资机构。私募股权投资通常以基金的形式运作，对非上市公司进行权益性投资，投资后进行管理使其增值（王会娟和张然，2012），当私募股权基金进入之后，基金管理方可以进入公司管理层，对企业经营管理情况有较全面的掌握，可降低数据造假对企业估值的夸大作用，对企业的价值有更合理的评估。因此深圳腾讯产业投资对 M 的第二次融资估值更能挤干数据造假的水分，E 轮 18.8 亿美元的融资估值更为公允。此轮融资估值较 D+轮融资估值减少约 9 亿元，意味着参与 M 的 D+轮融资的私募股权投资机构的投资收益受损。

4.2.4　案例启示

M 起步于旅游社区，并凭借平台上的 UGC（用户创造内容）赢得市场，对于用户而言，M 的最大竞争力在于 UGC，用户在制订旅游计划时，可查看某个酒店、餐厅、景点的所有评价，以便做出更合适的决策。2014 年，M 开始打造基于用户的游记和攻略的旅行产品交易平台，据 M 称其已实现连续多年的成交总额增长，且 2017 年总交易额近 100 亿元。对于 M 来说，首先，UGC 本身作为流量的一种表现形式，向消费者、企业、投资机构展示平台高流量的特质；其次，UGC 作为一种镶嵌于网络结构中的资源，成为平台企业重要的用户价值来源，能够增强用户对平台的忠诚度和黏性，对平台的用户规模具有保障和增强作用。因此用户点评是 M 商业化、差异化的基础，以此构筑竞争壁垒，并借此将流量导入交易环节，这是 M 备受资本青睐的重要原因，也是其从创立之初到未来发展的根本。

对于平台企业，特别是对于利润为负或利润较低的快速成长性平台企业，由于与传统企业的商业模式不同，使用收益法估值难度较大。易观千帆数据库显示，M 2016 年净利润为 900 万元，2017 年净利润为 1500 万元，虽然净利润为正，但是利润还较低，由于用户价值是平台企业价值的核心要素，因此估值中还会考虑活跃用户规模、与单位用户价值有关的用户数据。如何把用户数据变漂亮成为 M 扩大市场范围、提高市场竞争力面临的重要问题。

随着网络技术的发展，平台数据造假成本更低，造假手段不断翻新，造假方式也更隐蔽和高超，真实用户数据成为平台企业的“高度机密”。不同于其他开放性平台，如有形的展销平台等，由于隐秘性、技术复杂性，互联网平台具有严密的后台封闭性，平台企业数据造假不易被发现，而在互联网行业中由于数据造假被惩罚的案例少，使得数据造假的预期成本低。在行业数据造假泛滥成灾的环境下，不造假则用户数据难看，不能体现企业未来高成长的特征，难以吸引私募股权的注意并对 M 进行投资进而影响 M 在资本的驱动下快速扩张的速度，也不容易提高客户端用户的规模和黏性并增加酒店、机票的在线支付进而影响营业收入（酒店和机票的在线支付是 M 的最主要收入来源），而营业收入是 M 估值的非常重要的指标。M 为了提高估值、成功获得融资，提高市场地位，形成明显的“头部效应”，产生了逆向选择行为，夸大数据。在信息不对称下做假往往成为进步最快的方式。

总之，用户是平台企业的价值源泉，在估值中投资机构会考虑用户数据，但由于平台企业数据造假成本低且不易被察觉，在逆向选择机制的作用下，平台企业会选择数据造假的机会主义行为，使估值虚高，获得融资以便迅速扩大市场规模，投资机构的投资收益由于估值泡沫而受损。数据造假也会有成本，当数据造假程度过高而被曝光后，平台融资能力降低，投资机构退出受阻，投资收益受损。因此加强数据造假的规制，扭转数据造假的不良风气，是提高资本配置效率，促进平台经济平稳健康发展的必由之路。

4.3 本章小结

本章分析了平台企业数据造假对投资者的影响。理论分析从单一投资标的下的投资损失和多个投资标的下的逆向选择和影响两方面展开研究。研究表明：当投资机构的投资标的单一时，平台企业数据造假导致估值虚高，使投资机构收益受损；数据造假使投资机构多支付尽职调查成本，出现投融资损失；平台数据造假具有成本，平台基于数据造假收益最大化原则会选择最佳造假规模，当平台网络交叉外部性、单位用户价值、网络效应增加时，平台最佳造假规模会增加，而惩戒力度提高时则会降低造假规模。当投资机构的投资标的有多个时，数据造假会误导投资机构对企业未来发展潜力的判断，进而扭曲资本配置，使一些真正有价值的平台企业无钱可筹；逆向选择机制会导致造假程度高的平台企业驱逐造假程度低的平台企业的“柠檬市场”现象，提高造假成本可缓解“柠檬”问题。

案例分析了 M 数据造假对投资者的影响。主要考虑到 M 属于旅游社区平台，

2018 年被证实 UGC 造假，且在 10 个月的时间里有同一家风险投资机构——深圳腾讯产业投资对其进行投资。深圳腾讯产业投资对 M 第一次投资后进入 M 的管理层，对 M 的经营管理情况有了较全面的掌握，对企业的价值有了更合理的评估。10 个月后其对 M 第二次估值更能挤干数据造假的水分。因此通过对比两次融资估值的变化可以很直观地展现数据造假对投资方的影响。研究发现：M 数据造假误导投资者对平台企业未来发展潜力的判断，使估值出现泡沫，投资收益受损；另外，尽职调查时间长，出现投融资损失。本章的理论和案例分析为规范平台企业融资中的数据造假行为提供了理论依据和经验证据。

第5章　数据造假对并购方的影响分析

5.1　理论分析

平台经济作为产业结构转型的助推器和经济高质量发展的新引擎，在经济社会发展全局中的地位和作用日益凸显。然而，当前平台企业数据造假的机会主义行为相当普遍，对此《光明日报》《人民网》《中国青年报》等重要媒体先后进行了报道[①]。2022年1月，国家发展改革委等九部门联合印发的《关于推动平台经济规范健康持续发展的若干意见》（发改高技〔2021〕1872号）明确指出，严肃查处利用算法进行信息内容造假、传播负面有害信息和低俗劣质内容、流量劫持以及虚假注册账号等违法违规行为，将互联网平台企业的不正当竞争行为的监管推进到新的阶段。

Wind并购数据库显示，2010~2020年，以互联网软件和服务为并购标的的并购交易数量达4580起，其中2010~2014年并购交易数量仅为335件，而2015~2020年并购交易数量累计达4245件，互联网领域并购交易数量呈加速增长态势，如图5-1所示。

---

① 《光明日报》2018年11月1日刊发《网络数据造假现象不容忽视》；《中国青年报》2018年10月30日刊发《数据造假背后的“生意经”》；《人民日报》（海外版）2018年10月29日刊发《数据造假：有些正规互联网企业也参与其中》。

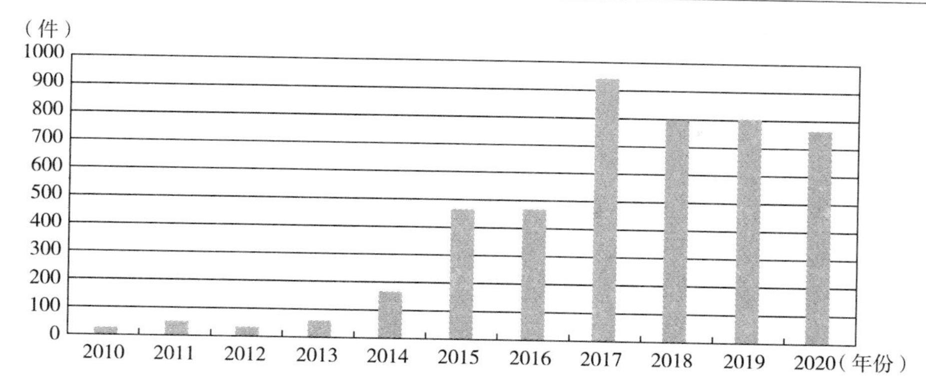

图5-1 2010~2020年以互联网企业为并购标的的并购交易数量

资料来源：Wind并购数据库，并经笔者整理计算而得。

与此同时，互联网平台也不断爆出天价并购案，2013年8月14日，百度以19亿美元收购91无线，成为当时“中国互联网史上最大的并购案”。2018年4月，美团点评豪掷27亿美元全资收购摩拜单车。2020年11月，百度宣布全资收购欢聚时代国内直播业务YY，交易金额达36亿美元。为了解并购互联网平台企业的总体绩效，本章整理了2010~2020年上市公司并购平台企业的相关数据，如图5-2所示。从短期并购绩效来看，多数上市公司并购后业绩得到改善，但也有不少上市公司并购后出现了业绩下滑现象；从长期并购绩效来看，多数上市公司并购后业绩下滑。

一方面“天价”并购交易案不断，另一方面不少平台企业被并购后出现了业绩下滑现象。那么并购后业绩下滑是不是由被并购企业的估值泡沫引起的？在平台企业并购中，平台企业（被并购方）为了追求在并购中估值最大化，如果信息不对称，就有动机和条件夸大用户数据以提高其估值，并购方的利益就会受到损害。虽然有专家指出了平台企业数据造假行为及其对投资者利益的侵害问题，但缺乏系统研究。信息不对称条件下平台企业数据造假对并购方会产生什么后果？基于此，本章开展了相关理论和实证研究，为规制平台企业并购中的数据造假行为提供了理论和经验依据。

本章以并购中的用户规模造假为例进行分析。为了分析并购中数据造假对并购方的影响，提出以下假定：一是并购为完全并购；二是并购无溢价；三是用户单归属，并购不需考虑用户去重问题；四是并购前后单位用户价值不变。主要变量和含义如表5-1所示。

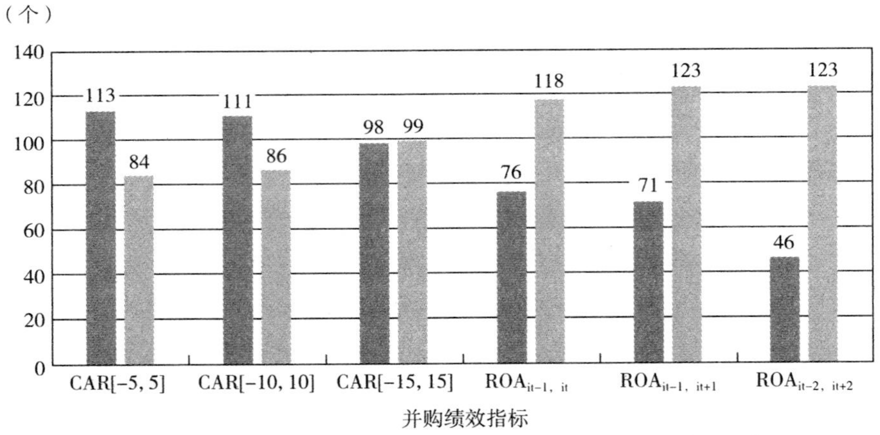

图 5-2　2010~2020 年上市公司并购互联网平台企业的绩效情况

注：CAR［-5，5］、CAR［-10，10］、CAR［-15，15］分别指首次并购宣告日前后 5 天、10 天、15 天累计超额收益率，以此衡量短期并购绩效；$ROA_{it-1,\ it}$、$ROA_{it-1,\ it+1}$、$ROA_{it-2,\ it+2}$ 分别表示首次并购宣告日前 1 年与当年总资产收益率变化值、前后 1 年的总资产收益率的变化值、前后 2 年总资产收益率的平均变化值，以此衡量长期并购绩效。

资料来源：Wind、CVSource，并经笔者整理计算而得。

表 5-1　有关估值的变量

符号	含义
α	行业成长性系数
b	交叉网络外部性系数
n_A，n_B，n_C	平台企业 A、B、C 客户端真实活跃用户规模
n'_B，n'_C	被并购平台 B、C 客户端夸大的活跃用户规模
π_A，π_B，π_C	平台企业 A、B、C 基于真实数据的估值
π_B，π_C	被并购平台 B、C 基于真实数据的估值
π'_B，π'_C	被并购平台 B、C 基于虚假数据的估值
π_{A1}，π_{A2}	完全信息、不完全信息下并购方 A 并购后的估值
n^*	基础客户端活跃用户规模临界点
p	单位用户价值

续表

符号	含义
c_1	到达客户端基础活跃用户规模临界点之前吸引单位用户的成本
c_2	越过客户端基础活跃用户规模临界点之后吸引单位用户的成本
C_A，C_B，C_C	A、B、C 平台建设的固定成本
x_{AB}、x_{AC}	A、B 企业间，A、C 企业间的信息不对称程度
C_1、C_2	平台建设的固定成本
f（n）	客户端活跃用户为 n 时的网络效应的大小
C_f	数据造假成本

5.1.1 单一并购标的情况下的并购损失

5.1.1.1 完全信息下平台并购的收益

设 A 为并购方，C 为被并购方，两者均为成长或成熟平台，即达到基础用户规模临界点之后的平台。

并购前，若被并购平台 C 的真实用户数为 n_C，则其真实估值为：

$$\pi_C=\alpha(n_C+bn_C)p-c_1n^*-c_2(\alpha n_C-n^*)-C_C+\alpha(n_C+bn_C)f(n_C)p \tag{5-1}$$

其中，n_C 表示平台 C 真实的活跃用户数量，且 $n_C>n^*$；n^* 表示基础活跃用户规模临界点。

并购前主并购平台 A 的估值为：

$$\pi_A=\alpha(n_A+bn_A)p-c_1n^*-c_2(\alpha n_A-n^*)-C_A+\alpha(n_A+bn_A)f(n_A)p \tag{5-2}$$

其中，n_A 表示平台 A 的活跃用户数量，$n_A>n^*$；设平台 A、平台 C 吸引每个活跃用户的单位成本（c_1）相同，平台越过基础用户规模阶段后吸引单位活跃用户的成本（c_2）也相同。

并购后平台 A 的真实用户数为 n_A+n_C，则平台企业 A 并购后的估值为：

$$\begin{aligned}\pi_{A1}&=\alpha[n_A+n_C+b(n_A+n_C)]p-c_1n^*-c_2(\alpha n_A-n^*)-C_A+\alpha(1+b)(n_A+n_C)f(n_A+\\&n_C)p-c_1n^*-c_2(\alpha n_C-n^*)-C_C-[\alpha(n_C+bn_C)p-c_1n^*-c_2(\alpha n_C-n^*)-C_C+\\&\alpha(1+b)n_Cf(n_C)p]=\alpha(n_A+bn_A)p-c_1n^*-c_2(\alpha n_A-n^*)-C_A+\alpha(1+b)(n_A+\\&n_C)f(n_A+n_C)p-\alpha(1+b)n_Cf(n_C)p\end{aligned} \tag{5-3}$$

完全信息下平台 A 并购收益变化等于并购后估值（π_{A1}）减去并购前估值

(π_A)，为：

$$\Delta\pi=\pi_{A1}-\pi_A=[\alpha(1+b)(n_A+n_C)f(n_A+n_C)p]-[\alpha(1+b)n_Af(n_A)p-\alpha(1+b)n_C f(n_C)p]=[\alpha(1+b)(n_A+n_C)f(n_A+n_C)p]-[\alpha(1+b)n_Af(n_A)p+\alpha(1+b)n_C f(n_C)p]=\alpha(1+b)n_A[f(n_A+n_C)-f(n_A)]p+\alpha(1+b)n_C[f(n_A+n_C)-f(n_C)]p \tag{5-4}$$

由于网络的自我增强机制，有 $f(n_A+n_C)-f(n_A)>0$ 及 $f(n_A+n_C)-f(n_C)>0$，因此，式（5-4）大于 0。在完全信息条件下，互联网平台并购能提升并购平台 A 的真实估值。由于不存在并购溢价，在完全信息下，被并购平台 C 不进行数据造假，其估值不变。

由此，并购后的总收益（$\pi_{A1}+\pi_c$）大于并购前的总收益（$\pi_A+\pi_c$），因此在互联网平台不进行用户数据造假的情况下，并购有利于提高双方剩余。

5.1.1.2　信息不对称下互联网平台并购的收益

平台用户数据造假是一种基于数字技术的后台封闭式行为，具有巨大的隐秘性，社会公众难以识别，即使在平台经济领域，一个平台用户数据造假也难以被其他平台发现，因为每个平台的后台都具有其独有的密钥。因此，在信息不对称的情况下，平台用户数据造假不但成本低，被发现被揭露的概率也很低，而用户数据造假能提高平台的估值，因此平台有很强的动机进行用户数据造假，以便在并购中抬高“身价”。

若被并购平台 C 用户规模数据造假，用户数据造假量为 $\Delta n(\Delta n=n'_C-n_C)$，并假设用户造假量与并购双方间信息不对称程度正相关，即 $\Delta n=g(x,\ \varepsilon)$，$\partial g(x,\ \varepsilon)/\partial x>0$，其中，x 表示信息不对称程度，且 $0<x\leqslant1$，x 越大，表示并购双方信息不对称程度越高，反之则越低；ε 为影响平台用户数据造假的其他因素，平台 C 用户数据造假后的估值为：

$$\pi'_C=\alpha(n'_C+bn'_C)p-c_1n^*-c_2(\alpha n'_C-n^*)-C_C+\alpha(n'_C+bn'_C)f(n'_C)p-C_f,\ n'_C>n^* \tag{5-5}$$

其中，n'_C表示平台 C 用户数据造假后的总用户量（含数据造假产生的虚假用户数 Δn）；C_f 表示平台 C 数据造假成本，包括造假的技术、人工成本及数据造假曝光后影响企业声誉而带来的一系列损失。

根据假定 3，并购的交易金额为平台 C 用户数据造假后的估值π'_C。根据前文分析，造假成本需要从未来现金流中扣除。不考虑并购溢价，则在用户数据失真的条件下主并购平台 A 并购后的真实估值为具有并购协同效应下的估值再减去平

台 C 数据造假后的并购交易估值：

$$\pi_{A2}=\alpha[n_A+n_C+(1+b)(n_A+n_C)]p-c_1n^*-c_2(\alpha n_A-n^*)-C_A+\alpha(1+b)(n_A+n_C)f(n_A+n_C)p-c_1n^*-c_2(\alpha n_C-n^*)-C_C-C_f-[\alpha(n'_C+bn'_C)p-c_1n^*-c_2(\alpha n_C-n^*)-C_C-C_f+\alpha(1+b)n'_Cf(n'_C)p]=\alpha[n_A-\Delta n_C+(1+b)(n_A-\Delta n_C)]p-c_1n^*-c_2(\alpha n_A-n^*)-C_A+\alpha(1+b)(n_A+n_C)f(n_A+n_C)p-\alpha(1+b)n'_Cf(n'_C)p \quad (5-6)$$

数据失真下 A 平台的并购剩余（$\Delta\pi'$）为其并购后的估值（π_{A2}）减去并购前的估值（π_A），即：

$$\Delta\pi'=\pi_{A2}-\pi_A=\alpha[-\Delta n_C+b(-\Delta n_C)]p+\alpha(1+b)(n_A+n_C)f(n_A+n_C)p-\alpha(1+b)n'_Cf(n'_C)p-\alpha(1+b)n_Af(n_A)p=\alpha(1+b)(n_A+n_C)f(n_A+n_C)p-\alpha(1+b)n'_Cf(n'_C)p-\alpha(1+b)n_Af(n_A)p-\alpha(\Delta n_C+b\Delta n_C)p \quad (5-7)$$

则在不完全信息下，平台 A 并购损失（ΔW_A）为完全信息下的并购收益（$\Delta\pi$）减去不完全信息下的并购收益（$\Delta\pi'$），即式（5-4）减式（5-7），为：

$$\Delta W_A=\Delta\pi-\Delta\pi'=(\pi_{A1}-\pi_A)-(\pi_{A2}-\pi_A)=\alpha(\Delta n_C+b\Delta n_C)p+[\alpha(1+b)n'_Cf(n'_C)p-\alpha(1+b)n_Cf(n_C)p] \quad (5-8)$$

平台 C 数据造假后的用户数据要大于其真实用户数据（$n'_C>n_C$），有 $\alpha(1+b)n'_Cf(n'_C)p-\alpha(1+b)n_Cf(n_C)p>0$，因此式(5-8)>0，说明相对于完全信息下的并购，在不完全信息下并购平台 A 的收益会受损。由此，被并购平台企业数据造假增加的收益为：

$$\Delta W_C=\pi'_C-\pi_C=\alpha(\Delta n_C+b\Delta n_C)p+\alpha(1+b)n'_Cf(n'_C)p-\alpha(1+b)n_Cf(n_C)p-C_f \quad (5-9)$$

5.1.1.3　信息不对称下并购的损失

信息不对称下并购的损失为信息完全下的并购收益减去数据造假情况下的并购收益，为：

$$(\pi_{A1}+\pi_C)-(\pi_{A2}+\pi'_C)=C_f \quad (5-10)$$

式（5-10）说明数据造假造成了双方剩余损失，损失额为数据造假成本①。数据造假前后并购方和被并购方的并购收益如表 5-2 所示。

① 并购方支付尽职调查的成本也属损失，第 4 章已做详细分析，此章不再赘述，只从数据造假成本角度分析并购损失。

表 5-2 数据造假前后并购收益

	时间	并购收益
并购方（平台 A）	造假前	$\alpha(1+b)n_A[f(n_A+n_C)-f(n_A)]p+\alpha(1+b)n_C[f(n_A+n_C)-f(n_C)]p$
	造假后	$\alpha(1+b)(n_A+n_C)f(n_A+n_C)p-\alpha(1+b)n'_Cf(n'_C)p-\alpha(1+b)n_Af(n_A)p-\alpha(\Delta n_C+b\Delta n_C)p$
	前后变化量	减少 $\alpha(\Delta n_C+b\Delta n_C)p+\alpha(1+b)n'_Cf(n'_C)p-\alpha(1+b)n_Cf(n_C)p$
被并购方（平台 C）	造假前	0
	造假后	$\alpha(\Delta n_C+b\Delta n_C)p+\alpha(1+b)n'_Cf(n'_C)p-\alpha(1+b)n_Cf(n_C)p-C_f$
	前后变化量	增加 $\alpha(\Delta n_C+b\Delta n_C)p+\alpha(1+b)n'_Cf(n'_C)p-\alpha(1+b)n_Cf(n_C)p-C_f$
并购双方	造假前	$\alpha(1+b)n_A[f(n_A+n_C)-f(n_A)]p+\alpha(1+b)n_C[f(n_A+n_C)-f(n_C)]p$
	造假后	$\alpha(\Delta n_C+b\Delta n_C)p+\alpha(1+b)n'_Cf(n'_C)p-\alpha(1+b)n_Cf(n_C)p-C_f+\alpha(1+b)(n_A+n_C)f(n_A+n_C)p-\alpha(1+b)n'_Cf(n'_C)p-\alpha(1+b)n_Af(n_A)p-\alpha(\Delta n_C+b\Delta n_C)p$
	前后变化量	减少 C_f

将数据造假产生的虚假用户数 $\Delta n=g(x,\ \varepsilon)$ 代入式（5-8），则并购平台 A 的损失为：

$$\Delta W_A=\alpha[g(x,\ \varepsilon)+bg(x,\ \varepsilon)]p+\{\alpha(1+b)[n_C+g(x,\ \varepsilon)]f[n_C+g(x,\ \varepsilon)]p-\alpha(1+b)n_Cf(n_C)p\} \tag{5-11}$$

用信息不对称程度 x 对式（5-11）求一阶导数，可得：

$$\partial\Delta W_A/\partial x=\alpha[\partial g(x,\ \varepsilon)/\partial x+b\partial g(x,\ \varepsilon)/\partial x]p+f[n_C+g(x,\ \varepsilon)]p\alpha(1+b)\partial g(x,\ \varepsilon)/\partial x+a(1+b)[n_C+g(x,\ \varepsilon)]f'[n_C+g(x,\ \varepsilon)]p\partial g(x,\ \varepsilon)/\partial x \tag{5-12}$$

因为 $\partial g(x,\ \varepsilon)/\partial x>0$，$f'[n_C+g(x,\ \varepsilon)]>0$，可知 $\partial\Delta W_A/\partial x>0$，即信息不对称程度越大，数据造假对并购绩效的负向影响越大；反之，信息不对称越小，数据造假对并购绩效的负向影响越弱。

5.1.2 多个目标情况下的并购选择偏差及损失

假定主并购平台的并购标的有多个平台，为便于研究假设有 B、C 两个平台。设平台 B 和平台 C 拥有的用户量分别为 n_B 和 n_C，且 $n_B>n_C$。

假定被并购平台 C 进行用户数据造假，平台 B 不造假。平台 C 造假量为 Δn_C，造假后宣称的用户量 n'_C 大于平台 B 的用户量 n_B，即 $n'_C=n_C+\Delta n_C>n_B$。

互联网平台领域具有网络外部性特征，通常是“赢者通吃”“强者越强，弱

者越弱”，因此主并购方在选择并购标的平台时通常是选择用户量多的平台。由于平台C用户数据造假后宣称的用户量n'_C大于平台B的用户量n_B，主并购方选择并购平台C。则主并购方就出现了并购选择偏差，由此产生的损失为：

$$Lost=\pi'_C-\pi_C+\tau(\pi_B-\pi_C) \tag{5-13}$$

其中，π'_C、π_C分别表示平台C用户数据造假后的估值和未造假的真实估值；π_B表示未进行用户数据造假的平台B的估值；τ表示主并购方并购后产生的协同效应，$\tau>0$。

在真实情况下，平台B的用户量大于平台C的用户量，即$n_B>n_C$，因此平台B的估值大于平台C的估值，即$\pi_B-\pi_C>0$。在信息不对称的情况下，平台C用户数据造假的估值高于其真实情况下的估值，即$\pi'_C-\pi_C>0$，因此式（5-13）是始终大于零的。

式（5-13）说明被并购平台C用户数据造假不但使主并购方产生了并购选择偏差，多支付了并购交易金额，还错失了好的平台B，损失了机会收益$\tau(\pi_B-\pi_C)$。

因此，根据式（5-8）和式（5-13），本章得出：

推论1：在互联网平台领域，被并购平台企业数据造假会对主并企业的并购绩效有负向影响作用。

根据式（5-12）和式（5-13），本章得出：

推论2：并购双方间信息不对称程度越高，平台企业数据造假对并购绩效的负向影响越大。

若平台企业单位用户价值数据造假，也能得到上述推论。

总之，平台企业数据造假不仅会使主并方股权收益缩水，还会扭曲资本配置，降低并购协同效应，损害并购绩效。

5.2　平台企业并购中数据造假测算

并购中数据造假会影响平台估值，因此本节从估值着手间接测度平台数据造假。

5.2.1 平台估值方法

5.2.1.1 成本法

（1）成本法估值公式。

成本法，是评估现时条件下被评估资产重新购置的全部成本，并减去被评估资产已发生的各种贬值，如实体性、功能性和经济性贬值之后得到的差额。成本法基本公式：评估价值=重置全价×成新率。

重置全价的确定：对于能查到现行市场价格的资产，根据现行市价直接确定重置全价；不能查到现行市场价格的资产，选取相似替代品的现行市场价经调整后作为重置全价。

成新率的确定：成新率则是评估标的现行价值与其处于全新状态的价值的比率，使用年限法确定成新率。

（2）成本法在平台企业并购估值中的运用。

成本法在企业并购估值中运用的前提条件：平台企业价值与各项资产取得时的成本具有较大相关性；企业各项资产和负债价值可以单独评估确认。当平台企业满足上述条件，而平台企业未来收益不能准确计算使得收益法计算企业价值存在较大偏差，或难以找到相似企业资料使得市场法估值缺乏依据，成本法就有可能成为企业价值的评估方法。如大量的语音、音乐、图像、视频、文字等数据资源等资产取得时的成本与平台企业价值存在较大相关性，相关资产和负债价值也可以单独确认。但以成本法对平台企业估值的结果往往远低于以收益法和市场法估值的结果。因平台企业多属于轻资产、高成长企业，用户价值是构成平台企业价值的核心要素，使用成本法估值的结果往往无法体现平台企业用户的未来价值，这也是成本法本身存在的一个缺陷，所以在平台企业并购估值实践中，选择成本法进行估值的案例较少。

5.2.1.2 收益法

（1）收益法估值公式。

关于收益法的定义，《资产评估执业准则——企业价值》（中评协〔2018〕38号）中的第十九条提出：收益法是指将预期收益资本化或者折现，确定评估对象价值的评估方法。收益法具体包括股利折现法和现金流量折现法，其中现金流量折现法使用更为广泛。

收益法基本公式：

$$V = \sum_{t=1}^{n} \frac{F_t}{(1+r)^t} \tag{5-14}$$

其中，V 表示被评估企业股东全部权益的评估值；F_t 表示第 t 期企业的收益额；r 表示折现率；n 表示剩余经济寿命期。收益法模型的两个关键点：一个是未来现金流，一个是折现率。

（2）收益法在平台企业并购估值中的运用。

收益法在企业估值中运用的前提条件：企业未来收益可以合理预测；能够合理预算与企业未来收益的风险程度相对应的收益率；企业具备持续经营的基础和条件。收益法从资产的预期获利能力角度评价资产，能完整体现企业的整体价值，其评估结论具有较好的可靠性和说服力。对于平台企业而言，用户价值是企业价值的核心，流量、变现率等用户数据代表着企业未来的营利能力和成长性，只要流量足够大，具备一定变现能力，就意味着企业未来发展潜力巨大，即使利润持续为负，该平台仍然会受到资本的青睐，估值依然惊人。收益法本质上是从企业未来发展的角度通过一定的方法预测企业未来收益及相对应的风险，以此评估企业股东的全部权益，因此收益法估值原理与战略性投资原则是高度吻合的。对于评估轻资产、高成长、价值体现在未来收益的平台企业而言收益法比成本法更为适宜。本章整理了 215 份上市公司发布的有关并购事件中的平台企业权益价值评估报告，统计显示 88.37%的并购事件最终采用收益法评估结果确定估值（见表 5-3），可见收益法在平台企业并购估值实践中应用范围最广。

表 5-3　2010~2020 年平台企业并购价值评估中最终选择的估值法统计

单位：个，%

最终选择的估值法	样本量	占比
成本法	3	1.40
收益法	190	88.37
市场法	21	9.77
股权价值/活跃用户数	1	0.47
总计	215	100.00

注：多数评估机构按照流程会选择两种或两种以上的方法评估标的价值，但最终只会选择一种估值法的结果作为最终评估结论。

资料来源：Wind 数据库中的上市公司发布的并购评估报告并经笔者手工整理。

但收益法无法很好地体现政策冲击和行业震动；无法量化企业通过兼并收购，输出成熟的管理及运营模式带来的经营业绩的提升。对于长期处于亏损或低利润的平台企业，收益法很难预测其产生的现金流数量和持续时间。更为重要的是如被并购企业数据造假，收益法估值将会高估目标企业的未来发展潜力，进而高估目标企业价值，使得使用收益法计算出来的估值更可能是“精确的错误”，给主并企业带来损失。

5.2.1.3 市场法

（1）市场法估值公式。

《资产评估执业准则——企业价值》（中评协〔2018〕38号）中的第二十九条对市场法进行了定义：市场法是指将评估对象与可比上市公司或者可比交易案例进行比较，确定评估对象价值的评估方法。市场法具体有两种方法，即上市公司比较法和交易案例比较法。上市公司比较法是依据可比上市公司的各项数据，计算出二者的价值比率，对价值比率进行必要的调整，利用上市公司价值具有一定公允性的特征，以计算评估对象价值的方法。交易案例比较法是通过分析与评估对象相似企业的并购案例，基于交易案例的数据资料，计算出二者的价值比率，并对价值比率进行适当的修正，再利用对比企业的并购估值得出评估对象的价值。

$$V = v_j\ (M \times A \times B \times \cdots \times N) \tag{5-15}$$

其中，v_j 是 j 可比上市公司市值，或经营性股权价值；M 是估值修正系数；A、B、…、N 表示可比上市公司与评估对象各种指标数值的比例。

市场法是以现实市场上的可比上市公司或可比交易案例来评价评估对象的现行公平市场价值，评估数据直接来源于市场，评估途径直接，评估过程直接体现市场价值，评估结果说服力较强。

（2）市场法在平台企业并购估值中的运用。

市场法在企业估值中运用的前提条件：资本市场完善；可比企业或相似并购交易案例较多；能获得可比企业或交易案例的财务数据及其他相关资料；可比上市公司或可比交易案例在估值基准日的数据、资料具有代表性和合理性。目前资本市场充分发展，活跃性较高，资本市场中有众多的互联网平台上市公司，能够收集到在估值基准日拟可比上市公司的数据及相关资料，可筛选出在企业规模、资产结构、经营范围和盈利能力等方面类似的可比上市公司，以确保可比公司与评估公司的价值影响因素趋同。但当资本市场不完善，可比上市公司或可比交易案例不够多，难以找到资产规模、资产结构、经营范围和盈利水平等方面相似的可比上市公司，或者上市公司数据、资料信息不能获取，就会导致市场法参数选取存在偏误，最终使估值结果偏离公允值。

5.2.1.4 新兴估值方法

除了传统的成本法、收益法、市场法三种估值方法，随着互联网经济的发展，互联网企业价值评估理论也日渐丰富，国内外学者将新兴的企业价值评估法运用于互联网企业价值评估中。具体有剩余收益估值模型法，如 Trueman 等（2000）、Keating（2000）；实物期权估值法，如 Schwartz 和 Moon（2000）、黄生权和李源（2014）、高锡荣和杨建（2017）；用户价值法，如 Briscoe 等（2006）、Chan 等（2011）、魏嘉文和田秀娟（2015）；EVA 法，如朱伟民等（2019）；等等。但根据表 5-4 可知，互联网平台企业价值评估实践中，仍然主要使用传统的估值方法，新兴的估值方法并未得到广泛运用。

表 5-4 2010~2020 年平台企业并购价值评估方法统计 单位：个

估值法	样本量
成本法	3
收益法	13
市场法	4
成本法+收益法	128
收益法+市场法	52
成本法+市场法	10
成本法+收益法+市场法	4
股权价值/活跃用户数	1
总计	215

资料来源：Wind 数据库中的上市公司发布的并购评估报告并经笔者手工整理。

总之，市场法是最直观、最贴近实际且最容易被接受的估值方法，在国际上，市场法是首选的估值法。市场法有两种常用的比较方法：上市公司比较法和交易案例比较法。由于交易案例资料收集困难且存在非市场价值因素，因此交易案例比较法的应用存在困难。对于上市公司比较法而言，上市公司的指标数据公开，使得该方法具有较好的操作性。在资本市场有效的情况下，资本市场的股票价格反映了市场对公司的估值。目前我国平台企业价值的估值几乎都使用传统的估值方法，即收益法、成本法和市场法中的一种或其组合，其中收益法使用得最多，被认为比成本法更适合于具有轻资产、高成长特征的互联网平台企业的估值。但市场法中的上市公司比较法相较于收益法具有两方面的优势：一方面，如果资本市场完善，市场法的估值结果可能更具公允性。目前将用户数据纳入估值指标体系已逐步运用于估值实践中，但如果平台企业数据造假则使用收益法进行估值会出现估值泡沫问题，而可比上市公司市值具有一定的公允性，使用市场法进行估值可以一定程度上挤干造假数据的水分。另一方面，市场法估值更具操作性。众多平台企业虽然处于发展阶段甚至是高速发展阶段，但可能一直处于亏损状态，意味着其未来收益难以预测，而市场法主要是比较可比上市公司与评估对象的各种指标数值，操作性强。当然，使用市场法估值的前提条件是有一个较为活跃的资本、证券市场，因此健全资本、证券市场对于确保市场法估值的公允性具有关键作用。

5.2.2 信息不对称下平台企业估值模型构建

根据表 5-3、表 5-4，215 个平台企业并购事件中企业价值评估方法有 99.53%的并购事件选择了收益法、成本法或市场法中的一种或其组合，其中 88.37%的并购事件采用收益法的结果作为评估结论。

目前将用户数据纳入平台企业估值指标体系已逐步被业界认同并运用于实际估值中，如 2020 年 6 月 5 日中国有赞有限公司发布的《爱逛平台之新一轮股权融资之补充公告》中显示，中国有赞对爱逛平台采用月活跃用户规模为主要依据进行估值。在信息不对称的情况下，如果被并购企业数据造假，使用收益法进行估值将会高估目标企业价值。

市场法包括上市公司比较法和交易案例比较法，由于交易案例的资料难以收集，也难以了解交易案例中是否存在非市场价值因素，因此本章不选择交易案例比较法。而对于上市公司比较法而言，由于上市公司的数据具有公开性，经过更严格的审查，且在资本市场有效的情况下，股票价格反映了市场对上市公司的估值，随着资本市场逐步趋于理性，市场法估值变得更加可靠，因此使用上市公司比较法具有合理性和操作性。Hui 等（2014）研究发现，公开市场的投资者能够准确地评估上市公司数据造假的概率。胡晓明等（2015）提出按照贝努里“大数定律”的极限定理，如果有足够多的同行业拟可比上市公司，则可以合理地分析企业估值问题。

本章选择市场法中的上市公司比较法进行估值，利用敏感的资本市场挤干造假数据的水分，借鉴金辉和金晓兰（2016）、张居营和孙晶（2017）的估值方法，利用模糊数学的贴近原则筛选可比上市公司，将可比上市公司的海明贴近度转化为估值修正因子，在式（5-15）的基础上构建市场法估值的基本模型：

$$\pi_j=(1+h_e)\sum_{i=1}^{m}\left[M_{ij}v_i\left(w_1\frac{x_{j1}}{x_{i1}}+w_2\frac{x_{j2}}{x_{i2}}+\cdots+w_h\frac{(1-\Delta\mu)\times x_{jh}}{(1-\Delta\mu)\times x_{ih}}+\cdots+w_{h+1}\frac{(1-\Delta\mu)\times x_{j(h+1)}}{(1-\Delta\mu)\times x_{i(h+1)}}+\cdots+w_n\frac{x_{jn}}{x_{in}}\right)\right] \tag{5-16}$$

其中，π_j 表示评估对象 j 的估值；h_e 表示 e 类型平台上市公司的平均溢价，一定程度的溢价反映了行业的梅特卡夫定律、网络效应及成长性和商誉，是正常的，Koller 等（2010）指出，企业并购估值应是目标公司的内在价值加上并购协同效应产生的价值，由此估值应考虑协同价值；M_{ij} 是平台企业 j 估值中的可比上市公司 i 估值修正系数，共有 m 家可比上市公司；v_i 表示可比上市公司 i 在估值基准日时的市值；w_n 表示指标的权重，共有 n 个指标；x_{jh} 表示待估值平台企业 j 第 h 个指标的数据失真数值；x_{ih} 表示可比上市公司 i 第 h 个指标的数据失真数值；$\Delta\mu$ 表示行业平均造假水平，设平台企业从 h 到 h+1 个用户指标数据造假。由于平台企业数据造假成行业潜规则，因此对数据进行挤干水分处理。使用可比上市公司比较法进行估值，即使不知道 $\Delta\mu$，但分子分母已经消去，只要 v_i 体现出可比上市公司的真实价值，可比公司选择合理，就可减少数据造假对估值的影响。

关于修正系数 M_{ij}，根据《资产评估执业准则——企业价值》（中评协〔2018〕38 号）第十三条规定，采用市场法进行企业价值评估时，要对对比公司与评估对象的各种数据进行分析和必要的调整，以使评估中的相关数据、相关参数具有适用性和可比性。众多知名评估机构发布的资产评估报告，如中联资产评估集团有限公司于 2016 年发布的《北京拇指玩科技有限公司股权项目资产评估报告》、北京中同华资产评估有限公司 2018 年发布的《山东联创互联网传媒股份有限公司发行股份及支付现金购买资产涉及的上海鏊投网络科技有限公司股权项目资产评估报告》中，用市场法进行估值时均对价值比率进行了修正，因此计算修正系数是必要的。参照多数文献的做法，如金辉和金晓兰（2016）、张居营和孙晶（2017），本部分的修正系数 M_{ij} 是海明贴近度转化为影响企业估值中目标公司价值乘数的因子，即 $M_{ij}=\sigma_{ij}/\sum_{i=1}^{m}\sigma_{ij}$，其中 σ_{ij} 为第 i 个可比企业与目标企业 j 的海明贴近度。

利用模糊物元法计算海明贴近度。物元由对象、特征和量值三要素构成，是描述事物的基本单元，如果描述对象的特征具有模糊性则称该物元为模糊物元。两个模糊物元的贴近度越接近于 1，说明这两个模糊物元越接近。选择 m 个拟可比互联网平台上市公司，有 n 个指标，构成复合物元 R_{mn}，将待估值企业设为标准物元 R_{jn}。为了刻画待评估对象与上市平台企业的可比性，本部分计算复合物元与标准物元相对值 $u(x_{ik})=x_{ik}/x_{jk}$，其中 i=1，2，…，m；k=1，2，…，n。对 $u(x_{ik})=x_{ik}/x_{jk}$ 进行规范化处理：

对于越大越优型指标：

$$y(u_{ik})=(u_{ik}-\min u_k)/(\max u_k-\min u_k) \tag{5-17}$$

其中，$u(x_{ik})=x_{ik}/x_{jk}$，x_{ik} 指第 i(i=1，2，…，m)个企业的第 k(k=1，2，…，n)个指标，x_{jk} 指评价企业 j 的第 k(k=1，2，…，n)个指标。

对于越小越优型指标：

$$y(u_{ik})=(\max u_k-u_{ik})/(\max u_k-\min u_k) \tag{5-18}$$

由于本部分估值指标均为越大越优型，因此采用模型（5-17）对数据进行规范化处理。

则从优隶属度模糊物元 $\tilde{R}_{mn}$ 可表示为：

$$\tilde{R}_{mn}=\begin{bmatrix} & N_1 & N_2 & \cdots & N_M \\ c_1 & y(u_{11}) & y(u_{12}) & \cdots & y(u_{1m}) \\ c_2 & y(u_{21}) & y(u_{22}) & \cdots & y(u_{2m}) \\ \vdots & \vdots & \vdots & \ddots & \vdots \\ c_n & y(u_{n1}) & y(u_{n2}) & \cdots & y(u_{nm}) \end{bmatrix}$$

令 $\Delta_{ij}=|y(u_{ik})-y(u_{jk})|^p$，构建差幂模糊物元 R_Δ：

$$R_\Delta=\begin{bmatrix} & N_1 & N_2 & \cdots & N_M \\ c_1 & \Delta_{11} & \Delta_{12} & \cdots & \Delta_{1m} \\ c_2 & \Delta_{21} & \Delta_{22} & \cdots & \Delta_{2m} \\ \vdots & \vdots & \vdots & \ddots & \vdots \\ c_n & \Delta_{n1} & \Delta_{n2} & \cdots & \Delta x_{nm} \end{bmatrix}$$

则可比公司与目标公司的贴近度计算公式：

$$\sigma_{ij}=1-\sum_{k=1}^{n} w_k\,|y(u_{ik})-y(u_{jk})|^{\frac{1}{p}} \tag{5-19}$$

当 p 等于 1 时，式（5-19）即为海明贴近度计算公式，其中 σ_{ij} 为第 i 个可

比企业与目标企业 j 的海明贴近度，w_k 为各指标权重，根据前文因子分析法和层次分析法综合赋值获得。海明贴近度 σ_{ij} 越接近 1，说明拟可比公司 i 与目标公司越接近。将同一子类型上市公司全部作为拟可比公司，至少选择 10 个拟可比公司，如拟可比公司不足，选择与该子类型平台经营模式最为接近的平台作为拟可比公司，将贴近度排名前 5 的上市公司作为可比公司。

令 $$\rho_{ij} = (1 + h_e) \times v_i \times \sum_{k=1}^{n}\left(w_k \times \frac{x_{jk}}{x_{ik}}\right) \tag{5-20}$$

其中，ρ_{ij} 表示以可比上市公司 i 为标尺计算 j 的企业价值。估值模型（5-16）也可表示为：

$$\pi_j = \sum_{i=1}^{m} M_{ij}\rho_{ij} \tag{5-21}$$

其中，$M_{ij}=\sigma_{ij}/\sum_{i=1}^{m}\sigma_{ij}$，将海明贴近度 σ_{ij} 转化为影响平台企业 j 估值的权重。式（5-21）即为本章的估值模型。

5.2.3 估值模型的运用

5.2.3.1 评估对象——启生信息

CVSourse 数据库显示，广州启生信息技术有限公司（以下简称启生信息）旗下 39 健康网致力于以互联网为平台提供在线健康资讯与论坛等交互类产品。2014 年 6 月 21 日，贵阳朗玛信息技术股份有限公司宣布以 6.5 亿元收购启生信息 100%股份。2014 年 12 月 12 日该交易完成，此次交易不构成关联交易。根据并购评估公司，即北京中企华资产评估有限责任公司于 2014 年 7 月 14 日发布的股东全部权益评估报告，启生信息属于互联网信息服务行业，主要盈利模式是网络广告和电信增值业务，此次评估基准日为 2014 年 3 月 31 日，选用收益法和市场法的上市公司比较法两种方式进行评估，市场法评估的股东全部权益价值为 65545.58 万元，收益法评估的股东全部权益价值为 65079.85 万元，以收益法的结果作为最终评估结论。根据式（5-21）估值模型对启生信息的全部权益价值进行评估。

5.2.3.2 估值指标体系选择

本章整理归纳了 337 份上市公司发布的并购互联网平台企业的权益价值评估报告、投资价值报告、对外投资说明等公告，在此基础上构建了表 5-5 的估值指标体系。

表 5-5　互联网平台企业估值指标体系

一级指标	二级指标	三级指标	指标解释	数据来源
财务指标 B_1	财务规模 C_1	总资产 D_1	资产总额	非上市公司财务指标来自：上市公司发布的并购评估报告或相关说明、Wind、易观千帆
		净资产 D_2	归属母公司股东权益	
		营业收入 D_3	企业在经营过程中确认的营业收入	
		净利润 D_4	企业实现的净利润	
		经营活动现金净流量 D_5	经营活动产生的现金流量净额	
		毛利 D_6	主营业务收入-营业成本	
	盈利能力 C_2	毛利率 D_7	（主营业务收入-营业成本）/主营业务收入	
		净利润率 D_8	净利润/营业收入	
		净资产收益率 D_9	税后利润/净资产	
	成长能力 C_3	营业收入增长率 D_{10}	同比增长率	
		总资产增长率 D_{11}	同比增长率	
		净资产增长率 D_{12}	同比增长率	
用户数据指标 B_2	用户规模 C_4	日均访客 D_{13}	年均日独立访客	Alexa
		日均浏览量 D_{14}	年均日均点击量	Alexa
		月均活跃用户 D_{15}	年均月活跃用户	Wind、易观千帆、艾瑞网、QuestMobile、雪球财经
	用户流量变现能力 C_5	活跃用户变现能力 D_{16}	主营业务收入/月均活跃用户	Wind、易观千帆、艾瑞网、QuestMobile、雪球财经
		用户黏性 D_{17}	日均访客/月均活跃用户	Wind、易观千帆、艾瑞网、QuestMobile、雪球财经
	用户规模成长能力 C_6	日均访客增长率 D_{18}	同比增长率	Alexa
		日均浏览增长率 D_{19}	同比增长率	Alexa
		月均活跃用户增长率 D_{20}	同比增长率	Wind、易观千帆、艾瑞网、QuestMobile、雪球财经

注：在估值过程中，鉴于有部分指标数值未能获取，因此该指标权重变为 0，其余指标按原有权重比例重新匹配权重。由于不同类型平台企业流量变现的方式不同，但均是通过活跃用户的点击量及其衍生行为获得收入的，因此用营业收入/活跃用户量作为其中一个衡量平台企业流量变现能力的指标。

5.2.3.3 指标权重的确定

指标权重的确定方法可分为三类：一是主观赋权法，如专家调查法、层次分析法等；二是客观赋权法，如熵权法、因子分析法、均方差法等（欧阳胜银和许涤龙，2018；孙平军和罗宁，2021）；三是组合赋权法，是主观赋权法和客观赋权法得到的权重再按照一定的方式进行组合，使指标权重既能体现主观偏好信息，又能反映客观信息（李廉水等，2015）。本部分运用因子分析法和层次分析法相结合的组合赋权法确定指标权重。因子分析法是一种综合、客观、精简的分析法，可通过降维的方式，获得主要影响因子。层次分析法是由著名运筹学家Saaty于20世纪80年代提出的定性与定量相结合的决策方法，该方法从多方案评价过渡到两两因素间的比较来确定各因素的重要性，并通过优先权算法和一致性检验提高经验判断的科学性。

（1）因子分析法赋权。

1）权重模型的构建。

首先，数据处理。对数据进行无量纲化处理。

其次，进行因子分析适用性检验、提取公因子并命名。

对变量进行Bartlett球形检验和KMO检验，检验通过后对数据进行因子分析，在得到公共因子和旋转因子载荷之后，可得到主成分的因子得分函数为：

$$F_j = a_{1j}D_1 + a_{2j}D_2 + \cdots + a_{kj}D_k + \cdots + a_{nj}D_n,\ j = 1,\ 2,\ \cdots,\ m \tag{5-22}$$

其中，D_k 表示第 k 个三级指标的数值；m 表示主成分个数；a_{kj} 表示 x_k 指标对主成分 F_j 影响的重要程度，是旋转后的载荷矩阵 A 中的元素。

$$A = \begin{Bmatrix} a_{11} & a_{12} & \cdots & a_{1j} \\ a_{21} & a_{22} & \cdots & a_{2j} \\ \vdots & \vdots & \ddots & \vdots \\ a_{n1} & a_{n2} & \cdots & a_{nj} \end{Bmatrix}$$

则企业价值函数为：

$$F = \eta_1 F_1 + \eta_2 F_2 + \cdots + \eta_m F_m \tag{5-23}$$

式（5-23）中，η_m 为 F_m 的方差贡献率。

最后，计算权重。

将式（5-22）代入式（5-23），可得：

$$F = (\eta_1 a_{11} + \eta_2 a_{21} + \cdots + \eta_m a_{m1})D_1 + (\eta_1 a_{12} + \eta_2 a_{22} + \cdots + \eta_m a_{m2})D_2 + \cdots + (\eta_1 a_{1n} + \eta_2 a_{2n} + \cdots + \eta_m a_{mn})D_n \tag{5-24}$$

令 $b_k=\eta_1 a_{1k}+\eta_2 a_{2k}+\cdots+\eta_m a_{mk}$

$$w_k = b_k / \sum_{b=1}^{n} b_k \tag{5-25}$$

则 w_k 即为 D_k 指标的权重。

2）实证过程。

在指标的科学性、重要性和数据的可得性基础上，共筛选出 2017~2019 年 67 家平台企业的 201 条样本。

首先，数据处理。本部分将每个指标数据进行标准化处理，以消除不同量纲对因子分析结果造成的偏误：

$$D_{ik}=\frac{x_{ik}-Ex_k}{\sqrt{d_{x_k}}} \tag{5-26}$$

其中，x_{ik} 表示待估值企业 i 的第 k 项指标的原始数据；Ex_k 表示 k 项指标的期望；$\sqrt{d_{x_k}}$ 表示方差；D_{ik} 表示待估值企业 i 的第 k 项指标数值经标准化处理后的结果。

其次，提取公因子并命名。用因子分析法提取公因子，通过相关系数矩阵计算出特征根，结果如表 5-6 所示，共有 6 个特征值大于 1，且累计方差贡献率为 73.56%，大于 50%，说明前 6 个公共因子对企业价值具有较好的解释度。KMO 统计量为 0.7601，大于 0.5，说明变量的偏相关性较高，Bartlett 球形检验近似卡方为 4107.330，显著性概率为 0，高度拒绝了原假设，说明变量独立性假设不成立，通过了因子分析适用性检验。

表 5-6 因子特征值及方差贡献率 单位：%

因子	提取平方和载入			旋转平方和载入		
	特征值	方差贡献率	累计贡献率	特征值	方差贡献率	累计贡献率
1	6.19698	30.98	30.98	5.99092	29.95	29.95
2	2.27027	11.35	42.34	2.24347	11.22	41.17
3	2.04431	10.22	52.56	2.23622	11.18	52.35
4	1.67848	8.39	60.95	1.48479	7.42	59.78
5	1.29117	6.46	67.41	1.38869	6.94	66.72
6	1.23108	6.16	73.56	1.36820	6.84	73.56

根据表5-7旋转后的因子载荷矩阵，对6个公因子分析如下：第1个因子，载荷较大的是总资产、净资产、营业收入、利润、净现金流、毛利，可将其命名为财务指标规模因子；第2个因子，载荷较大的是毛利率、净利润率、净资产收益率，可将其命名为财务指标盈利能力因子；第3个因子，载荷较大的是日均访客、日均浏览量、月均活跃用户量，可将其命名为用户规模因子；第4个因子，载荷较大的是日均访客增速、日均浏览量增速、月均活跃用户量增速，可将其命名为用户规模成长能力因子；第5个因子，载荷较大的是营业收入增速、总资产增长率、净资产增长率，可将其命名为财务指标成长能力因子；第6个因子，载荷较大的是活跃用户变现能力、用户黏性，可将其命名为用户流量变现能力因子。其中第1个、第2个、第5个因子属于财务指标，第3个、第4个、第6个因子属于用户数据指标。

表5-7　旋转后因子载荷

目标层	一级指标	二级指标	三级指标	F1	F2	F3	F4	F5	F6
平台企业估值	财务指标 B_1	财务规模 C_1	总资产 D_1	0.9864	0.0231	0.0862	0.0075	-0.0108	0.0019
			净资产 D_2	0.9849	0.0240	0.0817	-0.0021	-0.0189	-0.0056
			营业收入 D_3	0.9154	0.0015	0.0149	0.0026	0.0078	0.1720
			净利润 D_4	0.9664	0.0615	0.0006	-0.0499	-0.0165	-0.0240
			经营活动现金净流量 D_5	0.9517	0.0220	0.0799	-0.0044	0.0084	-0.0736
			毛利 D_6	0.9906	0.0195	0.0763	0.0073	0.0005	-0.0099
		盈利能力 C_2	毛利率 D_7	0.0429	0.9425	0.0418	0.0257	0.0139	0.0233
			净利润率 D_8	0.0811	0.8644	0.0234	-0.0247	-0.0093	0.0099
			净资产收益率 D_9	0.0118	0.7597	-0.0180	0.0196	0.0589	-0.0159
		成长能力 C_3	营业收入增长率 D_{10}	0.0261	0.0880	-0.1070	0.4521	0.4288	-0.1032
			总资产增长率 D_{11}	-0.0183	-0.0436	-0.0309	-0.1210	0.7397	0.0133
			净资产增长率 D_{12}	-0.0143	0.0785	0.0596	0.0948	0.7804	-0.0332
	用户数据指标 B_2	用户规模 C_4	日均访客 D_{13}	0.1067	0.0286	0.9510	-0.0222	-0.0119	0.0011
			日均浏览量 D_{14}	0.0840	0.0104	0.9417	0.0210	-0.0077	0.0070
			月均活跃用户 D_{15}	0.5913	0.0459	0.5745	0.0318	0.1514	-0.1406
		用户流量变现能力 C_5	活跃用户变现能力 D_{16}	0.0643	0.0019	-0.1505	-0.0398	-0.0052	0.8357
			用户黏性 D_{17}	-0.0631	0.0366	0.1588	0.0091	-0.0328	0.7715

续表

目标层	一级指标	二级指标	三级指标	F1	F2	F3	F4	F5	F6
平台企业估值	用户数据指标 B_2	用户规模成长能力 C_6	日均访客增长率 D_{18}	-0.0440	-0.0315	-0.0902	0.6615	-0.1003	0.0246
			日均浏览增长率 D_{19}	-0.0163	0.0539	0.1176	0.6990	0.0107	-0.0128
			月均活跃用户增长率 D_{20}	-0.0020	-0.0305	0.0004	0.5684	0.0985	-0.0743

根据因子得分系数矩阵，可以将平台企业价值用上述6个因子来表达，得到计算平台企业价值的公式：

$$F=0.2995F_1+0.1122F_2+0.1118F_3+0.0742F_4+0.0694F_5+0.0684F_6 \quad (5-27)$$

其中财务指标中的财务规模因子（F_1）、盈利能力因子（F_2）、成长能力因子（F_5）方差贡献率分别为29.95%、11.22%、6.94%；用户数据指标中的用户规模因子（F_3）、用户规模成长性因子（F_4）、用户流量变现能力因子（F_6）方差贡献率分别为11.18%、7.42%、6.84%。

根据式（5-22）得到因子得分函数：

$$F_1=0.9864D_1+0.9849D_2+0.9154D_3+0.9664D_4+0.9517D_5+0.9906D_6+0.0429D_7+0.0811D_8+0.0118D_9+0.0261D_{10}-0.0183D_{11}-0.0143D_{12}+0.1067D_{13}+0.0840D_{14}+0.5913D_{15}+0.0643D_{16}-0.0631D_{17}-0.0440D_{18}-0.0163D_{19}-0.0020D_{20} \quad (5-28)$$

F_2、F_3、F_4、F_5、F_6 也可按照式（5-28）列出。

最后，计算权重。

根据式（5-24）得到企业价值为：

$$F=0.3076D_1+0.3050D_2+0.2885D_3+0.2899D_4+0.2917D_5+0.3073D_6+0.1277D_7+0.1221D_8+0.0912D_9+0.0620D_{10}+0.0294D_{11}+0.0701D_{12}+0.1391D_{13}+0.1331D_{14}+0.2497D_{15}+0.0565D_{16}+0.0541D_{17}+0.0170D_{18}+0.0660D_{19}+0.0400D_{20} \quad (5-29)$$

在式（5-29）的基础上，根据式（5-25）可计算各指标权重，如表5-8所示。

表 5-8　因子分析法确定的三级指标权重

D_1	D_2	D_3	D_4	D_5	D_6	D_7	D_8	D_9	D_{10}
0.1009	0.1000	0.0946	0.0951	0.0957	0.1008	0.0419	0.0401	0.0299	0.0203
D_{11}	D_{12}	D_{13}	D_{14}	D_{15}	D_{16}	D_{17}	D_{18}	D_{19}	D_{20}
0.0097	0.0230	0.0456	0.0437	0.0819	0.0185	0.0178	0.0056	0.0217	0.0131

（2）层次分析法赋权。

单一的赋权方法都存在一定的局限性，因此组合赋权法受到越来越多学者的青睐。本部分利用层次分析法组合赋权，邀请研究互联网平台的相关专家共 6 名，将样本的描述性统计、相关典型企业权益价值评估报告、市场估值法相关材料供专家参考，用 Satty 的 9 级 Bipolar 标度衡量财务规模 C_1 下的 6 个三级指标的重要性，构造三级指标间的两两比较判断矩阵，将 $D_1 \sim D_6$ 的 6 个指标专家评分进行平均，得到 6×6 判断矩阵。使用方根法求解判断矩阵的优先权向量 W_i，将判断矩阵的每一行元素全部相乘，得到 $E_i = \prod_{k=1}^{n} a_{ik}$，i = 1，2，…，6，利用公式 $W_i = \sqrt[n]{E_i} / \sum_{i=1}^{n} \sqrt[n]{E_i}$ 计算 $D_1 \sim D_6$ 三级指标权重。利用公式 $CI = (\lambda_{max} - n)/(n - 1)$ 计算一致性指标，其中 λ_{max} 为判断矩阵最大特征根。随机一致性指标 RI 根据许树柏 1 ~ 15 阶平均随机一致性指标表获得。判断矩阵的一致性比率 $CR = \frac{CI}{RI} < 0.10$，即认为判断矩阵具有满意的一致性。同样方法构建其他三级指标的判断矩阵，进行一致性检验，获得 D 层的权重。计算结果如表 5 - 9 所示，各权重矩阵均通过一致性检验。

表 5-9　层次分析法确定的指标权重及一致性检验

一级指标	二级指标	W_{C_i} 一致性检验	三级指标	W_{D_i} 一致性检验
B_1（0.692）	C_1（0.543）	$\lambda_{max}=3.001$ CI=0.001 RI=0.52 CR=0.001<0.1	D_1（0.095）	$\lambda_{max}=6.560$ CI=0.087 RI=1.26 CR=0.088<0.1
			D_2（0.266）	
			D_3（0.100）	
			D_4（0.015）	
			D_5（0.026）	
			D_6（0.041）	

续表

一级指标	二级指标	W_{C_i} 一致性检验	三级指标	W_{D_i} 一致性检验
B_1（0.692）	C_2（0.065）	$\lambda_{max}=3.001$ CI=0.001 RI=0.52 CR=0.001<0.1	D_7（0.022）	$\lambda_{max}=3$ CI=0.000 RI=0.52 CR=0.000<0.1
			D_8（0.022）	
			D_9（0.022）	
	C_3（0.085）		D_{10}（0.026）	$\lambda_{max}=3.018$ CI=0.009 RI=0.52 CR=0.018<0.1
			D_{11}（0.025）	
			D_{12}（0.034）	
B_2（0.308）	C_4（0.154）	$\lambda_{max}=3.006$ CI=0.002 RI=0.52 CR=0.005<0.1	D_{13}（0.023）	$\lambda_{max}=3.080$ CI=0.040 RI=0.052 CR=0.077<0.1
			D_{14}（0.010）	
			D_{15}（0.121）	
	C_5（0.074）		D_{16}（0.066）	$\lambda_{max}=2$ CI=0 RI=0 CR=0<0.1
			D_{17}（0.007）	
	C_6（0.080）		D_{18}（0.010）	$\lambda_{max}=3.012$ CI=0.006 RI=0.52 CR=0.012<0.1
			D_{19}（0.006）	
			D_{20}（0.063）	

（3）因子分析法和层次分析法组合赋权。

将因子分析法和层次分析法确定的各级指标算术平均，得到组合权重，如表5-10所示。

表5-10　平台企业估值指标组合权重

一级指标	二级指标	三级指标
财务指标 B_1（0.654）	财务规模 C_1（0.566）	总资产 D_1（0.098）
		净资产 D_2（0.183）
		营业收入 D_3（0.098）
		净利润 D_4（0.055）
		经营活动现金净流量 D_5（0.061）
		毛利 D_6（0.071）
	盈利能力 C_2（0.063）	毛利率 D_7（0.032）
		净利润率 D_8（0.031）
		净资产收益率 D_9（0.026）

续表

一级指标	二级指标	三级指标
财务指标 B_1（0.654）	成长能力 C_3（0.063）	营业收入（同比增长率）D_{10}（0.023）
		总资产增长率 D_{11}（0.017）
		净资产增长率 D_{12}（0.029）
用户数据指标 B_2（0.346）	用户规模 C_4（0.152）	日均访客 D_{13}（0.034）
		日均浏览量 D_{14}（0.027）
		月均活跃用户 D_{15}（0.101）
	用户流量变现能力 C_5（0.093）	活跃用户变现能力 D_{16}（0.042）
		用户黏性 D_{17}（0.012）
	用户规模成长能力 C_6（0.101）	日均访客增长率 D_{18}（0.008）
		日均浏览增长率 D_{19}（0.014）
		月均活跃用户增长率 D_{20}（0.038）

5.2.3.4　估值结果

利用式（5-21）估值模型对启生信息在估值基准日的全部股东权益进行估值，其中式（5-21）估值模型中指标的权重见表 5-10 中的 $D_1 \sim D_{20}$ 相应指标权重。CVSource 将启生信息归为健康资讯平台，因此本部分将上市的媒体网站平台作为拟可比公司，不足 10 家以经营模式相似的上市平台企业进行补充，根据式（5-19）计算得到 10 家拟可比上市公司的贴近度，将贴近度排名前 5 的拟可比上市公司，即金融界、房天下、东方财富、去哪儿网、搜狐作为可比上市公司。将贴近度 σ_{ij} 转化为影响可比公司估值权重 M_{ij}，利用式（5-20）可得到以可比上市公司 i 为标尺计算的评价对象 j 企业的价值 ρ_{ij}，利用式（5-21）可得到市场法评估启生信息在估值基准日的全部股东权益为 65450.27 万元，与北京中企华资产评估有限责任公司使用市场法中的上市公司比较法进行估值的结果（65545.58 万元）仅相差 0.145%，如表 5-11 所示。说明本部分的估值方法与并购估值实践具有较高的一致性。

表 5-11　启生信息的可比企业贴近度、权重及估值结果　　单位：万元

拟可比公司	贴近度 σ_{ij}	排名	贴近度转化为影响可比公司估值权重 M_{ij}	以可比上市公司 i 为标尺计算的企业价值 ρ_{ij}	$M_{ij}\rho_{ij}$
金融界	0.9885	1	0.2118	13974.12	2960.08

续表

拟可比公司	贴近度 σ_{ij}	排名	贴近度转化为影响可比公司估值权重 M_{ij}	以可比上市公司 i 为标尺计算的企业价值 ρ_{ij}	$M_{ij}\rho_{ij}$
房天下	0.9491	2	0.2034	96504.48	19626.93
东方财富	0.9264	3	0.1985	167589.79	33269.89
去哪儿网	0.9068	4	0.1943	30165.91	5861.59
搜狐	0.8958	5	0.1920	19439.98	3731.78
艺龙	0.8881	6	0.0000	—	—
汽车之家	0.8361	7	0.0000	—	—
前程无忧	0.8284	8	0.0000	—	—
携程网	0.4328	9	0.0000	—	—
网易	0.0398	10	0.0000	—	—
合计	65450.27				

5.2.4 构建虚拟标尺企业二次估值

为了提高估值的可靠性，本部分构建虚拟标尺企业二次估值。将可比上市平台企业的海明贴近度转化为企业估值中影响可比企业各指标权重的衡量因子，用海明贴近度排名前五同行业上市公司在估值基准日的经加权处理的指标作为虚拟标尺平台企业的各项指标，以解决匹配困难的难题。

估值模型为：

$$\pi_j = (1 + h_e)\left(\sum_{i=1}^{m} v_i M_{ij}\right) \times \sum_{k=1}^{n}\left(w_k \times \frac{x_{jk}}{\sum_{i=1}^{m}(x_{ik} \times M_{ij})}\right) \tag{5-30}$$

其中，w_k 表示各指标权重；m 表示拟可比互联网平台上市公司个数，n 表示指标个数；$M_{ij} = \sigma_{ij}/\sum_{i=1}^{m}\sigma_{ij}$ 表示海明贴近度转化的影响平台企业 j 估值各指标的权重，且 σ_{ij} 表示海明贴近度；$\sum_{i=1}^{m} v_i M_{ij}$ 表示虚拟标尺企业市值；h_e 表示 e 类型平台上市公司的平均溢价。

$$令\ \rho'_{ij} = \sum_{k=1}^{n}\left(w_k \times \frac{x_{jk}}{\sum_{i=1}^{m}(x_{ik} \times M_{ij})}\right) \tag{5-31}$$

其中，ρ'_{ij}为评价对象与虚拟标尺企业价值比，则模型（5-30）可表示为：

$$\pi_j = (1 + h_e)\rho'_{ij}\sum_{i=1}^{m} v_i M_{ij} \tag{5-32}$$

根据模型（5-32）对启生信息进行二次估值，可比上市公司仍然为金融界、房天下、东方财富、去哪儿网、搜狐，估值结果如表 5-12 所示，启生信息在估值基准日的全部股东权益二次估值为 61671.16 万元，与实际估值结果（65545.58 万元）相差 5.911%。由表 5-13 可知，二次估值模型（5-32）的估值结果比估值模型（5-21）的估值结果更低。由于估值模型（5-21）是理论界和业界采用市场法进行估值时常用的方法，因此本部分采用估值模型（5-21）进行估值，估值模型（5-32）的估值结果仅作为稳健性检验。

表 5-12　以虚拟标尺企业为参照对启生信息进行估值的结果

评价对象与虚拟标尺企业价值比 ρ'_{ij}	虚拟标尺企业市值 $\sum_{i=1}^{m} v_i M_{ij}$	h_e 行业平均并购溢价率	评价对象估值 π_j
0.0436	479955.81 万元	194.80%	61671.16 万元

表 5-13　启生信息估值结果对比

模型（5-21）估值结果	模型（5-32）估值结果	实际估值
65450.27 万元	61671.16 万元	65545.58 万元

5.2.5　并购中数据造假测算结果

利用估值模型（5-21）作为第一种估值方法，测算出本部分 197 个并购交易案中的并购交易股权估值，再计算出“并购交易额与并购交易股权估值之差”，并以此作为“数据造假”的指标，用变量 diff 表示。利用估值模型（5-32）作为第二种估值方法，可计算出第二种衡量“数据造假”的指标，用变量 diff1 表示。计算结果如表 5-14 所示。

表 5-14　数据造假测算结果　　单位：个

估值方法	变量	样本量	平均值	标准差	数据造假大于 0 样本量	数据造假小于 0 样本量
第一种	diff	197	-25902	259672	113	84

续表

估值方法	变量	样本量	平均值	标准差	数据造假 大于0样本量	数据造假 小于0样本量
第二种	diff1	197	10629	281813	137	60

由表5-14可知，数据造假diff均值为-25902，说明市场总体并购交易额并未超过市场法估值，但数据造假大于零的样本有113个，数据造假小于零的样本有84个，说明对于多数主并方而言支付了过高的溢价。数据造假diff1均值为10629，且数据造假大于零的样本有137个，数据造假小于零的样本有60个，同样说明多数主并方支付了过高的溢价。

5.3 平台企业数据造假对并购绩效影响的实证分析

5.3.1 变量选择与模型设定

5.3.1.1 变量选择与定义

本节以平台企业并购为研究对象，评估平台企业估值中是否存在数据造假机会主义行为及对并购方的损害情况，选择如下变量：

（1）被解释变量。

并购绩效（MAP），包括短期并购绩效（CAR）和长期并购绩效（ROA）。①短期并购绩效（CAR）。借鉴前人研究（杨威等，2019；赵宣凯等，2019），使用累积超额收益率衡量短期并购绩效。累积超额收益率使用市场模型估计，模型估计期选择首次并购宣告日前200个交易日至前31个交易日，用首次并购宣告日前后15天（CAR[-15，15]）和前后20天（CAR[-20，20]）的累积超额收益率作为短期并购绩效指标。②长期并购绩效（ROA）。为了检验互联网平台企业估值中数据造假对长期并购绩效的影响，借鉴国内学者广泛采用的做法（陈仕华等，2013；徐雨婧和胡珺，2019）用总资产收益率（等于“净利润/总资产”）作为长期并购绩效的指标。总资产收益率是衡量企业收益能力的指标，由于并购绩效具有滞后性，因此本书选择以首次并购宣告日前后1年的总资产收益率的变化

值（$ROA_{it-1,it+1}$）和前后 2 年总资产收益率的平均变化值（$ROA_{it-2,it+2}$）来衡量长期并购绩效。

（2）解释变量。

数据造假（diff）。本书数据造假定义为：夸大用户规模，刷单刷量提高活跃用户规模及用户活跃度，刷评刷量虚增交易额、用户点评及购买记录提高流量变现能力等影响平台企业用户价值，进而影响企业估值的行为。用并购交易额与并购交易股权估值之差来衡量数据造假。在确定被并购平台的估值上，本书以同行业上市公司为标尺参照，挤干被并购平台数据造假后的"估值水分"，以客观地衡量被并购平台的估值。由于企业价值主要体现在资本市场和并购重组过程中，随着资本市场逐步趋于理性，市场法估值变得更加可靠。

（3）控制变量。

为减轻遗漏变量所导致的内生性偏误，参考现有文献（王艳和阚铄，2014；姚海鑫和李璐，2018；张莹和陈艳，2020），选择如下控制变量：①并购规模（scale），即并购交易总额占主并企业总资产的比重。②流动负债（ldebt）。③股权集中度（first），第一大股东持股比例。④现金净流量（ncash）。⑤企业规模（tasset），主并企业总资产规模。⑥杠杆率（level）。⑦高管年龄（age）。⑧并购经验（experience），当有并购平台企业经验时为 1，否则为 0。⑨是否关联交易（rel），属于关联交易为 1，不属于关联交易为 0。通常关联交易更容易减少信息不对称，实现并购协同作用。葛结根（2015）通过实证研究发现关联交易可显著提高并购绩效。⑩企业性质（nature）。企业性质为虚拟变量，当主并方为国有控股为 1，否则为 0；此外，还控制了年度虚拟变量。为避免内生性问题，相关控制变量的取值均滞后一期，变量名称及说明如表 5-15 所示。

表 5-15　变量名称及说明

变量类型	变量名称及符号	变量说明及单位
被解释变量	并购后 15 天并购绩效（CAR［-15，15］）	首次并购公告日前后 15 个交易日公司股价相对于指数的累积超额收益
	并购后 20 天并购绩效（CAR［-20，20］）	首次并购公告日前后 20 个交易日公司股价相对于指数的累积超额收益
	并购后 1 年并购绩效（$ROA_{it-1,it+1}$）	首次并购宣告日前后 1 年的总资产收益率的变化值：并购宣告日后 1 年的净利润/总资产减去并购宣告日前 1 年净利润/总资产：$ROA_{it-1,it+1}=ROA_{it+1}-ROA_{it-1}$

续表

变量类型	变量名称及符号	变量说明及单位
被解释变量	并购后2年并购绩效（$ROA_{it-2,it+2}$）	首次并购宣告日前后2年总资产收益率的平均变化值：$ROA_{it-2,it+2}=(ROA_{it+1}+ROA_{it+2})/2+(ROA_{it-1}+ROA_{it-2})/2$
解释变量	数据造假（diff）	并购交易额与并购交易股权估值之差（万元）
控制变量	并购规模（scale）	并购交易金额/主并企业前1年总资产（%）
	流动负债（ldebt）	并购宣告日前1年流动负债的对数（万元）
	股权集中度（first）	并购宣告日前1年第一大股东持股比例（%）
	现金净流量（ncash）	并购宣告日前1年现金净流量（万元）
	企业规模（tasset）	并购宣告日前1年总资产（万元）
	杠杆率（level）	并购宣告日前1年总负债/并购宣告日前1年总资产（%）
	高管年龄（age）	并购宣告日前1年集团董事长年龄（岁）
	并购经验（exp）	具有平台并购经验则为1，否则为0
	是否关联交易（rel）	是否关联交易，是关联交易为1，否则为0
	企业性质（nature）	是否国有企业，国有企业赋值为1，非国有企业赋值为0

5.3.1.2 数据来源及处理

本节选择Wind资讯并购数据库和CVSource数据库中2010~2020年的并购事件，各变量的数据来源如下：计算并购绩效（MAP）所需的数据来自Wind；计算数据造假（diff）中的并购交易额数据来自Wind、CVSource；计算数据造假（diff）中的被并购企业是非上市平台企业的估值数据来自Wind、CVSource、易观千帆、Alexa、艾瑞网、QuestMobile、雪球财经，并利用式（5-21）计算得到被并购企业估值；计算被并购企业是上市平台企业的估值数据来自Wind，采用并购基准日该上市平台企业市值乘以该平台类型的平均并购溢价作为被并购上市平台企业的估值。根据CVSource对平台企业类型的划分，该197条样本划分为8个平台子类型，分别为网络视频平台、媒体网站平台、电子商务平台、生活服务平台、旅游服务平台、社交社区平台、网络游戏平台、互联网平台。

各控制变量的数据来源如下：计算并购规模（scale）所需的并购交易额数据来自CVSourse及Wind数据库中的上市公司发布的并购评估报告或相关说明，主并企业前1年总资产数据来源于Wind；流动负债（ldebt）、股权集中度（first）、现金净流量（ncash）、企业规模（tasset）、杠杆率（level）、高管年龄（age）、企业性质（nature）的数据来源于Wind；并购经验（exp）数据来源于CVSource

数据库中的投资历史及 Wind 并购数据库；是否关联交易（rel）数据来源于 CV-Source。

对 Wind 数据库和 CVSource 数据库中 2010~2020 年的并购事件进行如下筛选：①剔除并购相关数据缺失的样本以及并购标的估值数据缺失严重的样本。②剔除并购失败或并购未完成的样本。③为了检验并购活动对主并企业造成的影响，剔除并购金额小于 1800 万元的样本。④剔除主并企业为 ST 企业的样本。⑤剔除目标企业为非平台企业的样本。⑥剔除借壳上市的并购样本。⑦同一年份同一公司的多次并购，选择并购金额最大的样本。通过以上条件从 Wind 并购库中并购标的为“互联网软件与服务”的 4580 个样本，CVSource 并购库中并购标的为互联网的 4710 个样本及文化传媒、在线旅游等为并购标的的 15430 个样本，共计 24720 个样本，最终筛选获得 197 条并购样本。本节对变量按照上下 1%进行缩尾处理后最大、最小值仍然相差较大，为进一步降低极端值的不利影响，对所有连续变量进行了上下 2.5%分位的缩尾处理，并对连续变量进行标准化处理。

5.3.1.3 回归模型设计

利用模型（5-33）对并购样本进行 OLS 回归。

$$MAP_i = \alpha_0 + \alpha_1 diff_j + \sum_k \alpha_k x_i + \lambda + \varepsilon_i \quad (5-33)$$

其中，MAP_i 表示企业 i 的并购绩效；$diff_j$ 表示平台企业 j 估值中数据造假；x_i 表示控制变量，为缓解内生性干扰，对控制变量的取值滞后一期；λ 表示年度虚拟变量，ε_i 表示随机扰动项。

5.3.2 回归结果与分析

5.3.2.1 主要变量的描述性统计

对主要变量进行描述性统计，结果如表 5-16 所示。从中看出，短期并购绩效，即并购后 15 天并购绩效（CAR[-15, 15]）和并购后 20 天并购绩效（CAR[-20, 20]）均值均大于 0，说明整体而言资本市场对上市公司并购平台企业的绩效持乐观态度。长期并购绩效，即并购后 1 年并购绩效（$ROA_{it-1,it+1}$）和并购后 2 年并购绩效（$ROA_{it-2,it+2}$）的均值均小于 0，说明样本平均长期并购绩效下降。分别以并购后 15 天并购绩效、并购后 20 天并购绩效、并购后 1 年并购绩效和并购后 2 年并购绩效为被解释变量，对模型中的所有解释变量进行方差膨胀因子（VIF）检验，VIF 平均值分别为 2.29、2.29、2.01、1.37，说明变量之间不存在显著的共线性问题，如表 5-17 所示。

表 5-16 主要变量的描述性统计

变量	样本量	平均值	标准差	最小值	最大值
CAR [-15，15]	197	0.014	0.884	-2.972	6.298
CAR [-20，20]	197	0.019	0.861	-2.682	6.738
$ROA_{it-1,it+1}$	197	-0.027	0.123	-0.809	0.418
$ROA_{it-2,it+2}$	169	-0.044	0.146	-0.667	1.208
diff	197	-25902	259672.000	-2482360.000	460032.000
scale	197	23.034	69.309	0.003	542.881
first	197	32.405	15.654	5.040	75.400
level	197	39.089	20.819	2.794	92.867
age	197	49.873	7.843	33.000	73.000
exp	197	0.528	0.500	0.000	1.000
rel	197	0.193	0.396	0.000	1.000
nature	197	0.132	0.339	0.000	1.000

表 5-17 方差膨胀因子（VIF）检验

变量	CAR [-15，15]	CAR [-20，20]	$ROA_{it-1,it+1}$	$ROA_{it-2,it+2}$
diff	1.16	1.16	1.15	1.15
scale	1.11	1.11	1.05	1.12
ldebt	7.19	7.19	5.76	2.28
first	1.13	1.13	1.11	1.16
ncash	1.62	1.62	1.65	1.48
tasset	7.12	7.12	5.67	2.26
level	1.36	1.36	1.34	1.34
age	1.14	1.14	1.14	1.10
exp	1.11	1.11	1.07	1.07
rel	1.09	1.09	1.04	1.05
nature	1.13	1.13	1.10	1.09
Mean VIF	2.29	2.29	2.01	1.37
样本量	197	197	194	169

5.3.2.2　数据造假对并购绩效的回归结果与分析

对模型（5-33）进行回归，回归结果如表 5-18 所示。列（1）和列（2）显示，数据造假（diff）与短期并购绩效 CAR［-15，15］、CAR［-20，20］均显著负相关；列（3）显示，数据造假（diff）与并购后 1 年的并购绩效（$ROA_{it-1,it+1}$）显著负相关；列（4）显示，数据造假（diff）与并购后 2 年的并购绩效（$ROA_{it-2,it+2}$）也显著负相关。

表 5-18　数据造假与并购绩效的回归结果

变量	短期并购绩效		长期并购绩效	
	（1） CAR［-15，15］	（2） CAR［-20，20］	（3） $ROA_{it-1,it+1}$	（4） $ROA_{it-2,it+2}$
diff	-0.141*** (-2.666)	-0.113** (-2.221)	-0.127** (-2.039)	-0.146** (-2.167)
scale	0.175 (1.517)	0.141 (1.215)	0.015 (0.433)	-0.116 (-1.472)
ldebt	-0.063 (-0.828)	-0.104 (-1.318)	0.053 (0.659)	0.010 (0.142)
first	-0.024 (-0.297)	-0.013 (-0.159)	0.077 (1.323)	0.127* (1.796)
ncash	0.040 (0.934)	0.027 (0.513)	-0.020 (-0.443)	0.018 (0.374)
tasset	0.219*** (3.588)	0.225*** (3.763)	-0.024 (-0.571)	-0.035 (-0.654)
level	-0.062 (-0.680)	-0.076 (-0.866)	0.112 (1.160)	0.140 (1.534)
age	-0.005 (-0.551)	-0.006 (-0.674)	0.020** (2.063)	0.032*** (3.104)
exp	-0.036 (-0.235)	-0.075 (-0.478)	0.457*** (3.291)	0.424*** (2.730)
rel	0.243 (1.260)	0.250 (1.257)	-0.213 (-0.973)	-0.115 (-0.589)
nature	-0.212 (-0.911)	-0.211 (-0.845)	0.219** (1.997)	0.340* (1.946)
常数项	0.168 (0.308)	0.251 (0.436)	-1.501* (-1.839)	-1.994*** (-3.241)

续表

变量	短期并购绩效		长期并购绩效	
	(1) CAR [-15, 15]	(2) CAR [-20, 20]	(3) $ROA_{it-1,it+1}$	(4) $ROA_{it-2,it+2}$
F	4.58***	2.77***	2.88***	3.46***
调整 R^2	0.1205	0.1098	0.1478	0.1994
时间效应	控制	控制	控制	控制
样本量	197	197	194	169

注：括号中的数值为公司层面聚类稳健标准误的 t 值；***、** 和 * 分别表示在 1%、5%和 10%的水平上显著。

综上所述，推论 1 得到验证，即互联网平台并购中，数据造假会降低主并企业的绩效。

5.3.2.3 内生性问题

采用倾向得分匹配法（Propensity-Score Matching，PSM）对内生性问题进行检验，被并购平台企业估值中造假程度可能受到并购特征和主并企业特征的影响。如并购特征和主并企业特征不同，在并购交易中主并企业支出的尽职调查成本也可能不同，避免并购中估值造假的能力也可能不同，因此可能存在由于遗漏相关特征变量而导致的内生性问题。本部分采用 PSM 来缓解该内生性问题。由于 PSM 要求核心解释变量是虚拟变量，因此将数据造假（diff）转变为是否造假虚拟变量（dummy），当数据造假大于 0，则是否造假为 1，当数据造假小于等于 0，则是否造假为 0。选择企业规模（tasset）、并购规模（scale）、并购经验（experience）、是否关联交易（rel）、企业性质（nature）作为计算倾向得分的特征变量，计算倾向得分值。由于样本量较少，采用 1∶1 近邻匹配。以短期并购绩效和长期并购绩效为被解释变量，以是否造假为解释变量，对匹配后的样本重新进行回归，结果如表 5-19 所示。是否作假（dummy）与并购绩效（CAR [-15, 15]、CAR [-20, 20]、$ROA_{it-1,it+1}$、$ROA_{it-2,it+2}$）显著为负，推论 1 得到支持。

表 5-19 倾向得分匹配法的估计结果

变量	CAR [-15, 15]	CAR [-20, 20]	$ROA_{it-1,it+1}$	$ROA_{it-2,it+2}$
dummy	-0.498*** (-2.13)	-0.579*** (-2.68)	-0.351* (-1.81)	-0.535*** (-2.69)

续表

变量	CAR［-15，15］	CAR［-20，20］	$ROA_{it-1,it+1}$	$ROA_{it-2,it+2}$
控制变量	控制	控制	控制	控制
时间效应	控制	控制	控制	控制
调整 R^2	0.1403	0.1403	0.1532	0.1395
样本量	170	170	184	155

注：括号内为t值；***、**和*分别表示在1%、5%和10%的水平上显著。

匹配变量在匹配后的偏差值大幅度降低，多数t检验的结果不拒绝处理组与控制组无系统差异的原假设，满足PSM的平衡性检验假设。

5.3.2.4　稳健性检验

为保证本部分结果的可靠性，本部分进行了如下稳健性检验：

第一，替换数据造假指标重新回归。为了提高估值的公允性，根据市场法估值思想，本部分构建了第二种估值公式进行估值，即构建虚拟标尺企业进行估值。估值模型为式（5-32）。对并购标的重新估值，将并购交易额与并购交易股权估值之差，即数据造假（diff1）作为解释变量，分别以并购后15天的并购绩效（CAR［-15，15］）、并购后20天的并购绩效（CAR［-20，20］）、并购后1年的并购绩效（$ROA_{it-1,it+1}$）、并购后2年的并购绩效（$ROA_{it-2,it+2}$）作为被解释变量的回归中，数据造假（diff1）的回归系数至少在10%水平上显著为负。回归结果分别如表5-20中列（1）至列（4）所示。

第二，替换短期并购绩效指标重新回归。前文采用并购宣告日前后15天和20天作为事件窗口计算并购事件的累积超额收益代理短期并购绩效，用并购宣告日前后10天和前后30天作为事件窗口计算并购事件的累积超额收益作为短期并购绩效替换上述变量后，数据造假（diff）的回归系数至少在5%水平上显著为负。回归结果分别如表5-20中列（5）至列（6）所示。

第三，变换长期并购绩效指标衡量方法重新回归。前文使用并购宣告日前后1年的总资产收益率变化值表示长期并购绩效，借鉴杨威等（2019）衡量长期并购绩效的做法，用公告日后12个月长期累积超额收益MCAR（0，12）替换并购宣告日前后1年总资产收益率变化值计算的长期并购绩效，结果显示数据造假（diff）的回归系数在1%水平上显著负相关。用公告日后9个月长期累积超额收益MCAR（0，9）进行回归，结果显示数据造假（diff）的回归系数在1%的水平上显著负相关。回归结果分别如表 5-20 中列（7）至列（8）所示。

第四，本部分并购目标公司包含了 17 条上市公司样本，由于上市公司的市场价值具有一定公允性，剔除上市公司样本，分别以并购后 15 天的并购绩效（CAR[-15，15]）、并购后 20 天的并购绩效（CAR[-20，20]）、并购后 1 年的并购绩效（$ROA_{it-1,it+1}$）和并购后 2 年的并购绩效（$ROA_{it-2,it+2}$）作为被解释变量的回归中，数据造假（diff）的回归系数至少在 5%水平上显著为负。回归结果分别如表 5-20 中列（9）至列（12）所示。

以上稳健性检验结果说明，本部分的结果是稳健的。

5.3.3 信息不对称异质性分析

目前基于并购双方间的信息不对称视角来研究并购绩效的文献较为丰富，这些文献主要是以是否同行并购（Ang 和 Kohers，2001；张明等，2019）、是否具有同行并购经验（张明等，2019；赵君丽和童非，2020）、支付方式选择（Hansen，1987；Fuller 等，2002；马金城，2012）、是否关联交易（巫岑和唐清泉，2016；杨超等，2018）、是否具有董事联结（陈仕华等，2013）等代表信息不对称程度。基于互联网平台领域的并购特点并借鉴上述文献的方法，本部分用是否同行并购、是否关联交易来分析信息不对称对数据造假与并购绩效关系的调节作用。

5.3.3.1 是否同行并购

并购双方信息不对称越高，价值评估成本和逆向选择风险就越高，估值中数据造假越不容易被察觉。并购双方的行业相关性与信息不对称具有紧密关系（Ang 和 Kohers，2001；张明等，2019），信息不对称与并购公司的并购绩效存在负相关（安然，2015）。并购双方为同一行业，更了解目标方行业经营环境、估值中数据造假方式及行业数据造假平均水平，主并方可以更容易掌握目标企业的真实价值。本部分以 Wind 行业分类标准为依据来判断并购事件是否属同行并购，将样本分为同行并购和非同行并购两组，分别进行回归，回归结果如表 5-21 所示。列（2）非同行并购组数据造假（diff）的回归系数不显著，可能是样本量小，样本间差异大所致。列（1）、列（3）和列（4）均显示，非同行并购组数据造假的回归系数显著为负，而同行并购组数据造假的回归系数不显著，即信息不对称越高，数据造假对并购绩效的负向影响越大。

表 5-20　稳健性检验结果

	(1)	(2)	(3)	(4)	(5)	(6)	(7)	(8)	(9)	(10)	(11)	(12)
diff	—	—	—	—	-0.100** (-2.087)	-0.147*** (-2.727)	-0.239*** (-3.535)	-0.267*** (-3.783)	-0.233*** (-2.719)	-0.274*** (-3.054)	-0.216*** (-3.170)	-0.263** (-2.589)
diff1	-0.141*** (-2.666)	-0.132** (-2.341)	-0.098* (-1.885)	-0.122** (-2.034)	—	—	—	—	—	—	—	—
控制变量	控制	控制	控制	控制	控制	控制	控制	控制	控制	控制	控制	控制
F	4.58***	3.51***	3.03***	3.73***	1.65*	3.11***	2.96***	2.78***	4.89***	4.11***	3.22***	3.51***
调整的 R^2	0.1205	0.1134	0.1439	0.1969	0.0915	0.1022	0.1441	0.1454	0.1406	0.1489	0.1535	0.2136
时间效应	控制	控制	控制	控制	控制	控制	控制	控制	控制	控制	控制	控制
样本量	197	197	194	169	197	197	197	197	180	180	180	155

注：括号中的数值为公司层面聚类稳健标准误的 t 值；***、** 和 * 分别表示在 1%、5%和 10%的水平上显著。

表 5-21　是否属于同行并购下数据造假对并购绩效影响的回归结果

变量	短期并购绩效				长期并购绩效			
	(1) CAR [-15, 15]		(2) CAR [-20, 20]		(3) $ROA_{it-1,it+1}$		(4) $ROA_{it-2,it+2}$	
	同行并购	非同行并购	同行并购	非同行并购	同行并购	非同行并购	同行并购	非同行并购
diff	-0.112 (-0.868)	-0.154* (-1.738)	-0.145 (-1.112)	-0.160 (-1.608)	-0.019 (-0.215)	-0.177*** (-2.933)	-0.004 (-0.048)	-0.301*** (-3.453)
控制变量	控制	控制	控制	控制	控制	控制	控制	控制
调整 R^2	0.2470	0.1008	0.2636	0.0918	0.2266	0.2540	0.3036	0.3167
时间效应	控制	控制	控制	控制	控制	控制	控制	控制
样本量	88	109	88	109	88	106	76	93

注：括号中的数值为公司层面聚类稳健标准误的 t 值；***、** 和 * 分别表示在 1%、5%和 10%的水平上显著。

5.3.3.2　是否关联交易

Jian 和 Wong（2010）认为关联交易双方信息沟通顺畅且较为信任，这使得关联交易有利于缓解信息不对称问题，进而降低交易成本和交易风险。巫岑和唐清泉（2016）研究发现，关联并购具有信息传递效应，对信息不对称较高领域的并购，关联交易对并购绩效的提升作用比非关联交易的提升作用更强。杨超等（2018）研究发现，非关联交易中并购双方之间的信息不对称程度更严重，非关联交易中业绩承诺对并购绩效的影响相对于关联交易中业绩承诺对并购绩效的影响更不明显。可见，关联交易可以加强并购双方间的交流，降低双方的信息不对称程度，进而减少并购选择偏差。为了验证关联交易是否影响数据造假和并购绩效间的关系，本部分将样本分为关联交易和非关联交易两组，分别进行回归，回归结果如表 5-22 所示。

表 5-22　是否关联交易下的数据造假对并购绩效影响的回归结果

变量	短期并购绩效				长期并购绩效	
	(1) CAR [-15, 15]		(2) CAR [-20, 20]		(3) $ROA_{it-1,it+1}$	
	关联交易	非关联交易	关联交易	非关联交易	关联交易	非关联交易
diff	-0.200 (-0.848)	-0.151** (-2.467)	-0.197 (-0.810)	-0.182*** (-2.879)	-1.139 (-1.489)	-0.127** (-2.257)
控制变量	控制	控制	控制	控制	控制	控制

续表

变量	短期并购绩效				长期并购绩效	
	(1) CAR [-15, 15]		(2) CAR [-20, 20]		(3) $ROA_{it-1,it+1}$	
	关联交易	非关联交易	关联交易	非关联交易	关联交易	非关联交易
调整 R^2	0.2884	0.1259	0.2960	0.1181	0.3657	0.2185
时间效应	控制	控制	控制	控制	控制	控制
样本量	38	159	38	159	38	156

注：括号中的数值为公司层面聚类稳健标准误的 t 值；***、** 和 * 分别表示在 1%、5%和 10%的水平上显著。并购绩效（$ROA_{it-2,it+2}$）分组后样本量过少，故未列出。

列（1）和列（2）显示非关联交易组的数据造假与短期并购绩效显著负相关，关联交易组中两者不相关。列（3）显示数据造假与长期并购绩效显著负相关，而在关联交易组中数据造假与长期并购绩效不相关。说明不对称信息更强的非关联交易组数据造假对并购绩效的负向影响更为显著。

以上研究均表明，当主并方面临的信息不对称越高时，数据造假对并购绩效的负向影响越大。推论 2 得到支持。

5.3.4　业绩承诺制度对数据造假负面作用的抵冲效应

企业间的并购活动中，主并方和被并购方间存在着天然的信息不对称问题，被并购公司为了提高并购交易估值，会有数据造假的动机；特别是互联网平台类轻资产、高成长的企业，估值主要依据未来盈利能力，而此类企业往往未来盈利能力具有较大不确定性。被并购平台企业可通过虚增活跃用户、用户付费、广告收入等方式夸大企业未来营利能力以提高估值。当并购双方信息不对称程度过高，则可能会增加交易的机会成本，使主并企业利益受到损害，甚至使得交易以失败告终。并购业绩承诺协议（也称对赌协议）是为了降低并购双方间的信息不对称造成估值差错，防止被并购方虚夸企业价值的道德风险，保证主并企业的利益。Choi（2016）认为，并购中的信息不对称会导致“柠檬”问题，可能阻止交易发生，但通过签署业绩承诺协议可以对业绩进行事后的追溯，降低交易风险。Barbopoulos 和 Danbolt（2021）研究发现，签订业绩承诺协议的上市公司并购绩效显著好于未签订业绩承诺协议的上市公司并购绩效，且规模更大、历史更悠久的收购方从业绩承诺为基础的交易中获益更多。杨超等（2018）、郑忱阳等（2019）、蒋岳祥和洪方韡（2020）认为，业绩承诺对并购绩效具有显著的促进作用。但也有学者认为，业绩承诺对并购绩效的影响存在非线性关系。关静怡和刘娥平（2021）认为，业绩承诺与企业并购绩效存在倒“U”型关系，当标的公司业绩承诺越高，在收购方委托代理问题严重的情况下，所支付的补偿可能远远低于并购溢价，出现违约的问题，使得并购绩效变差。

因此，本部分对样本再一次进行筛选，筛选出签订业绩承诺协定的并购样本，构建模型（5-34）以考察业绩承诺在数据造假中对并购绩效关系负面影响的抵冲效应。

$$MAP_i = \gamma_0 + \gamma_1 diff_i + \gamma_2 diff_i \times promise_i + \gamma_3 promise_i + \sum_k \gamma_k x_i + \mu_i + \lambda + \varepsilon_i \quad (5-34)$$

其中，$promise_i$ 表示企业 i 与目标公司之间的业绩承诺，业绩承诺用业绩承诺期间承诺的净利润的年平均值来代理，回归结果如表 5-23 所示。列（1）和列（3）显示数据造假与业绩承诺的交互项（diff×promise）与短期并购绩效回归的系数在 1%水平上显著为正，而数据造假与短期并购绩效显著负相关，说明业绩承诺能弱化数据造假对短期并购绩效的负向作用。列（5）显示，数据造假与业绩承诺的交互项（diff×promise）与并购后 1 年并购绩效回归的系数不显著。列（6）显示，数据造假与业绩承诺的交互项（diff×promise）与并购后 2 年并购绩效回归的系数在 10%水平上显著为正，数据造假与并购绩效显著负相关，同样说明业绩承诺能弱化数据造假对并购绩效的负向作用。整体而言，业绩承诺作为并购中的风险防御的制度设计，能抵冲数据造假对并购绩效的负向作用，有利于提升并购绩效。

表 5-23　业绩承诺对数据造假与并购绩效影响的调节作用回归结果

变量	短期并购绩效				长期并购绩效		
	(1) CAR[15, 15]	(2) CAR[15, 15]	(3) CAR[20, 20]	(4) CAR[20, 20]	(5) $ROA_{it-1,it+1}$	(6) $ROA_{it-2,it+2}$	(7) $ROA_{it-2,it+2}$
diff	-2.465*** (-3.669)	-2.052** (-2.529)	-2.141*** (-3.319)	-2.461*** (-3.018)	-0.049 (-0.333)	-1.822** (-2.400)	-2.019* (-2.006)
diff×promise	1.496*** (3.202)	1.282** (2.477)	1.290*** (2.885)	1.431*** (2.747)	-0.095 (-0.618)	0.787* (1.791)	0.776* (1.746)
promise	0.079 (0.436)	0.106 (0.581)	0.040 (0.218)	0.017 (0.083)	-0.003 (-0.019)	0.056 (0.271)	0.066 (0.302)

续表

变量	短期并购绩效				长期并购绩效		
	(1) CAR[15, 15]	(2) CAR[15, 15]	(3) CAR[20, 20]	(4) CAR[20, 20]	(5) $ROA_{it-1,it+1}$	(6) $ROA_{it-2,it+2}$	(7) $ROA_{it-2,it+2}$
IMR	—	-0.714 (-0.916)	—	0.606 (0.637)	—	—	0.877 (0.340)
控制变量	控制	控制	控制	控制	控制	控制	控制
调整 R^2	0.3969	0.4099	0.3708	0.3747	0.3447	0.5104	0.4135
时间效应	控制	控制	控制	控制	控制	控制	控制
样本量	67	67	67	67	67	58	58

注：括号中的数值为公司层面聚类稳健标准误的 t 值；***、** 和 * 分别表示在 1%、5% 和 10% 的水平上显著。

考虑到主并企业签订业绩承诺协议可能是自选择行为，主并企业察觉估值中数据造假程度高而选择签订业绩承诺协议，使得签署业绩承诺的样本可能不满足随机性，因此如果不考虑没有签署业绩承诺的样本，可能会导致估计偏差，为排除可能存在的自选择偏差问题，本部分采用 Heckman（1979）两阶段模型来检验业绩承诺对数据造假与并购绩效的调节作用。首先，在第一阶段的回归中，在模型（5-33）的基础上，将被解释变量替换为是否签订业绩承诺的虚拟变量，将模型（5-33）转变为 Probit 模型，以考察企业是否会签署业绩承诺协议。然后利用第一阶段 Probit 回归模型的回归结果计算出企业签订业绩承诺为条件的回归残差项的条件期望，即逆米尔斯比率（IMR），再将逆米尔斯比率（IMR）作为控制变量，对模型（5-34）重新回归，回归结果如表 5-23 中列（2）、列（4）和列（7）所示。列（2）是对并购后 15 天并购绩效（CAR[-15, 15]）进行回归的结果，列（4）是对并购后 20 天并购绩效（CAR[-20, 20]）进行回归的结果，列（7）是对并购后 2 年并购绩效（$ROA_{it-2,it+2}$）进行回归的结果。列（2）、列（4）和列（7）的逆米尔斯比率（IMR）的回归系数均不显著，说明不存在显著的自选择偏差问题，数据造假与业绩承诺的交互项（diff×promise）的回归系数至少在 10%水平上显著为正，说明签订业绩承诺协议可以起到调整估值作用，降低并购双方间的信息不对称造成的数据造假，缓和数据造假对并购绩效的负向影响，进一步证明了推论 2。

5.4 本章小结

与传统企业利润最大化目标不同，平台企业的经营目标是基于用户价值的估值最大化。为追求估值最大化，在信息不对称下，平台企业存在数据造假的机会主义行为。那么，在当前互联网平台领域并购案频频发生的情况下，平台企业数据造假的机会主义行为对并购绩效有何影响？本章基于估值最大化模型分析了平台企业数据造假对并购绩效的影响，得到推论 1 和推论 2。

推论 1：在不完全信息条件下，平台企业在并购过程中数据造假会对主并企业的并购绩效有负向影响作用。

推论 2：并购双方间信息不对称程度越高，平台企业估值中数据造假对并购绩效的负向影响越大。

在实证分析上述推论之前，本章以启生信息（39 健康网）为例进行估值，验证了本章估值方法的可靠性。本章整理归纳了 337 份上市公司发布的并购平台企业的权益价值评估报告等公告，在此基础上构建估值评价体系，采用因子分析法和层次分析法组合赋权，利用模糊物元模型和海明贴近度筛选与并购目标公司特征相似的可比公司，以资本市场上互联网平台上市企业为标尺对平台企业进行估值。结果显示本章估值结果与该公司实际估值结果非常相近，为了提高估值的公允性，构建虚拟标尺企业进行二次估值，也显示估值结果与实际估值相差不大。

在此基础上，以 2010~2020 年平台企业 197 条并购样本为研究对象，使用市场法估值，在挤干并购目标平台企业的造假数据水分后，将数据造假与平台企业并购绩效进行回归。结果显示：平台企业数据造假的机会主义行为对主并企业并购绩效有负向影响，并购双方间的信息不对称程度越高，数据造假对并购绩效的负向影响越大，证明了推论 1 和推论 2。为此，应加强对互联网平台领域数据造假的规制。

第6章　平台企业数据造假规制政策分析与建议

6.1　平台企业数据造假规制政策现状

6.1.1　已出台了专门的法律可规制平台企业数据造假行为

关于互联网企业数据造假的问题，我国已出台了专门的法律进行规制。2016年，《互联网广告管理暂行办法》第十六条规定，不得利用虚假的统计数据、传播效果诱导错误报价。2018年，我国制定的在互联网行业具有重要影响力的《电子商务法》第十七条规定，不得虚构交易、编造用户评价。《电子商务法》填补了我国电子商务领域的法律空白，建立了电子商务的初步法律体系，但网络交易平台规制、专项领域的立法等方面都存在严重的不足（网经社电子商务研究中心，2020）。2017年，《反不正当竞争法》第八条规定，不得利用广告或者其他方式进行虚假宣传，在互联网数据造假问题越发凸显的背景下，《反不正当竞争法》于2019年进行修订，其中第八条修订为经营者不得对销售状况、用户评价等作虚假或引人误解的商业宣传，2021年4月，国家网信办等七部门联合发布了《网络直播营销管理办法（试行）》，该办法第十八条规定，直播间运营者和直播营销人员不得虚构或者篡改交易、关注度、浏览量、点赞量等数据流量造假，虽然各种部门法将数据造假认定为违法，且随着数据造假手段的翻新，各种部门法也做了针对性调整，但数据造假行为依然得不到有效遏制。

6.1.2 社会信用体系建设成为推进互联网领域法律体系建设的重要环节

信用是市场经济良性发展的基石，平台企业数据造假问题的治理还需建设完善的信用体系。因此，除了将互联网数据造假的规制嵌入上述法律的核心条款之外，我国逐步开始重视社会信用体系建设。我国先后两次发布了社会信用建设规划：2014 年的《社会信用体系建设规划纲要（2014—2020 年）》和 2021 年的《法治中国建设规划（2020—2025 年）》。除了制定社会信用体系建设规划，我国多部行政法规均提出推进社会信用体系建设，2019 年，商务部发布了《关于推进商品交易市场发展平台经济的指导意见》，提出要完善信用记录、发布、披露和风险预警等信用体系制度。2019 年国务院办公厅发布了《国务院办公厅关于促进平台经济规范健康发展的指导意见》，明确提出要推动完善社会信用体系，加强对平台内失信主体的约束和惩戒。从立法实践来看，我国社会信用体系建设主要是由地方政府先行推动，2007 年，广东省率先出台了《广东省企业信用信息公开条例》，以推动企业信用建设，此后我国多个省市也逐步推进了社会信用立法。从全国层面来看，尽管我国在《合同法》《反不正当竞争法》《民法典》中规定了企业应诚信守法，在《刑法》中规定了非法经营罪，但缺少专门针对社会信用的全国层面的立法。从域外规范平台企业数据造假实践来看，以美国为例，美国有较完善的社会信用体系，平台企业数据造假行为可通过信用惩戒或民事赔偿等方式得到较好的处理。因此建设具有普遍意义和操作性的社会信用体系将给平台企业数据造假问题的治理带来新局面。

社会信用体系需建设完善信用信息共享机制，虽然我国信用信息共享平台和公共信用数据库初步建成，但不同区域间、行业间信用信息共享仍然存在很多困境，政府部门、公共机构和企事业单位拥有大量数据，但还未实现全面互联互通，“信息孤岛”现象依然存在。构建完善的信息共享平台和公共信用数据库，实现在全国范围内、不同行业间数据的存储、处理、分析、交换、共享是建设具有操作性的社会信用有关法律体系的前提保障。

6.1.3 平台企业不规范行为方面的立法速度明显加快

网经社电子商务研究中心发布的《2019-2020 年中国电子商务法律报告》显示，2019~2020 年度十大电子商务法律关键词排位第一的就是互联网“黑灰产”，在互联网时代，数据就是生产力，对于互联网平台企业而言，造假成本低而追责

成本高，导致平台行业数据造假盛行，出现“劣币驱逐良币”的现象，不利于行业健康发展。2019年以来，我国互联网领域的立法速度明显加快，不断有新的法律出台。如《网络安全审查办法》、《国务院办公厅关于促进平台经济规范健康发展的指导意见》、《反不正当竞争法》（2019年修订版）、《加强网购和进出口领域知识产权执法实施办法》、《关于推进商品交易市场发展平台经济的指导意见》、《网络直播营销管理办法（试行）》、《关于推动平台经济规范健康持续发展的若干意见》等。我国监管部门对互联网数据造假的监管越发细致，也审理了一些数据造假案例，监管态度从包容审慎逐渐向规范过渡，未来规范互联网行业数据造假等不正当竞争行为将会成为主流，防范互联网平台不正当竞争行为的实质性监管大幕正式拉开。

6.2　平台企业数据造假规制的关键问题和困境

6.2.1　平台企业数据造假规制的关键问题

6.2.1.1　数据信用的保护、披露和评价机制不健全

近年来，我国逐渐重视信用保护立法工作并取得一些成绩。如2014年国务院发布了《社会信用体系建设规划纲要（2014-2020年）》，2021年中共中央发布了《法治中国建设规划（2020-2025年）》。目前我国已经在《广告法》等十多部法律中嵌入了信用有关的条款，许多省份也逐步推进了社会信用立法，如广东、陕西、湖北、上海、河北、浙江、重庆等省份。全国信用信息共享平台也已初步建成，初步实现了中央、地方和市场机构的信息披露和公示的互联互通。虽然我国社会信用立法建设取得了一些成绩，但还未建立完善的全国层面的信用保护和评价机制，2014年国务院发布了《社会信用体系建设规划纲要（2014—2020年）》，社会信用基础性的法律法规和标准体系仍需建立。截至目前，多数社会信用立法由地方政府推动，国家层面的信用立法只有少数行政法规，由全国人大常委会制定的信用方面的法律至今仍未出台。互联网平台行业数据造假行为难以遏制的重要原因在于社会信用体系建设缺少清晰的法律依据，数据信用的保护、披露和评价机制不健全，导致失信成本低。

6.2.1.2 数据造假问题未列入刑法

目前，大数据已经融入经济社会的各个方面，成为经济、社会运行的基础要素，潜藏着巨大的经济价值；随着大数据经济价值和社会价值的加速膨胀，大数据网络犯罪威胁日益增加。在此背景下《刑法修正案（七）》第285条增加了对大数据保护的条款，根据该条款，侵入除国家事务、国防建设和尖端科学技术领域的计算机信息系统以外的计算机信息系统或采取其他技术手段，获取计算机信息系统中存储、处理或者传输的数据，处以七年以下有期徒刑。但刑法中还没有专门针对互联网平台行业数据造假的条款。刑法中的非法经营罪、诈骗罪可用于治理互联网平台行业数据造假问题，但在应对平台企业数据造假问题时存在着主观要件和危害结果的设定不清而带来的审判难题。互联网数据造假具有隐蔽性和技术性特征，其他法律在对数据造假行为进行惩处时时常出现治理失灵的问题。理论界有较多的学者认同数据造假问题应列入刑法，如高艳东和李莹（2020）、郑淑珺（2020），当然刑法应遵循谦抑性原则，但江溯（2021）认为随着互联网经济的发展，刑法的谦抑性会发生改变，将更加注重“类型性、区域性”。也有学者持相反意见，如张明楷（2014）认为“刑法处罚范围也并非越窄越好”。刑法是最后一道屏障，由此要真正遏制平台企业数据造假问题还需要《电子商务法》《反不正当竞争法》等法律的不断完善和作用的持续发挥。

6.2.1.3 数据权属未能有效界定

在数字经济时代，数据权属问题不仅影响数据市场交易和数据开发利用，还影响数据权益保护。截至目前，对于数据相关主体对其所掌握的数据享有何种权利，法律尚无明确规定。虽然数据成为一种独立的客观存在，但仍属于非物权客体，因此《物权法》无法适用于对数据的保护（连玉明，2018）。《民法总则》第111条规定自然人的个人信息受法律保护，但并没有明确规定个人信息产权归属个人或平台企业。《民法典》第127条对数据或网络虚拟财产权益仅做了原则性规定，并未对数据或网络虚拟财产权利做明确规定。从早期司法实践来看，数据权属多依据劳动赋权为基础确定，但互联网平台中数据的生产机制与传统资产存在显著差异，数据的产生既有平台的资本和技术贡献（如平台App软件和硬件），也有用户的劳动贡献（点击、流量、购物、点评等），数据权属的界定不能及时适应新业态、新模式特征，由此导致数据造假治理失灵的问题。

由于数据权属未明确，盗取他人数据获取不正当竞争优势盛行，不利于平台行业健康发展，目前司法实践会引用《反不正当竞争法》第二条来保护平台的合法权益。根据《反不正当竞争法》第二条规定，扰乱市场竞争秩序，损害其他经营者或者消费者的合法权益的行为构成不正当竞争行为。

正是由于有关数据确权等的法律制度供给不足，导致了目前司法裁决的多元化，平台企业的数据权益得不到有效保护，数据造假日益凸显。鉴于要兼顾对用户数据的保护和开发利用、打击企业数据竞争中的不正当竞争行为，防止数据权属完全划归平台企业而形成数据垄断，数据权属的划分存在难题。我国对互联网规制的政策也均避开数据权属问题，转而从不正当竞争角度着手破解规制难题，田小军等（2019）认为对数据权属的探讨和对数据竞争规则的探讨在本质上具有一致性，数据竞争是从反向保护角度，为他人的数据获取和利用行为设定规范标准。

6.2.2 平台企业数据造假规制的困境

6.2.2.1 估值最大化目标下催生的“唯流量论”难以破除

互联网平台经济具有网络效应特征，决定了高成长、高估值对于平台企业而言相较于传统企业更具有战略意义。平台企业要取得两端用户的收入，吸引融资，扩大市场的渗透能力，增强竞争优势，提高估值，最重要的条件是具有较大的用户规模。平台企业基于估值最大化目标必然催生“唯流量论”，流量不仅是衡量平台引流能力、流量变现能力、竞争力的重要指标，还是用户选择平台、投资者做出投资决策的重要依据。对平台企业而言，流量逐渐成为生产力因素之一（苏宏元，2019），加之流量的人为可操作性大，缺乏权威公正的第三方机构证伪，使得数据造假成为平台企业获取竞争优势的有效手段。在流量竞赛的竞争氛围中，专注丰富平台内容、提升用户体验、诚信经营的平台或将处于不利竞争地位，在利益的驱使下，数据造假成为行业潜规则，实则体现出了平台企业面临竞争、融资压力下的“流量焦虑”。

6.2.2.2 造假手段和技术不断翻新，给规制结构和规制体系带来挑战

目前，互联网领域常见的造假方式，如：利用人工水军虚增点击量；利用机器水军“群控”造假，使用多部真实手机，通过在手机里安装脚本软件来控制手机里的App，达到模拟人工使用App的效果。随着现代信息技术的快速发展，数据造假花样迭出，造假更具隐蔽性，如：利用黑客“暗链”技术嵌入网站后台服务器非法引流，以诱导性的方式增加流量；利用App强行自启代码虚增活跃用户，可以在用户毫不知情的情况下，强行自启，从而达到虚增活跃用户规模的

目的，也可以自主触发广告商的广告，并回传到第三方数据公司，实现“用户自主点击广告”的操作闭环，欺诈广告商；利用算法进行流量造假，营造“信息茧房”，用虚假流量夸大关注程度，实现操纵榜单或者检索结果排序；等等。互联网平台企业作为信息接收和传输平台，为两端用户搭建交易场景，需要不断的技术创新、产品创新和商业模式创新来支撑平台发展。当技术创新、产品创新和商业模式创新夹杂着数据造假元素，使造假手段不断翻新，监管部门很难采用统一的罪名对其进行规范，必然给政府监管带来挑战。这需要及时出台相关法律，配备高科技技术设备，同时对执法人员相关专业技能也提出更高要求。

6.2.2.3 举证困难，维权成本高

虽然我国有专门的法律规制数据造假行为，但各互联网平台往往以商业机密为由不对外公布规则、算法和数据，数据缺乏透明性，加之数据造假极具隐蔽性，使得社会公众对数据造假行为的举证非常困难。且诉讼赔偿额以原告损失为标准，由于平台企业商业模式的特殊性，平台企业数据造假的误导效应、估值泡沫效应、资本错配效应等所造成的损失难以界定，导致原告获赔金额少，加之诉讼成本高，受害者诉讼积极性不高，数据造假行为依然盛行。

在当前平台经济迅猛发展时期，信息技术水平不断提高，造假手段也不断翻新，造假方式更为隐蔽、高超和多样化，使法律规制面临更多挑战。平台企业数据造假行为不仅仅属于诚信问题，更是触犯了法律，不应该成为被漠视的“潜规则”，长此以往，必然导致不正当竞争泛滥。除了加强行业自律外，还需要政府制定完善的法律体系，以根除数据造假乱象，推动平台企业稳定健康发展。

6.3 域外平台企业数据造假规制政策分析

西方国家也有互联网平台数据造假现象，如：2016 年 9 月，Facebook 承认平台在两年内以虚增 60%~80%的方式夸大了 Facebook 中的视频平均浏览量；《华盛顿邮报》调查发现，亚马逊上关于电子产品的在线评论中，有 61%都是虚假评论。那么西方国家对互联网平台数据造假是如何规制的呢？或者，如果也是规制弱化，对中国有何启示？本节分析了国外关于互联网平台企业机会主义行为规制政策现状，以期为本书后面构建我国对平台企业机会主义行为规制政策体系提供启示。

6.3.1 域外平台企业数据造假规制政策现状

6.3.1.1 美国

美国规制互联网企业数据不正当竞争行为的法律既有反不正当竞争的一般性法律，如《联邦贸易委员会法》，也有专门针对互联网数据不正当竞争行为的法律，如数据盗用制度和《计算机欺诈和滥用法》中的互联网欺诈及与之相关活动的条款。

《联邦贸易委员会法》于1914年生效，重点在于打击不公平竞争、虚假广告行为。FTC中第45（a）（1）条款规定：影响商业的不正当竞争方式，以及影响商业的不正当或欺骗性行为或做法，特此宣布为非法行为①。该规定虽然实际上只是整节的一小部分，但通常称为“第5节”。第5节的语言故意保持宽泛和笼统，法院通过逐案分析的过程可以确定其确切范围，使得该法律对互联网数据造假的行为也能起到规制作用。Touschner（2011）提出随着社交媒体的崛起及其对消费者日益增长的影响，一些企业试图通过建立“黑市”（Black Markets）来操纵社会媒体系统，并向广告商收取费用，《联邦贸易委员会法》关于欺骗的政策声明的内容足够广泛和灵活，足以治理此类“黑市”行为，在决定什么构成违反第5节时，能对不断变化的情况作出反应，对决定“黑市”是否存在方面有一定的回旋余地。

数据盗用制度来源于International News Service v. Associated Press案件②。该案原告为美联社，其通过各种手段收集世界各地信息并刊发给950名会员，每年的成本约为350万美元；被告是一家根据新泽西州法律成立的公司（国际新闻社），是美联社的会员，主要业务也是收集和销售新闻；美联社发现国际新闻社利用时差盗取其新闻并将其发布在美国各大城市的报纸上，并于1918年上诉至美国联邦最高法院。该案件关注的焦点之一便是国际新闻社的行为是否构成商业中的不正当竞争，最终法院认为国际新闻社的行为构成了不正当竞争，属于一种新型侵权行为，即数据盗用（Misappropriation）。这是美国首次将新闻信息作为

---

① Federal Trade Commission Act，§45(a)(1)[EB/OL].[2021-10-01].https：//wiki. mbalib. com/wiki/Federal_ Trade_ Commission_ Act.

② International News Service v. Associated Press，248 U. S. 215 [EB/OL]．[2021-09-08]．https：//www. casebriefs. com/blog/law/property/property-law-keyed-to-dukeminier/first-possession-acquisition-of-property-by-discovery-capture-and-creation/international-news-service-v-associated-press-2/.

一种财富权益进行保护，成为美国在新闻领域处理数据不正当竞争的一种新的规制政策。该制度也存在一些争议，如 Law（1999）认为法院没有立法的权力，并认为承认新闻采集者拥有新闻的财富权益是一件危险的事。

《计算机欺诈和滥用法》主要是惩治计算机欺诈和与计算机有关的犯罪行为。随着互联网的普及和发展，美国计算机网络欺诈和滥用日渐增多，往往难以将计算机时代之前发展起来的传统法律适用于计算机犯罪（Chen，1990），在此背景下，美国于 1984 年颁布了《计算机欺诈和滥用法》，旨在惩罚滥用电脑获取国家安全机密或个人财务记录的人，以及侵入政府电脑的黑客行为。之后经过 5 次修改适用范围逐渐扩大，目前版本涵盖了所有用于或影响商业的计算机（Goldman，2012）。根据最新一版本，即 2009 版的 CFAA 1030（a）(4）条互联网欺诈及与之相关活动条款的规定，明知并有意欺诈，未经授权或超过授权访问受保护的计算机，并通过这种行为促进了有意欺诈并获得任何有价值的东西，除非该价值在 1 年内未超过 5000 美元，否则构成计算机网络欺诈罪。腾讯研究院（2020）认为从美国相关的司法实践中，“未经授权”的认定往往成为原告能否胜诉的关键要素。

数据盗用制度和《计算机欺诈和滥用法》是美国规制互联网企业数据不正当竞争的主要法律依据，这两部法律主要治理平台企业盗用数据（盗用他人数据据为己有从而提高自身竞争力和估值，这也是数据造假的一种方式）引发的纠纷。关于数据造假其他方面的治理，美国主要依赖于其相对完善的社会信用体系。美国于 1970 年出台了《公平信用报告法》，之后以该法案为基础逐渐构建起信用管理法律框架体系。目前美国社会信用模式的主要特征是信用服务完全由私人组织经营，政府在社会信用体系中仅制定信用管理法规并监督实行（Xin，2007），数据造假行为通过信用惩戒或民事赔偿等手段可得到一定程度的解决。对于用户信息的权属问题，美国也逐步涉足，如对消费者个人信息权属，根据 2018 年美国加利福尼亚州通过的《加利福尼亚州消费者隐私法案》规定，公司被要求披露收集到的消费者的数据类型及与谁分享该数据，对于小于 16 岁的用户信息，企业是禁止出售的，除非获得用户的肯定授权，即选择加入的权利（The Right to Opt in）。对于 16 岁以上的用户信息，企业可以继续处理用户的个人信息，除非用户选择退出（Opt out）。

除了制定互联网数据不正当竞争规制政策，美国还重视法院对互联网领域犯罪的审判能力建设。如 2019 年，美国修订了《联邦司法部门信息技术长期规

划》，包括战略重点和IT计划的投资两部分，旨在发掘信息技术在法院工作中的潜力。规划提出要改善和更新安全措施，在现有的安全保障基础上，司法部门将通过防止网络和系统内部的恶意活动，监测、分析和减轻干扰，营造网络安全环境。美国新的刑事司法技术目录重新启动了130多个项目，人工智能被广泛应用于犯罪预防、预测、监控等环节（王文华，2021）。

6.3.1.2　欧盟

欧盟对数字经济规制的主要方向是推进单一数字市场化、保护个人数据隐私、提高企业信息透明度、打击数据不正当竞争、推进非个人数据共享等。关于平台企业数据造假的行为，欧盟也有专门的法律规制。2001年11月，26个欧盟成员国以及美国、加拿大等30个国家在布达佩斯共同签署了《布达佩斯网络犯罪公约》，其中第二章第7条和第8条的条款专门针对数据造假行为。根据第二章第7条（计算机相关伪造，Computer-related Forgery）规定，当以犯罪意图或未经授权输入、更改、删除或限制计算机数据而产生貌似真实的可被认为符合合法目的计算机数据的行为，可认定为犯罪行为。第8条（计算机相关欺诈，Computer-related Fraud）规定，任何干扰计算机系统功能且是以具有欺骗性的或不诚实的意图在未经授权的情况下为自己或他人获取经济利益致使他人财产损失的行为，认定为犯罪行为①。随着网络欺诈行为引发的社会问题和经济问题日益凸显，欧盟逐渐重视对网络欺诈行为的监管。如在职业、广告和媒体等领域作为政策制定者的英国，选择了比其他国家的同行更高程度的自我监管，但最近通过的英国数字经济法案将在很大程度上逆转这一趋势（Kokswijk，2010）。

除了制定相关法规规制数据造假行为，欧盟逐步重视数据披露和问责制、数据共享、数据权属等方面的立法，不断完善社会信用体系建设来治理数据造假的问题。德国、法国、比利时、意大利等欧洲国家一直推行以政府为主导构建社会信用体系，也称为公共信用模式。其主要特征体现在以中央银行或银行监管机构等非营利性政府机构为核心，通过建立“公共信用登记系统”来维系社会诚信体系的运行。

关于数据披露和问责制。2020年12月，欧盟委员会提出了《数字服务法案》立法倡议，主要在于推进数字交易市场发展，明确有关数字服务的责任，确

① Budapest Convention on Cybercrime [EB/OL]. [2021-09-25]. https://www.doc88.com/p-2704838123349.html.

保欧盟网络的透明性，并强化问责制和监管监督。

关于数据共享制度。数据共享是欧盟政策的主要关注点，欧盟于 2016 年正式通过了《通用数据保护条例》，该条例于 2018 年 5 月 25 日正式生效，根据 GDPR 第一章中的规定，个人数据享有被保护的权利，但个人数据的自由流动不应以与保护自然人有关的个人资料处理为由而受到限制或禁止[①]。该条例为欧盟推进数据共享奠定了政策基础。随后，在 GDPR 条例基础上，2018 年 10 月欧盟通过了《非个人数据在欧盟境内自由流动框架条例》，该条例第四条规定了非个人数据在联盟内自由移动的原则[②]。《通用数据保护条例》和《非个人数据在欧盟境内自由流动框架条例》从法律层面消除阻碍企业间数据共享的不利因素。除了制定促进数据共享的政策之外，欧盟还会发布数据共享指引文件。2018 年 4 月 25 日，欧洲委员会通信网络内容与技术执行署发布文件《欧洲数据经济中的私营部门数据共享指南》，详细说明了企业间数据共享、企业与政府间数据共享的原则和方式。主要的指引包括：关于企业与企业之间的数据共享如完善数据共享协议、完善数据共享的相关技术如 API（应用程序编程接口）等；关于企业与政府间的数据共享，可通过构建共享平台，由若干私营部门联合荷兰大数据统计中心（CBS）共同收集数据，并实现数据的可视化。建议运用数据算法（Algorithm-to-the-data）解决数据保护等方面的难题。总而言之，欧盟关于促进数据共享的政策主要包括明晰数据权属、构建数据共享平台、引入数据算法、完善数据共享协议、保障个人隐私数据安全同时兼顾非个人数据利用。

关于数据权属制度。2017 年 1 月 10 日，欧盟委员会发布了《打造欧洲数据经济》，这是立法机构首次设法解决数据权属和数据访问的问题。其中数据生产者权（Data Producer's Right）被首次提出，数据生产者被定义为“设备所有者或设备长期用户”，在该法令附件中，数据生产者也被定义为“自行承担经济风险操作装有传感器的机器、工具或设备的个人或实体”。根据《打造欧洲数据经济》的规定，数据生产者有权对非个人数据进行处理和转让（Zech，2017）。《打造欧洲数据经济》是欧盟在数据保护和数据开发利用间寻求的一种利益平

---

① General Data Protection Regulation GDPR，Art. 1 GDPR ［EB/OL］.［2021-09-28］. https：//gdpr-info. eu/art-1-gdpr/.

② Proposal for a Regulation of the European Parliament and of the Council on a Framework for the Free Flow of Non-personal Data in the European Union，Article 4.［EB/OL］.［2021-09-29］. https：//eur-lex. europa. eu/legal-content/EN/TXT/? uri=COM%3A2017%3A495%3AFIN.

衡，虽然可以规制部分互联网不正当竞争行为，但是否会诱发互联网企业数据垄断行为值得商榷。2017 年 4 月 27 日英国皇室通过了《数字经济法案》，该法案第四部分第 32 节规定了著作权网络保护条例，根据该条例任何人如果明知侵犯他人作品版权会使他人蒙受损失而故意为之，且意图为自己或另一人牟取利益则属违法。《数字经济法案》强化了对公民数字服务的保护，虽然该法案是全球第一部数字经济立法，但本质上避开了数据权属问题，说明数据权属仍然是具有争议的难题。

6.3.2　域外平台企业数据造假规制政策的启示

6.3.2.1　规制与自我规制相结合

欧美等国家具有相对完善的社会信用体系，在互联网还处于初级阶段时，互联网数据造假行为通过自我规制就能得到较好的解决。随着互联网的规模、范围和重要性的不断扩大，自我监管的局限性变得越来越明显，这时欧美国家颁布的法律就成为重要的监管方式，如《联邦贸易委员会法》、数据盗用制度、《计算机欺诈和滥用法》、《布达佩斯网络犯罪公约》等。由于数据造假具有一定的迷惑性、欺骗性和形式多样性，法律具有天然的滞后性。相关法律条款如果制定得太细太窄则容易导致法规无法覆盖所有类型的数据造假行为，出现法律的真空地带，制定得太宽则认定难、定性难，容易引起司法裁决的多元化，因此互联网监管难的问题比较突出。欧美国家通过制定行为准则，不断完善数据披露和问责制、数据共享、数据权属等方面的立法，构建相对良好的社会信用配套制度，形成规制和自我规制并行的治理模式。于我国而言，调整和完善互联网数据造假方面的立法，加强司法技术研究是治理数据造假的重要方面。数据造假本质上是平台企业信用问题，而信用不仅是道德、风俗、习惯，更是一种法律制约下的制度，因此还需构建完善的社会信用体系，加大数据披露和问责制、数据共享等制度建设，数据造假才有望得到有效治理。

6.3.2.2　立法注重消费者保护和企业发展间的平衡

平台企业用户既是平台的参与者，也是数据的生产者，用户的点评、消费记录等信息是平台企业的重要资源。从美国的《网络安全法》《加利福尼亚州消费者隐私法案》，欧盟的数据生产者权制度、《通用数据保护条例》、《非个人数据在欧盟境内自由流动框架条例》等法律均可看出，欧美国家即使注重保护个人隐私数据，但并未将这类数据划归用户所有，否则不利于平台企业数据开发利用和技术创新，更谈不上建设国家数据共享平台。

6.3.2.3 立法随不正当竞争行为的变化而逐渐修正，且重视法院对互联网领域犯罪的审判能力建设

由于数据造假具有隐蔽性和欺骗性，且随着技术的发展数据造假的手段和方式也花样百出，现有法律体系对数据造假的主观要件和危害结果设定存在滞后性，因此不断修正相关立法是必要的。如随着计算机技术的发展和计算机欺诈形式的翻新，美国对《计算机欺诈与滥用法》进行了5次修订，其中的计算机欺诈要件不断充实，使该法案成为美国打击计算机欺诈的重要武器。除了不断完善立法，提高法院的审判能力是治理平台行业数据造假的重要保障。欧美国家提高法院的审判能力的着力点在于法院的信息化建设，将大数据技术引入到司法审判中，提高互联网数据造假的取证、分析和运用能力。

6.3.2.4 第三方监测机构协同监管

欧美国家均存在成熟的第三方监测机构协助政府或行业协会的监管，可以及时对异常数据进行监测与管理。第三方权威机构公布的数据还可以作为行业投资、投放广告的指引，有利于降低信息不对称程度，促进行业发展。当然我国也有第三方监测机构，但从目前司法实践来看，法院采信第三方监测机构数据的并不多。这说明第三方监测机构的权威性和可靠性亟待提升，以确保监测过程和结果客观、公正，发挥第三方监测机构在监管中的协同作用。

6.4 平台企业数据造假规制政策建议

目前对估值最大化目标下的平台企业数据造假的不正当竞争行为的规制研究还很少，这对我国互联网领域规制提出了新的挑战，根据平台企业经营行为特征、数据造假后果及对国内外互联网平台规制政策的分析，本节提出了平台企业数据造假行为的规制政策。

6.4.1 建立具有技术优势的适应平台领域发展的新规制机构

从目前三部涉及互联网平台领域的文件(《反不正当竞争法》《网络交易管理办法》《电子商务法》)来看，发展改革委管理行为，国家工商行政管理总局管理

产品和服务质量、交易规则，商务部管理行业（资质、进入、经营规则）。但基于技术复杂性及隐蔽性强的原因，数据造假还较难取证，因此现有规制机构发展改革委、商务部、国家工商行政管理总局在技术上有很大短板。对于技术性、隐蔽性很高的数据造假的规制，应纳入数据监管专业性强的机构，如工信部、三大电信运营商。因此，要成立一个包含有技术力量和优势的针对互联网领域（一般互联网企业和平台企业）的互联网数据监管委员会，该委员会除了现在规制机构外，还要包括工信部、三大电信运营商。

6.4.2　搭建平台数据收集的权威平台，为用户、投资者等提供数据支持

在前面互联网数据监管委员会领导下，利用大数据、云计算、人工智能、区块链等新兴技术建立互联网（含平台企业）数据监测平台，并设计官方权威流量分析与统计软件。为防止某些网站、互联网平台规避监测，规定网站和平台企业必须无条件允许该软件植入网站和平台，不允许拦截。这样，当用户通过浏览器登录某网站或平台时，该软件的代码会在浏览器中启用 cookies，以记录用户在网行为。同时，官方数据监督平台定期进行数据披露，并可为有需要的用户、企业和金融机构提供数据支持，以提高数据的透明性，降低消费者、商家、投资方、并购方等因粉饰的数据而导致的选择偏差。同时，鼓励民间组织建立第三方数据监测平台，引导行业建立数据诚信联盟组织。

6.4.3　健全平台企业虚假数据惩罚机制

我国现行法律对数据造假的处罚力度普遍不高，如根据《反不正当竞争法》（2019 年修）第二十条规定，对数据造假的行为处以不超过 200 万元的罚款；再如专门规范互联网广告行为的《互联网广告管理暂行办法》，根据其第二十四条规定，以欺骗方式诱使用户点击广告内容的，处罚不超过三万元。从司法实践来看，因数据造假而受惩罚的案例不多，处罚力度也不高。然而数据造假却非常普遍，说明平台企业数据造假的惩罚机制较弱。为此，要加快推进全国层面的社会信用立法，健全数据信用的保护、披露和评价机制，完善平台企业为诱骗用户、广告商、投资方和并购方选择该平台，实现估值最大化目标而数据造假的惩戒机制。

一是要制定并完善互联网平台数据定时披露机制，打造具有行业影响力的信息披露系统，做到信息公开、交易追踪可查、数据权威具有公信力。二是要制定平台企业数据造假具体的惩罚的执行主体、惩罚规则。三是要建立互联网平台数

据造假黑名单诚信机制，一旦发现有数据造假行为，及时向社会公布，并根据平台数据造假量和危害程度给出关闭整顿时间。

6.4.4 完善对数据造假需供方的规制政策

对数据造假需求方，要增加和细化关于数据造假不正当竞争的内容。平台企业数据造假，如夸大活跃用户，刷单、刷评、刷量等数据造假行为明显会对用户端即消费者造成错觉而使其利益受损，还侵害平台另一端即企业的利益（如电子商务网站上店租提高），同时对同行企业也是一种不公平竞争，如通过数据造假吸引资本注意力来获取不正当竞争优势。对此，2014 年我国实施的《网络交易管理办法》第十九条、《反不正当竞争法》(2019 年修正）第八条，2019 年实施的《电子商务法》第十七条均规定虚构用户评价和交易属违法行为。2022 年 1 月印发的《关于推动平台经济规范健康持续发展的若干意见》明确规定利用算法进行信息内容造假、流量劫持以及虚假注册账号属违法行为。监管部门对不断翻新的数据造假行为的规制进行了修订和填补，但总体而言数据造假认定的国家或行业标准依然供应不足，如“异常流量”的认定目前并无国家或行业标准。为此，要进一步细化互联网企业、平台企业数据造假不正当竞争行为的界定，出台各类数据造假的国家或行业标准。

对数据造假供给方，要打击数据造假产业源头。目前，数据造假已成为一条完整的产业链，除平台企业自己夸大数据外，虚假数据的源头是“水军”。因此，相关规制政策不仅要对虚假数据的需求方即平台企业进行规制，还要把虚假数据的供给方即“水军”纳入规制对象，提高技术手段，对虚假数据的供给主体和行为强化监管，从源头杜绝数据造假。

6.4.5 创新虚假数据识别手段和方式，建立反虚假数据系统

我国《反不正当竞争法》第十三条规定的对涉嫌不正当竞争行为的调查方式多涉及实体企业，如：对经营场所检查；查询、复制与涉嫌不正当竞争行为有关的协议、账簿、单据、文件、记录、业务函电和其他资料；查封、扣押与涉嫌不正当竞争行为有关的财物；等等。这些调查手段和方式对具有新业态、新模式特征的互联网平台适用性很低。为此，必须对互联网平台领域虚假销售、虚假用户评价、虚假交易进行更清晰的界定，并创新调查方式和手段，依靠大数据、云计算、人工智能、区块链等新兴技术建立相关的监测平台，建立反虚假数据系

统，降低交易双方的信息不对称性，提高用户、广告商、投资方和并购方对虚假数据的识别能力。

6.4.6　加快推进数据资源的确权

目前理论界和法学界关于数据资源属于何种资产、权利归属并未明确，随着人工智能、云计算等技术水平不断发展，大数据产业的爆发式发展已势不可当，如何构建数据资源的确权制度，寻找消费者数据安全和互联网企业数据开发和利用、科技创新的平衡点，充分释放数据要素活力，是发展数字经济亟须解决的问题。目前非个人数据资源的财产属性在司法实践中得到认同，会考虑企业在收集和积累数据过程中支出了大量成本，成为法院裁决以刷评等方式盗取他人数据的企业是否存在不正当竞争行为的依据，体现了公平公正原则，也体现了我国推动数字经济的积极探索和实践。但数据权属仍然未在法律上明确，无疑会造成司法裁决的多元化。互联网下半场竞争是数据产权的竞争，只有数据产权得到明确，将其他平台的数据和内容复制过来稍加修改后变成自己的内容以达到提高估值等目的的数据造假行为才能得到有效治理，平台企业的权益才能得到更全面的维护，数据的开发和利用才会跃升到新台阶。

第7章　结论及展望

7.1　研究结论

《国务院办公厅关于促进平台经济规范健康发展的指导意见》（国办发〔2019〕38号）明确指出“互联网平台经济是生产力新的组织方式，是经济发展新动能”。但平台经济发展又存在不规范的地方，在2021年3月中央财经委员会第九次会议上习近平总书记强调要推动平台经济规范健康持续发展，会议还指出要健全完善规则制度，加快健全平台经济法律法规，及时弥补规则空白和漏洞。本书以推动平台经济规范健康持续发展为切入点，聚焦平台企业数据造假动因、数据造假的影响及数据造假规制政策三个方面的问题展开研究，得到以下的主要研究结论：

第一，用户价值决定平台企业价值。用户是平台企业价值源泉，用户方面的数据是平台企业的估值基础，只要平台企业拥有规模庞大的用户、具备一定的变现能力，用户价值就高，意味着未来在网络效应作用下能产生更多的利润和现金流，体现着企业的未来发展潜力，估值就很高，据此揭示了为何平台企业利润低甚至负利润还估值很高的谜题。

第二，基于传统财务会计估值指标对平台企业进行估值存在局限性。由于传统财务会计资产与平台企业用户价值未来收益的稳定性不同、增值方式不同、价值驱动因素不同，使得传统财务会计估值指标并不能合理地体现平台企业的价值，因此将用户数据纳入平台企业估值指标体系已逐步被业界认同并运用于实际估值中。但如果平台企业数据造假则会出现估值泡沫问题，在资本市场完善的前提下，使用市场法中的上市公司比较法进行估值可以一定程度上挤干造假数据水分。

第三，平台企业经营目标是以用户价值为基础的估值最大化。造假几乎存在于每个行业，为什么在互联网行业造假更为频繁，甚至成为行业潜规则？其实这背后的内在逻辑是平台企业追求用户价值为基础的估值最大化。相较于利润最大化目标，以估值最大化为经营目标可获得更大的用户规模。且平台企业数据造假对估值的直接夸大作用强于对利润的促进作用，在信息不对称下，平台企业存在数据造假的机会主义行为，估值最大化经营目标可以更好地解释平台企业比传统企业数据造假更为频繁的原因。

第四，平台企业数据造假会损害消费者和商家福利，恶化创新创业环境。以供需对接平台数据造假为例，研究发现：平台数据造假会误导消费者，损害其福利；欺诈商家；还会削弱其他正常经营平台的竞争力，获取不正当竞争优势，破坏行业竞争生态。以媒体推广平台数据造假为例，得出数据造假会侵害商家利益的结论。

第五，平台企业数据造假会扭曲资本配置，损害投资方收益。从单一投资标的层面来看，数据造假使估值存在泡沫，直接影响投资收益，另外，数据造假使投资机构多支付尽职调查成本，降低投融资方总收益。从多个投资标的层面来看，平台企业数据造假会扭曲资本配置，且在逆向选择机制作用下会导致造假程度高的平台企业驱逐造假程度低的平台企业的“柠檬市场”现象，增加平台数据造假成本可缓解“柠檬”问题。

第六，平台企业数据造假会损害并购方的并购绩效。从单一并购标的层面来看，平台企业数据造假会降低并购绩效，且随着并购双方间信息不对称的增加，数据造假对并购绩效的负向影响越大。从多个并购标的层面来看，平台数据造假会造成并购选择偏差，降低并购方的并购协同效应。实证研究表明，数据造假会降低并购方的并购绩效。按并购双方间信息不对称程度进行分组，发现信息不对称程度大的样本组，数据造假与并购绩效显著负相关，而信息不对称程度小的样本组，数据造假与并购绩效不存在显著的负相关关系。签订业绩承诺协议可以降低并购双方间的信息不对称造成的数据造假问题，缓和数据造假对并购绩效的负向影响。

因此，平台企业基于用户价值为基础的估值最大化目标，会出现数据造假机会主义行为，对消费者和商家、投资方和并购方均造成不利影响，恶化创新创业环境，不利于行业健康发展。虽然我国已出台了专门的法律对平台企业数据造假行为进行规制，但数据造假行为依然得不到有效遏制，亟须完善相关法律法规。在对国内外互联网数据造假规制政策比较分析基础上，结合前文基础理论分析，本书提出了平台企业数据造假规制政策。

7.2 研究不足

目前互联网平台经济发展正处于关键时期，但关于平台企业数据造假的文献很少，平台企业核心资产、估值模型、经营目标、数据造假的影响、数据造假规制政策等还处于探索阶段，虽然本书取得了一些研究成果，但还存在一些不足。

第一，鉴于精力和能力有限，用户数据收集不全。虽然被并购非上市公司的财务数据可通过主并购上市公司发布的权益价值评估报告获取，部分用户数据也可以从权益价值评估报告中获取，多数情况下用户数据是通过业内知名度高的第三方平台获取的，如 Wind、易观千帆、Alexa、艾瑞网、QuestMobile、雪球财经，但还是有部分用户数据未能获取，且不同第三方平台公布的用户数据也存在较大差异，因此本书剔除了大量数据缺失严重的样本。为了保证估值的可靠性，本书在估值过程中用户数据中的某类指标数据来自同一第三方平台，鉴于个别并购标的部分用户指标数据获取不全，则该指标权重为 0，其余指标按原有权重比例重新匹配权重，这也恰恰说明了平台用户数据的不透明性，给估值带来了难题，也使得数据造假具有可操作性。

第二，市场法中的上市公司比较法有其使用的局限性。虽然笔者基于上市公司公布的权益价值评估报告进行估值可提高估值的公允性，且花了 1 年多时间进行估值与反复核对，也使用了两种估值方法进行估值，但是使用市场法估值要求资本市场完善，所以本书的实证结果是否有偏差有待进一步研究。

第三，未分析单一投资标的多轮融资下数据造假的影响，仅分析两阶段融资决策，虽然本书在多个投资标的中考虑了多轮融资下数据造假的影响，但仍有一定局限性。现实中，互联网平台多数会进行 A 轮、B 轮、C 轮甚至更多的多轮融资。那么，在多轮融资条件下，以单一投资标的为研究对象，其用户数据造假的影响如何呢？这个问题还未探及。

7.3 进一步研究的设想

针对以上不足，提出未来进一步研究的设想：

第一，在业内知名度高的平台中挖掘更丰富的用户数据，以获取更多样本，可进一步验证数据造假的影响。

第二，探索平台企业估值方法。信息技术发展日新月异，各种要素在平台企业价值创造中发挥的作用也悄然在变化，数据资源成为平台经济商业运作的底层逻辑，成为新的生产要素，价值不断在放大，如何量化数据资源的价值将成为未来研究数字经济的焦点之一，也是评估平台企业价值的重要环节之一。

第三，进一步研究平台企业在多轮融资中数据造假的影响。机构投资者对某个平台的数据造假程度的认识是一个经验积累的过程。机构投资者通过媒体或前一轮投资者披露的部分信息，掌握某平台部分数据造假信息，随着融资轮次的增加，平台数据造假程度逐渐被认知。对于平台与投资方来说，关于平台企业用户数据的信息双方始终是不对称的。在互联网平台多轮融资中，有意向参与下一轮融资的机构投资者在进行融资决策时，不仅考虑平台的用户数据规模、行业发展潜力等情况，还会了解并参考上一轮机构投资者的投资收益情况，据此预测项目成功的概率和收益。平台企业在与投资机构的投融资博弈中数据造假水平可能会动态调整，投融资总收益也会发生变化。

参考文献

［1］艾永梅．我国上市公司会计造假行为的博弈分析［J］．科学经济社会，2011，29（3）：37-41+47.

［2］安然．并购绩效与信息不对称——基于中国上市公司的实证研究［J］．北京工商大学学报（社会科学版），2015，30（6）：86-95.

［3］程廷福，池国华．价值评估中企业价值的理论界定［J］．财会月刊，2004（11）：8-9.

［4］蔡呈伟．论“互联网+”背景下竞争政策的意义［J］．现代经济探讨，2016（4）：20-24.

［5］陈琪仁，王天韵，欧阳汝佳．成长型企业估值模型研究——以新三板为例［J］．中央财经大学学报，2020（9）：55-69.

［6］郗芙蓉，杜秋．新媒体传播中的数据造假与治理［J］．传媒，2020（3）：42-44.

［7］陈兵．互联网经济下重读“竞争关系”在反不正当竞争法上的意义——以京、沪、粤法院 2000-2018 年的相关案件为引证［J］．法学，2019（7）：18-37.

［8］陈仕华，姜广省，卢昌崇．董事联结、目标公司选择与并购绩效——基于并购双方之间信息不对称的研究视角［J］．管理世界，2013（12）：117-132+187-188.

［9］高锡荣，杨建．互联网企业的资产估值、定价模型构建及腾讯案例的蒙特卡洛模拟分析［J］．现代财经，2017，37（1）：90-100.

［10］郭泰岳．上市公司并购中目标企业价值评估研究——以互联网企业为例［J］．技术经济与管理研究，2020（1）：73-78.

［11］郭传凯．走出网络不当竞争行为规制的双重困境［J］．法学评论，2020，38（4）：144-155.

［12］高艳东，李莹．数据信用的刑法保护——以“流量黑灰产”为例［J］．浙江大学学报（人文社会科学版），2020，50（3）：63-78.

［13］郭琰．对国企发展私募股权投资基金的思考［J］．山西财经大学学报，2014，36（S1）：37.

［14］葛结根．并购支付方式与并购绩效的实证研究——以沪深上市公司为收购目标的经验证据［J］．会计研究，2015（9）：74-80+97.

［15］关静怡，刘娥平．股价高估、业绩承诺与业绩实现——基于上市公司对赌并购的经验证据［J］．财经论丛，2021（7）：68-78.

［16］胡英杰，郝云宏．互联网平台企业在西藏地区发展研究——平台企业社会责任视角［J］．西藏大学学报（社会科学版），2020（4）：143-147.

［17］胡晓明．基于市场法的比率乘数估值模型与应用研究［J］．中国资产评估，2013（6）：22-25.

［18］胡元林，蒋甲樱．基于企业价值最大化的企业业绩综合评价［J］．统计与决策，2012（24）：181-183.

［19］洪云．网络剧生产“大数据化”正负效应审视［J］．青年记者，2018（5）：12-13.

［20］黄生权，李源．群决策环境下互联网企业价值评估——基于集成实物期权方法［J］．系统工程，2014，32（12）：104-111.

［21］黄勇，蒋潇君．互联网产业中“相关市场”之界定［J］．法学，2014（6）：92-99.

［22］胡晓明，孔玉生，赵弘．企业估值中价值乘数的选择：基于行业差异性的研究［J］．审计与经济研究，2015，30（1）：66-73.

［23］姜楠．关于资产评估结果合理性衡量标准的思考［J］．中国资产评估，2005（7）：33-37.

［24］江积海，刘芮．互联网产品中用户价值创造的关键源泉：产品还是连接？——微信 2011-2018 年纵向案例研究［J］．管理评论，2019，31（7）：110-122.

［25］仉振锴．企业利润最大化和价值最大化的经营差异问题［J］．中外企业家，2019（25）：31-32.

［26］贾开．“实验主义治理理论”视角下互联网平台公司的反垄断规制：困境与破局［J］．财经法学，2015（5）：117-125.

［27］蒋岩波．滴滴收购优步中国经营者集中案例的反垄断法分析［J］．经济法研究，2017，19（2）：207-219.

［28］蒋岩波，王胜伟．互联网产业的竞争与排他性交易行为的反垄断规制——以“3Q”案为例［J］．河南社会科学，2016，24（7）：44-50+123.

［29］金辉，金晓兰．基于PE/PB的我国新三板信息技术企业价值评估［J］．商业研究，2016（2）：96-101.

［30］蒋岳祥，洪方韡．风险投资与企业绩效——对新三板挂牌企业对赌协议和股权激励的考察［J］．浙江学刊，2020（3）：133-141.

［31］江溯．中国网络犯罪综合报告［M］．北京：北京大学出版社，2021.

［32］克里斯托弗·斯奈德，沃尔·特尼科尔森．微观经济理论基本原理与扩展［M］．杨筠，李锐译．北京：北京大学出版社，2015.

［33］龙海泉，吕本富，彭赓等．基于价值创造视角的互联网企业核心资源及能力研究［J］．中国管理科学，2010，18（1）：161-167.

［34］刘家明，蒋亚琴，王海霞．互联网平台免费的逻辑、机理与可持续性［J］．价格理论与实践，2019（10）：116-119.

［35］刘鹏．自由与管制的均衡——以风险资本投资网约车市场制度为视角［J］．经济问题，2018（12）：117-123.

［36］刘能，马俊男．数据生产和数据造假：基于社会学视角的分析［J］．江苏行政学院学报，2019（3）：62-69.

［37］李业．流量产业化背景下虚假数据剖析及其治理——基于明星粉丝打榜的分析［J］．传媒，2019（22）：94-96.

［38］李仁杰，汪彩华．互联网交易模式下不正当竞争行为的法律规制——以手机“打车软件”为例［J］．法制博览，2014（12）：22-25.

［39］鲁彦，曲创．互联网平台跨界竞争与监管对策研究［J］．山东社会科学，2019（6）：112-117.

［40］罗曼，田牧．理想很丰满现实很骨感，贵阳大数据交易所这六年［N］．证券时报，2021-07-12.

［41］吕晨，李莉，姜逸茵等．从“输血”到“造血”：互联网新创企业的核心资源构建［J］．管理案例研究与评论，2019，12（6）：560-579.

［42］鹿亚芹，郭丽华，李名威．刍议资产评估质量的含义及特征［J］．商业时代，2007（16）：82-83.

［43］路璐．基于客户价值的互联网企业价值研究［D］．南京：南京师范大学，2019.

［44］李廉水，程中华，刘军．中国制造业“新型化”及其评价研究［J］．中国工业经济，2015（2）：63-75.

［45］连玉明．数权的理论基础［M］．北京：社会科学文献出版社，2018.

［46］马金城．中国企业海外并购中的对价支付策略研究［J］．宏观经济研究，2012（10）：63-69+76.

［47］欧阳胜银，许涤龙．多维视角下金融状况指数的构建与比较研究［J］．当代财经，2018（12）：48-59.

［48］曲创，刘伟伟．双边市场中平台搭售的经济效应研究［J］．中国经济问题，2017（5）：70-82.

［49］钱晓东．基于企业价值视角的“营改增”政策效应研究——兼析治理环境的调节作用和控制权性质的影响［J］．西部论坛，2018，28（6）：111-121.

［50］祁大伟，宋立丰，魏巍．互联网独角兽企业生态圈与数字经济环境的双向影响机制——基于滴滴和美团的案例分析［J］．中国流通经济，2021，35（2）：84-99.

［51］沙淑欣，常红．对“以用户价值为中心”的思考［J］．图书馆理论与实践，2014（8）：9-11+80.

［52］沈洁．网络企业——新经济形式下的价值评定［J］．中央财经大学学报，2001（1）：44-47.

［53］沈洪涛，沈艺峰．公司治理理论的现代演变——从股东利益最大化到相关利益者理论［J］．经济经纬，2008（6）：108-111.

［54］苏宏元．“唯流量论”的危害及应对［J］．人民论坛，2019（33）：46-47.

［55］孙晋．谦抑理念下互联网服务行业经营者集中救济调适［J］．中国法学，2018（6）：151-171.

［56］孙平军，罗宁．西南经济核心区中心城市城镇化结构质量比较分析——以成都、重庆为例［J］．地理科学，2021，41（6）：1019-1029.

［57］谭家超，李芳．互联网平台经济领域的反垄断：国际经验与对策建议

[J]. 改革，2021（3）：66-78.

［58］田小军，曹建峰，朱开鑫．企业间数据竞争规则研究［J］. 竞争政策研究，2019（4）：5-19.

［59］腾讯研究院．网络法论丛（第5卷）［M］. 北京：中国政法大学出版社，2020.

［60］王棣华．企业价值评估基本方法比较分析［J］. 世界标准化与质量管理，2008（4）：25-29.

［61］汪毅毅．“数据信任”带来的广告信任危机及对策［J］. 青年记者，2021（6）：45-46.

［62］魏嘉文，田秀娟．互联网2.0时代社交网站企业的估值研究［J］. 企业经济，2015（8）：105-108.

［63］王先林，方翔．平台经济领域反垄断的趋势、挑战与应对［J］. 山东大学学报（哲学社会科学版），2021（2）：87-97.

［64］王会娟，张然．私募股权投资与被投资企业高管薪酬契约——基于公司治理视角的研究［J］. 管理世界，2012（9）：156-167.

［65］王莹，张森林．新时代网络法治文化建设的路径研究［J］. 思想政治教育研究，2019，35（6）：138-142.

［66］王安异．虚构网络交易行为入罪新论——以《中华人民共和国电子商务法》第17条规定为依据的分析［J］. 法商研究，2019，36（5）：54-66.

［67］王晋国．EVA在企业价值评估中的应用——以网易公司为例［J］. 山西财经大学学报，2019，41（S2）：49-51.

［68］王治，李馨岚．互联网企业价值评估模型比较研究［J］. 财经理论与实践，2021，42（5）：75-82.

［69］王昭慧，忻展红．双边市场中的补贴问题研究［J］. 管理评论，2010，22（10）：44-49.

［70］王德伦，张晓宇，乔永远．互联网公司估值那些事儿（下）：互联网公司估值体系专题研究之二［R］. 上海：国泰君安，2015.

［71］闻岳春，谭丽娜．中国PE投资对信息披露质量的影响——基于创业板上市公司的实证分析［J］. 同济大学学报（社会科学版），2016，127（5）：117-124.

［72］王艳，阚铄．企业文化与并购绩效［J］. 管理世界，2014（11）：146-

157+163.

［73］巫岑，唐清泉．关联并购具有信息传递效应吗？——基于企业社会资本的视角［J］．审计与经济研究，2016，31（2）：81-90.

［74］网经社电子商务研究中心．2019-2020 中国电子商务法律研究报告［R］．浙江：网经社，2020.

［75］王文华．新型犯罪治理与刑法现代化研究［M］．北京：人民出版社，2021.

［76］徐丽芳，徐志武，章萌．科学网信息用户价值及其满意度研究［J］．出版科学，2017，25（6）：82-88.

［77］余顺坤，闫泓序，杜诗悦，林依青．基于 SC-RS 的我国工业电力用户价值画像模型研究［J］．中国管理科学，2022，30（3）：106-116.

［78］徐强国．会计价值论［D］．天津：天津财经大学，2007.

［79］岳公侠，李挺伟，韩立英．上市公司并购重组企业价值评估方法选择研究［J］．中国资产评估，2011（6）：12-17.

［80］许思宁．企业价值最大化——我国现代企业财务目标的理性选择［J］．山西财经大学学报，2011（4）：171.

［81］余斌．"数字劳动"与"数字资本"的政治经济学分析［J］．马克思主义研究，2021（5）：77-86+152.

［82］邢海晶．数字劳动的新变数及对中国的启示［J］．人民论坛，2021（23）：66-68.

［83］习明明．网络外部性、同伴效应与从众行为——基于不完美信息贝叶斯模型的实证研究［J］．当代财经，2020（11）：15-25.

［84］徐雨婧，胡珺．货币政策、管理者过度自信与并购绩效［J］．当代财经，2019（7）：85-95.

［85］杨林，陈传明．基于企业价值最大化的多元化发展战略调整研究［J］．经济与管理研究，2007（10）：76-82.

［86］杨文明．互联网平台企业免费定价反垄断规制批判［J］．广东财经大学学报，2015，30（1）：104-113.

［87］叶明，商登珲．互联网企业搭售行为的反垄断法规制［J］．山东社会科学，2014（7）：124-129.

［88］焉昕雯，孔爱国．管理者能力对企业价值的提升效应——基于市场竞

争与地方保护的视角［J］. 复旦学报（社会科学版），2021，63（1）：172-183.

［89］于左，张芝秀，王昊哲. 交叉网络外部性、独家交易与互联网平台竞争［J］. 改革，2021（10）：131-144.

［90］杨威，赵仲匡，宋敏. 多元化并购溢价与企业转型［J］. 金融研究，2019（5）：115-131.

［91］姚海鑫，李璐. 共享审计可以提高并购绩效吗？——来自中国 A 股上市公司的经验证据［J］. 审计与经济研究，2018，33（3）：29-39.

［92］杨超，谢志华，宋迪. 业绩承诺协议设置、私募股权与上市公司并购绩效［J］. 南开管理评论，2018，21（6）：198-209.

［93］周金泉. 网络公司价值评估的理论模式［J］. 江苏社会科学，2006（S1）：187-192.

［94］张洪彬. 浅析收益法在外资并购企业估值环节中的应用［J］. 中国发展，2011，11（5）：40-45.

［95］郑征. 新三板企业估值模型构建与案例验证［J］. 投资研究，2020，39（9）：110-132.

［96］祝金甫，张兆鹏，朱庆展等. 文化视频产业内容价值的量化评估研究［J］. 中国软科学，2021（1）：156-164.

［97］朱伟民，姜梦柯，赵梅等. 互联网企业 EVA 估值模型改进研究［J］. 财会月刊，2019（24）：90-99.

［98］赵维. 注意力与互联网企业估值的关系研究［D］. 北京：对外经济贸易大学，2016.

［99］周翼翔，郝云宏. 从股东至上到利益相关者价值最大化：一个研究文献综述［J］. 重庆工商大学学报（社会科学版），2008（10）：20-26.

［100］张蕊. 战略性新兴产业企业业绩评价问题研究［J］. 会计研究，2014（8）：41-44.

［101］赵宣凯，何宇，朱欣乐等. “互联网+”式并购对提高上市公司市场价值的影响［J］. 福建师范大学学报（哲学社会科学版），2019（1）：28-39+168.

［102］张文，王强，马振中，李健，谢锐. 在线商品虚假评论发布动机及形成机理研究［J］. 中国管理科学，2022，30（7）：176-188.

［103］张志伟. 中国互联网企业拒绝交易行为的反垄断法律规制探讨［J］.

江西财经大学学报，2015（3）：121-128.

［104］郑淑珺．我国网络数据造假的刑事治理［J］．西北民族大学学报（哲学社会科学版），2020（5）：71-80.

［105］张艳．美国互联网广告业自我规制：多元主体与路径选择——以广告数据欺诈防范为切入点［J］．编辑之友，2020（7）：108-112.

［106］赵如涵，张磊．平台战略、粉丝生产与模式再造——中国广播融合发展之路探析［J］．中国广播电视学刊，2016（12）：19-21.

［107］郑春梅，陈志超，赵晓男．双边市场下软件平台企业竞争策略研究［J］．经济问题，2016（10）：52-56.

［108］郑英隆，王俊峰．我国电竞赛事平台发展研究——基于引入成本结构的双边市场理论［J］．福建论坛（人文社会科学版），2019（8）：55-66.

［109］张居营，孙晶．基于熵权模糊物元模型的创新型企业价值评估［J］．技术经济，2017，36（9）：31-38.

［110］张莹，陈艳．CEO声誉与企业并购溢价研究［J］．现代财经（天津财经大学学报），2020，40（4）：64-81.

［111］张明，陈伟宏，蓝海林．中国企业"凭什么"完全并购境外高新技术企业——基于94个案例的模糊集定性比较分析（fsQCA）［J］．中国工业经济，2019（4）：117-135.

［112］赵君丽，童非．并购经验、企业性质与海外并购的外来者劣势［J］．世界经济研究，2020（2）：71-82+136.

［113］郑忱阳，刘超，江萍等．自愿还是强制对赌？——基于证监会第109号令的准自然实验［J］．国际金融研究，2019（5）：87-96.

［114］张明楷．网络时代的刑法理念——以刑法的谦抑性为中心［J］．人民检察，2014（9）：6-12.

［115］周晓波，姜增明，陈佳炜．"独角兽"企业的融资之路［J］．金融市场研究，2018（6）：77-83.

［116］邹欣．监管政策如何影响P2P网贷行业的发展？［J］．金融理论与实践，2017（7）：25-31.

［117］Armstrong M. Competition in Two-sided Markets［J］. RAND Journal of Economics，2006，37（3）：668-691.

［118］Armstrong M，Wright J. Two-sided Markets，Competitive Bottlenecks and

Exclusive Contracts [J]. Economic Theory, 2007, 32 (2): 353-380.

[119] Akerlof G. The Market for Lemons: Qualitative Uncertainty and the Market Mechanism [J]. Quarterly Journal of Economics, 1976, 4 (84): 488-500.

[120] Ang J, Kohers N. The Take-over Market for Privately Held Companies: The US Experience [J]. Cambridge Journal of Economics, 2001, 25 (6): 723-748.

[121] Baumol W J. Business Behavior, Value and Growth [M]. New York: The Macmillan Company, 1959.

[122] Bartov E, Mohanram P, Seethamraju C. Valuation of Internet Stocks—An IPO Perspective [J]. Journal of Accounting Research, 2002, 40 (2): 321-346.

[123] Briscoe B, Odlyzko A, Tilly B. Metcalfe's Law is Wrong-Communications Networks Increase in Value as They Add Members-but by How Much? [J]. IEEE Spectrum, 2006, 43 (7): 34-39.

[124] Benbunan-Fich R, Fich E M. Effects of Web Traffic Announcements on Firm Value [J]. International Journal of Electronic Commerce, 2004, 8 (4): 161-181.

[125] Bauer H H, Hammerschmidt M. Customer-Based Corporate Valuation-Integrating the Concepts of Customer Equity and Shareholder Value [J]. Management Decision, 2005, 43 (3): 331-348.

[126] Bao L, Zhong W J, Mei S E. Analysis of Advertising Strategy of Enterprises and Advertising Platforms under Clicking Fraud [C]. Proceedings of the 2020 3rd International Conference on E-Business, Information Management and Computer Science, 2020.

[127] Barbopoulos L G, Danbolt J. The Real Effects of Earnout Contracts in M&As [J]. Journal of Financial Research, 2021, 13 (5): 607-639.

[128] Baker C R. An Analysis of Fraud on the Internet [J]. Internet Research, 1999, 9 (5): 348-360.

[129] Chen L, Li W, Chen H, et al. Detection of Fake Reviews: Analysis of Sellers' Manipulation Behavior [J]. Sustainability, 2019, 11 (17): 1-13.

[130] Chan T Y, Wu C, Xie Y. Measuring the Lifetime Value of Customers Acquired from Google Search Advertising [J]. Marketing Science, 2011, 30 (5): 837-850.

[131] Crampton P. "Abuse" of "Dominance" in Canada: Building on the In-

ternational Experience [J]. Antitrust Law Journal, 2006 (3): 803-867.

[132] Cyert R M, March J G. Organizational Factors in the Theory of Oligopoly [J]. Quarterly Journal of Economics, 1956, 70 (1): 44-64.

[133] Cyert R M, March J G. A Behavioral Theory of the Firm [M]. Englewood Cliffs: Prentice Hall, 1963.

[134] Caillaud B, Jullien B. Chicken & Egg: Competition among Intermediation Service Providers [J]. RAND Journal of Economics, 2003, 34 (2): 309-328.

[135] Choi A H. Addressing Informational Challenges with Earnouts in Mergers and Acquisitions [J]. SSRN Electronic Journal, 2016, 30 (9): 154-178.

[136] Chen C D. Computer Crime and the Computer Fraud and Abuse Act of 1986 [J]. Computer/Law Journal, 1990, 10 (1): 71-86.

[137] Doligalski T. Internet-Based Customer Value Management: Developing Customer Relationships Online [M]. Berlin: Springer Group, 2015.

[138] Dellarocas C. Strategic Manipulation of Internet Opinion Forums: Implications for Consumers and Firms [J]. Management Science, 2006, 52 (10): 1577-1593.

[139] Demers E, Lev B. A Rude Awakening: Internet Shakeout in 2000 [J]. Review of Accounting Studies, 2001, 6 (2): 331-359.

[140] Evans P C, Gawer A. The Rise of the Platform Enterprise: A Global Survey [R]. New York: The Center for Global Enterprise, 2016.

[141] Evans D. The Antitrust Economics of Multi-Sided Platform Markets [J]. Yale Journal on Regulation, 2003, 20 (2): 327-379.

[142] Engel E, Gordon E A, Hayes R M. The Roles of Performance Measures and Monitoring in Annual Governance Decisions in Entrepreneurial Firms [J]. Journal of Accounting Research, 2002, 40 (2): 485-518.

[143] Fisher I. The Nature of Capital and Income [M]. London: The MacMillan Company, 1906.

[144] Friedman M. Capitalism and Freedom [M]. Chicago: University of Chicago, 1962.

[145] Friedman M. The Social Responsibility of Business is to Increase its Profits [J]. Time Magazine, 1970, 9 (13): 173-178.

[146] Fuller K, Netter J M, Stegemoller. What Do Returns to Acquiring Firms

Tell Us? Evidence from Firms That Make Many Acquisitions [J]. The Journal of Finance, 2002, 57 (4): 1763-1793.

[147] Fudenberg D, Gilbert R, Stiglitz J, et al. Preemption, Leapfrogging and Competition in Patent Races [J]. European Economic Review, 1983, 22 (1): 3-31.

[148] Gupta S, Lehmann D R, Stuart J A. Valuing Customers [J]. Journal of Marketing Research, 2004 (2): 7-18.

[149] Goldman L. Interpreting the Computer Fraud and Abuse Act [J]. Pitt. J. Tech. L. & Pol'y, 2012 (13): 1-38.

[150] Grazioli S, Jarvenpaa S L. Consumer and Business Deception on the Internet: Content Analysis of Documentary Evidence [J]. International Journal of Electronic Commerce, 2003, 7 (4): 93-118.

[151] Horne V, James C. Financial Management and Policy [M]. New Jersey: Prentice Hall, Inc., 1974.

[152] Heckman J J. Sample Selection Bias as a Specification Error [J]. Econometrica, 1979, 47 (1): 153-161.

[153] Hui K W, Lennox C, Zhang G. The Market's Valuation of Fraudulently Reported Earnings [J]. Journal of Business Finance & Accounting, 2014, 41 (5): 627-651.

[154] Hansen R G. A Theory for the Choice of Exchange Medium in Mergers and Acquisitions [J]. Journal of Business, 1987, 60 (1): 75-95.

[155] Jensen M C. Agency Costs of Free Cash Flow, Corporate Finance, and Takeovers [J]. The American Economic Review, 1986, 76 (2): 323-329.

[156] Jensen M C. Value Maximization, Stakeholder Theory, and the Corporate Objective Function [J]. European Financial Management, 2001, 7 (3): 297-317.

[157] Jian M, Wong T J. Propping through Related Party Transactions [J]. Review of Accounting Studies, 2010, 15 (1): 70-105.

[158] Keating E K. Discussion of the Eyeballs Have It: Searching for the Value in Internet Stocks [J]. Journal of Accounting Research, 2000, 38 (1): 163-169.

[159] Karanovic G, Bogdan S, Baresa S. Financial Analysis Fundament for Assessment the Value of the Company [J]. UTMS Journal of Economics, 2010, 1 (1): 73-84.

[160] Koller T, Goedhart M, Wessels D. Valuation: Measuring and Managing the Value of Companies [M]. New Jersey: John Wiley & Sons, 2010.

[161] Kossecki P. Valuation and Value Creation of Internet Companies—Social Network Services [J]. SSRN Electronic Journal, 2009 (9): 1-8.

[162] Katz M L, Shapiro C. Network Externalities, Competition, and Compatibility [J]. American Economic Review, 1985, 75 (3): 424-440.

[163] Katz M L, Shapiro C. Technology Adoption in the Presence of Network Externalities [J]. Journal of Political Economy, 1986, 94 (4): 822-841.

[164] Korsell L. Fraud in the Twenty-first Century [J]. European Journal on Criminal Policy and Research, 2020, 26 (3): 285-291.

[165] Katz M L, Shapiro C. Systems Competition and Network Effects [J]. Journal of Economic Perspectives, 1994, 8 (2): 93-115.

[166] Katz M L. Game-playing Agents: Unobservable Contracts as Precommitments [J]. The RAND Journal of Economics, 1991, 22 (3): 307-328.

[167] Kokswijk J V. Social Control in Online Society—Advantages of Self-Regulation on the Internet [C] //2010 International Conference on Cyberworlds. IEEE, 2010: 239-246.

[168] Knight W. Click Fraud is Just Another Business Tax [J]. Infosecurity Today, 2006, 3 (6): 29-31.

[169] Lotfy M A, Halawi L. A Conceptual Model to Measure ERP User-value [J]. Issues in Information Systems, 2015, 16 (3): 54.

[170] Lazer R, Lev B, Livnat J. Internet Traffic and Portfolio Returns [J]. Financial Analysts Journal, 2001, 57 (3): 30-40.

[171] Law T. International News Service V. Associated Press [J]. Communications & the Law, 1999 (21): 1-6.

[172] Lappas T, Sabnis G, Valkanas G. The Impact of Fake Reviews on Online Visibility: A Vulnerability Assessment of the Hotel Industry [J]. Information Systems Research, 2016, 27 (4): 940-961.

[173] Marris R. A Model of Managerial Enterprise [J]. Quarterly Journal of Economics, 1963, 77 (2): 185-209.

[174] Modigliani F, Miller M H. Corporate Income Taxes and the Cost of Capital: A

Correction [J]. American Economic Review, 1963, 53 (3): 433-443.

[175] Myers S C. Determinants of Corporate Borrowing [J]. Journal of Financial Economics, 1977, 5 (2): 147-175.

[176] Metcalfe B. Metcalfe's Law: A Network Becomes More Valuable as it Reaches More Users [J]. Infoworld, 1995, 17 (40): 53-54.

[177] Modigliani F, Miller M H. The Cost of Capital, Corporation Finance and the Theory of Investment [J]. American Economic Review, 1958, 48 (3): 261-297.

[178] Mayzlin D, Dover Y, Chevalier J. Promotional Reviews: An Empirical Investigation of Online Review Manipulation [J]. American Economic Review, 2014, 104 (8): 2421-2455.

[179] Porter M E. Strategy and the Internet [J]. Harvard Business Review, 2001, 79 (3): 60-78.

[180] Park J, Han S H. Defining User Value: A Case Study of a Smartphone [J]. International Journal of Industrial Ergonomics, 2013, 43 (4): 274-282.

[181] Rochet J C, Tirole J. Platform Competition in Two-sided Markets [J]. Journal of the European Economic Association, 2003, 1 (4): 990-1029.

[182] Rochet J C, Tirole J. Two-sided Markets: A Progress Report [J]. The RAND Journal of Economics, 2006, 37 (3): 645-667.

[183] Rysman M. The Economics of Two-sided Markets [J]. Journal of Economic Perspectives, 2009, 23 (3): 125-143.

[184] Rochet J C, Tirole J. Defining Two-sided Markets [R]. IDEI Working Paper, 2004.

[185] Rajgopal S, Venkatachalam M, Kotha S. The Value Relevance of Network Advantages: The Case of E-commerce Firms [J]. Journal of Accounting Research, 2003, 41 (1): 135-162.

[186] Rajgopal S, Venkatachalam M, Kotha S. Managerial Actions, Stock Returns, and Earnings: The Case of Business-to-business Internet Firms [J]. Journal of Accounting Research, 2002, 40 (2): 529-556.

[187] Rohlfs J. A Theory of Interdependent Demand for a Communication Service [J]. The Bell Journal of Economics and Management Science, 1974, 5 (1): 16-37.

[188] Schwartz E S, Moon M. Rational Pricing of Internet Companies [J]. Fi-

nancial Analysts Journal, 2000, 56 (3): 62-75.

[189] Shleifer A, Vishny R W. Management Entrenchment: The Case of Manager-specific Investments [J]. Journal of Financial Economics, 1989, 25 (1): 123-139.

[190] Sabel C F, Simon W H. Destabilization Rights: How Public Law Litigation Succeeds [J]. Harvard Law Review, 2004 (4): 1015-1101.

[191] Swann G M P. The Functional Form of Network Effects [J]. Information Economics and Policy, 2002, 14 (3): 417-429.

[192] Trueman B, Wong M H F, Zhang X J. The Eyeballs Have it: Searching for the Value in Internet Stocks [J]. Journal of Accounting Research, 2000 (38): 137-162.

[193] Touschner P. Subverting New Media for Profit: How Online Social Media Black Markets Violate Section 5 of the Federal Trade Commission Act [J]. Hastings Sci. & Tech. LJ, 2011 (3): 1-22.

[194] Tan H. E-Fraud: Current Trends and International Developments [J]. Journal of Financial Crime, 2002, 9 (4): 347-354.

[195] Vickers J. Delegation and the Theory of the Firm [J]. The Economic Journal, 1985 (95): 138-147.

[196] Williamson O E. The Economic Institutions of Capitalism: Firms Markets, Relational Contracting [M]. New York: Free Press, 1985.

[197] Xin J. Establishing Efficient Social Credit System in China from American Experience of Social Credit System [J]. Canadian Social Science, 2007, 3 (6): 64-66.

[198] Yu E. Understanding Experiential User Value through a Case Study of the Public Childcare Service in South Korea [J]. Archives of Design Research, 2018, 31 (5): 39-49.

[199] Yang S, Shi C, Zhang Y, et al. Price Competition for Retailers with Profit and Revenue Targets [J]. International Journal of Production Economics, 2014, 154 (8): 233-242.

[200] Zech H. Building a European Data Economy [J]. IIC-International Review of Intellectual Property and Competition Law, 2017, 48 (5): 501-503.

附录一

国家发展改革委等部门关于推动平台经济规范健康持续发展的若干意见

发改高技〔2021〕1872号

各省、自治区、直辖市、新疆生产建设兵团有关部门：

平台经济是以互联网平台为主要载体，以数据为关键生产要素，以新一代信息技术为核心驱动力、以网络信息基础设施为重要支撑的新型经济形态。近年来我国平台经济快速发展，在经济社会发展全局中的地位和作用日益突显。要坚持以习近平新时代中国特色社会主义思想为指导，全面贯彻党的十九大和十九届历次全会精神，深入落实党中央、国务院决策部署，立足新发展阶段、贯彻新发展理念、构建新发展格局，推动高质量发展，从构筑国家竞争新优势的战略高度出发，坚持发展和规范并重，坚持“两个毫不动摇”，遵循市场规律，着眼长远、兼顾当前，补齐短板、强化弱项，适应平台经济发展规律，建立健全规则制度，优化平台经济发展环境。为进一步推动平台经济规范健康持续发展，现提出以下意见。

一、健全完善规则制度

（一）完善治理规则。

修订《反垄断法》，完善数据安全法、个人信息保护法配套规则。制定出台禁止网络不正当竞争行为的规定。细化平台企业数据处理规则。制定出台平台经济领域价格行为规则，推动行业有序健康发展。完善金融领域监管规则体系，坚持金融活动全部纳入金融监管，金融业务必须持牌经营。

（二）健全制度规范。

厘清平台责任边界，强化超大型互联网平台责任。建立平台合规管理制度，对平台合规形成有效的外部监督、评价体系。加大平台经济相关国家标准研制力度。建立互联网平台信息公示制度，增强平台经营透明度，强化信用约束和社会监督。建立健全平台经济公平竞争监管制度。完善跨境数据流动“分级分类+负面清单”监管制度，探索制定互联网信息服务算法安全制度。

（三）推动协同治理。

强化部门协同，坚持“线上线下一体化监管”原则，负有监管职能的各行业主管部门在负责线下监管的同时，承担相应线上监管的职责，实现审批、主管与监管权责统一。推动各监管部门间抽查检验鉴定结果互认，避免重复抽查、检测，探索建立案件会商和联合执法、联合惩戒机制，实现事前事中事后全链条监管。推动行业自律，督促平台企业依法合规经营，鼓励行业协会牵头制定团体标准、行业自律公约。加强社会监督，探索公众和第三方专业机构共同参与的监督机制，推动提升平台企业合规经营情况的公开度和透明度。

二、提升监管能力和水平

（四）完善竞争监管执法。

对人民群众反映强烈的重点行业和领域，加强全链条竞争监管执法。依法查处平台经济领域垄断和不正当竞争等行为。严格依法查处平台经济领域垄断协议、滥用市场支配地位和违法实施经营者集中行为。强化平台广告导向监管，对重点领域广告加强监管。重点规制以减配降质产品误导消费者、平台未对销售商品的市场准入资质资格实施审查等问题，对存在缺陷的消费品落实线上经营者产品召回相关义务。加大对出行领域平台企业非法营运行为的打击力度。强化平台企业涉税信息报送等税收协助义务，加强平台企业税收监管，依法查处虚开发票、逃税等涉税违法行为。强化对平台押金、预付费、保证金等费用的管理和监督。

（五）加强金融领域监管。

强化支付领域监管，断开支付工具与其他金融产品的不当连接，依法治理支付过程中的排他或“二选一”行为，对滥用非银行支付服务相关市场支配地位的行为加强监管，研究出台非银行支付机构条例。规范平台数据使用，从严监管征信业务，确保依法持牌合规经营。落实金融控股公司监管制度，严格审查股东资质，加强穿透式监管，强化全面风险管理和关联交易管理。严格规范平台企业投资入股金融机构和地方金融组织，督促平台企业及其控股、参股金融机构严格落实资本金和杠杆率要求。完善金融消费者保护机制，加强营销行为监管，确保披露信息真实、准确，不得劝诱超前消费。

（六）探索数据和算法安全监管。

切实贯彻收集、使用个人信息的合法、正当、必要原则，严厉打击平台企业超范围收集个人信息、超权限调用个人信息等违法行为。从严管控非必要采集数据行为，依法依规打击黑市数据交易、大数据杀熟等数据滥用行为。在严格保护算法等商业秘密的前提下，支持第三方机构开展算法评估，引导平台企业提升算法透明度与可解释性，促进算法公平。严肃查处利用算法进行信息内容造假、传播负面有害信息和低俗劣质内容、流量劫持以及虚假注册账号等违法违规行为。推动平台企业深入落实网络安全等级保护制度，探索开展数据安全风险态势监测通报，建立应急处置机制。国家机关在执法活动中应依法调取、使用个人信息，保护数据安全。

（七）改进提高监管技术和手段。

强化数字化监管支撑，建立违法线索线上发现、流转、调查处理等非接触式监管机制，提升监测预警、线上执法、信息公示等监管能力，支持条件成熟的地区开展数字化监管试点创新。加强和改进信用监管，强化平台经济领域严重违法失信名单管理。发挥行业协会作用，引导互联网企业间加强对严重违法失信名单等相关信用评价互通、互联、互认，推动平台企业对网络经营者违法行为实施联防联控。

三、优化发展环境

（八）降低平台经济参与者经营成本。

持续推进平台经济相关市场主体登记注册便利化、规范化，支持省级人民政府按照相关要求，统筹开展住所与经营场所分离登记试点。进一步清理和规范各地于法无据、擅自扩权的平台经济准入等规章制度。完善互联网市场准入禁止许可目录。引导平台企业合理确定支付结算、平台佣金等服务费用，给予优质小微商户一定的流量扶持。平台服务收费应质价相符、公平合理，应与平台内经营者平等协商、充分沟通，不得损害公平竞争秩序。

（九）建立有序开放的平台生态。

推动平台企业间合作，构建兼容开放的生态圈，激发平台企业活力，培育平台经济发展新动能。倡导公平竞争、包容发展、开放创新，平台应依法依规有序推进生态开放，按照统一规则公平对外提供服务，不得恶意不兼容，或设置不合理的程序要求。平台运营者不得利用数据、流量、技术、市场、资本优势，限制其他平台和应用独立运行。推动制定云平台间系统迁移和互联互通标准，加快业务和数据互联互通。

（十）加强新就业形态劳动者权益保障。

落实网约配送员、网约车驾驶员等新就业形态劳动者权益保障相关政策措施。完善新就业形态劳动者与平台企业、用工合作企业之间的劳动关系认定标准，探索明确不完全符合确立劳动关系情形的认定标准，合理确定企业与劳动者的权利义务。引导平台企业加强与新就业形态劳动者之间的协商，合理制定订单分配、计件单价、抽成比例等直接涉及劳动者权益的制度和算法规则，并公开发布，保证制度规则公开透明。健全最低工资和支付保障制度，保障新就业形态劳动者获得合理劳动报酬。开展平台灵活就业人员职业伤害保障试点，探索用工企业购买商业保险等机制。实施全民参保计划，促进新就业形态劳动者参加社会保险。加强对新就业形态劳动者的安全意识、法律意识培训。

四、增强创新发展能力

（十一）支持平台加强技术创新。

引导平台企业进一步发挥平台的市场和数据优势，积极开展科技创新，提升核心竞争力。鼓励平台企业不断提高研发投入强度，加快人工智能、云计算、区块链、操作系统、处理器等领域的技术研发突破。鼓励平台企业加快数字化绿色化融合技术创新研发和应用，助推构建零碳产业链和供应链。营造良好技术创新政策环境，进一步健全适应平台企业创新发展的知识产权保护制度。支持有实力的龙头企业或平台企业牵头组建创新联合体，围绕工业互联网底层架构、工业软件根技术、人工智能开放创新、公共算法集、区块链底层技术等领域，推进关键软件技术攻关。

（十二）提升全球化发展水平。

支持平台企业推动数字产品与服务“走出去”，增强国际化发展能力，提升国际竞争力。积极参与跨境数据流动、数字经济税收等相关国际规则制定，参与反垄断、反不正当竞争国际协调，充分发挥自由贸易试验区、自由贸易港先行先试作用，推动构建互利共赢的国际经贸规则，为平台企业国际化发展营造良好环境。培育知识产权、商事协调、法律顾问等专业化中介服务，试点探索便捷的司法协调、投资保护和救济机制，强化海外知识产权风险预警、维权援助、纠纷调解等工作机制，保护我国平台企业和经营者在海外的合法权益。鼓励平台企业发展跨境电商，积极推动海外仓建设，提升数字化、智能化、便利化水平，推动中小企业依托跨境电商平台拓展国际市场。积极推动境外经贸合作区建设，培育仓储、物流、支付、通关、结汇等跨境电商产业链和生态圈。

（十三）鼓励平台企业开展模式创新。

鼓励平台企业在依法依规前提下，充分利用技术、人才、资金、渠道、数据等方面优势，发挥创新引领的关键作用，推动"互联网+"向更大范围、更深层次、更高效率方向发展。鼓励基于平台的要素融合创新，加强行业数据采集、分析挖掘、综合利用，试点推进重点行业数据要素市场化进程，发挥数据要素对土地、劳动、资本等其他生产要素的放大、叠加、倍增作用。试点探索"所有权与使用权分离"的资源共享新模式，盘活云平台、开发工具、车间厂房等方面闲置资源，培育共享经济新业态。鼓励平台企业开展创新业务众包，更多向中小企业开放和共享资源。

五、赋能经济转型发展

（十四）赋能制造业转型升级。

支持平台企业依托市场、数据优势，赋能生产制造环节，发展按需生产、以销定产、个性化定制等新型制造模式。鼓励平台企业加强与行业龙头企业合作，提升企业一体化数字化生产运营能力，推进供应链数字化、智能化升级，带动传统行业整体数字化转型。探索推动平台企业与产业集群合作，补齐区域产业转型发展短板，推动提升区域产业竞争力。引导平台企业积极参与工业互联网创新发展工程，开展关键技术攻关、公共平台培育，推动构建多层次、系统化的工业互联网平台体系。深入实施普惠性"上云用数赋智"行动，支持中小企业从数据上云逐步向管理上云、业务上云升级。实施中小企业数字化赋能专项行动，鼓励推广传统产业数字化、绿色化、智能化优秀实践。

（十五）推动农业数字化转型。

鼓励平台企业创新发展智慧农业，推动种植业、畜牧业、渔业等领域数字化，提升农业生产、加工、销售、物流等产业链各环节数字化水平，健全农产品质量追溯体系，以品牌化、可追溯化助力实现农产品优质优价。规范平台企业农

产品和农资交易行为，采购、销售的农产品、农兽药残留不得超标，不采购、销售质量不合格农资，切实保障产品质量安全，支持有机认证农产品采购、销售。引导平台企业在农村布局，加快农村电子商务发展，推进“互联网+”农产品出村进城。进一步引导平台经济赋能“三农”发展，加快推动农村信用信息体系建设，以数字化手段创新金融支持农业农村方式，培育全面推进乡村振兴新动能。

（十六）提升平台消费创造能力。

鼓励平台企业拓展“互联网+”消费场景，提供高质量产品和服务，促进智能家居、虚拟现实、超高清视频终端等智能产品普及应用，发展智能导购、智能补货、虚拟化体验等新兴零售方式，推动远程医疗、网上办公、知识分享等应用。引导平台企业开展品牌消费、品质消费等网上促销活动，培育消费新增长点。鼓励平台企业助力优化公共服务，提升医疗、社保、就业等服务领域的普惠化、便捷化、个性化水平。鼓励平台企业提供无障碍服务，增强老年人、残疾人等特殊群体享受智能化产品和服务的便捷性。引导平台企业开展数字帮扶，促进数字技术和数字素养提升。

六、保障措施

（十七）加强统筹协调。

充分依托已有机制，强化部门协同、央地联动，加强对平台经济领域重大问题的协同研判。加强监管行动、政策的统筹协调，充分听取各方意见，尤其是行政相对人意见，避免影响、中断平台企业正常经营活动，防范政策叠加导致非预期风险。强化中央统筹、省负总责、地方落实属地管理责任，坚持责任划分、评估考评与追责问责有机统一。

（十八）强化政策保障。

鼓励创业投资、股权投资（基金）等加大投入科技创新领域，支持企业科技创新。鼓励依托各类高等学校、职业院校和研究机构加强对数字经济高端人才、实用人才的培养。加强全民数字技能教育和培训。各地要积极推进平台经济发展，健全推进平台经济发展的政策体系，及时研究解决平台经济发展中的重大问题。

（十九）开展试点探索。

依托国家数字经济创新发展试验区、全面创新改革试验区、国家智能社会治理实验基地、全国网络市场监管与服务示范区、国家电子商务示范基地、自由贸易试验区、自由贸易港等，探索建立适应平台经济发展的监管模式，构建与平台经济创新发展相适应的制度环境。

国家发展改革委
市场监管总局
中央网信办
工业和信息化部
人力资源社会保障部
农业农村部
商务部
人民银行
税务总局
2021 年 12 月 24 日

附录二

国务院办公厅关于促进平台经济规范健康发展的指导意见

国办发〔2019〕38号

各省、自治区、直辖市人民政府，国务院各部委、各直属机构：

互联网平台经济是生产力新的组织方式，是经济发展新动能，对优化资源配置、促进跨界融通发展和大众创业万众创新、推动产业升级、拓展消费市场尤其是增加就业，都有重要作用。要坚持以习近平新时代中国特色社会主义思想为指导，深入贯彻落实党的十九大和十九届二中、三中全会精神，持续深化“放管服”改革，围绕更大激发市场活力，聚焦平台经济发展面临的突出问题，遵循规律、顺势而为，加大政策引导、支持和保障力度，创新监管理念和方式，落实和完善包容审慎监管要求，推动建立健全适应平台经济发展特点的新型监管机制，着力营造公平竞争市场环境。为促进平台经济规范健康发展，经国务院同意，现提出以下意见。

一、优化完善市场准入条件，降低企业合规成本

（一）推进平台经济相关市场主体登记注册便利化。放宽住所（经营场所）登记条件，经营者通过电子商务类平台开展经营活动的，可以使用平台提供的网络经营场所申请个体工商户登记。指导督促地方开展“一照多址”改革探索，进一步简化平台企业分支机构设立手续。放宽新兴行业企业名称登记限制，允许

使用反映新业态特征的字词作为企业名称。推进经营范围登记规范化，及时将反映新业态特征的经营范围表述纳入登记范围。（市场监管总局负责）

（二）合理设置行业准入规定和许可。放宽融合性产品和服务准入限制，只要不违反法律法规，均应允许相关市场主体进入。清理和规范制约平台经济健康发展的行政许可、资质资格等事项，对仅提供信息中介和交易撮合服务的平台，除直接涉及人身健康、公共安全、社会稳定和国家政策另有规定的金融、新闻等领域外，原则上不要求比照平台内经营者办理相关业务许可。（各相关部门按职责分别负责）指导督促有关地方评估网约车、旅游民宿等领域的政策落实情况，优化完善准入条件、审批流程和服务，加快平台经济参与者合规化进程。（交通运输部、文化和旅游部等相关部门按职责分别负责）对仍处于发展初期、有利于促进新旧动能转换的新兴行业，要给予先行先试机会，审慎出台市场准入政策。（各地区、各部门负责）

（三）加快完善新业态标准体系。对部分缺乏标准的新兴行业，要及时制定出台相关产品和服务标准，为新产品新服务进入市场提供保障。对一些发展相对成熟的新业态，要鼓励龙头企业和行业协会主动制定企业标准，参与制定行业标准，提升产品质量和服务水平。（市场监管总局牵头，各相关部门按职责分别负责）

二、创新监管理念和方式，实行包容审慎监管

（一）探索适应新业态特点、有利于公平竞争的公正监管办法。本着鼓励创新的原则，分领域制定监管规则和标准，在严守安全底线的前提下为新业态发展留足空间。对看得准、已经形成较好发展势头的，分类量身定制适当的监管模式，避免用老办法管理新业态；对一时看不准的，设置一定的“观察期”，防止一上来就管死；对潜在风险大、可能造成严重不良后果的，严格监管；对非法经营的，坚决依法予以取缔。各有关部门要依法依规夯实监管责任，优化机构监管，强化行为监管，及时预警风险隐患，发现和纠正违法违规行为。（发展改革委、中央网信办、工业和信息化部、市场监管总局、公安部等相关部门及各地区按职责分别负责）

（二）科学合理界定平台责任。明确平台在经营者信息核验、产品和服务质量、平台（含App）索权、消费者权益保护、网络安全、数据安全、劳动者权益保护等方面的相应责任，强化政府部门监督执法职责，不得将本该由政府承担的监管责任转嫁给平台。尊重消费者选择权，确保跨平台互联互通和互操作。

允许平台在合规经营前提下探索不同经营模式，明确平台与平台内经营者的责任，加快研究出台平台尽职免责的具体办法，依法合理确定平台承担的责任。鼓励平台通过购买保险产品分散风险，更好保障各方权益。（各相关部门按职责分别负责）

（三）维护公平竞争市场秩序。制定出台网络交易监督管理有关规定，依法查处互联网领域滥用市场支配地位限制交易、不正当竞争等违法行为，严禁平台单边签订排他性服务提供合同，保障平台经济相关市场主体公平参与市场竞争。维护市场价格秩序，针对互联网领域价格违法行为特点制定监管措施，规范平台和平台内经营者价格标示、价格促销等行为，引导企业合法合规经营。（市场监管总局负责）

（四）建立健全协同监管机制。适应新业态跨行业、跨区域的特点，加强监管部门协同、区域协同和央地协同，充分发挥“互联网+”行动、网络市场监管、消费者权益保护、交通运输新业态协同监管等部际联席会议机制作用，提高监管效能。（发展改革委、市场监管总局、交通运输部等相关部门按职责分别负责）加大对跨区域网络案件查办协调力度，加强信息互换、执法互助，形成监管合力。鼓励行业协会商会等社会组织出台行业服务规范和自律公约，开展纠纷处理和信用评价，构建多元共治的监管格局。（各地区、各相关部门按职责分别负责）

（五）积极推进“互联网+监管”。依托国家“互联网+监管”等系统，推动监管平台与企业平台联通，加强交易、支付、物流、出行等第三方数据分析比对，开展信息监测、在线证据保全、在线识别、源头追溯，增强对行业风险和违法违规线索的发现识别能力，实现以网管网、线上线下一体化监管。（国务院办公厅、市场监管总局等相关部门按职责分别负责）根据平台信用等级和风险类型，实施差异化监管，对风险较低、信用较好的适当减少检查频次，对风险较高、信用较差的加大检查频次和力度。（各相关部门按职责分别负责）

三、鼓励发展平台经济新业态，加快培育新的增长点

（一）积极发展“互联网+服务业”。支持社会资本进入基于互联网的医疗健康、教育培训、养老家政、文化、旅游、体育等新兴服务领域，改造提升教育医疗等网络基础设施，扩大优质服务供给，满足群众多层次多样化需求。鼓励平台进一步拓展服务范围，加强品牌建设，提升服务品质，发展便民服务新业态，延伸产业链和带动扩大就业。鼓励商品交易市场顺应平台经济发展新趋势、新

要求，提升流通创新能力，促进产销更好衔接。（教育部、民政部、商务部、文化和旅游部、卫生健康委、体育总局、工业和信息化部等相关部门按职责分别负责）

（二）大力发展“互联网+生产”。适应产业升级需要，推动互联网平台与工业、农业生产深度融合，提升生产技术，提高创新服务能力，在实体经济中大力推广应用物联网、大数据，促进数字经济和数字产业发展，深入推进智能制造和服务型制造。深入推进工业互联网创新发展，加快跨行业、跨领域和企业级工业互联网平台建设及应用普及，实现各类生产设备与信息系统的广泛互联互通，推进制造资源、数据等集成共享，促进一二三产业、大中小企业融通发展。（工业和信息化部、农业农村部等相关部门按职责分别负责）

（三）深入推进“互联网+创业创新”。加快打造“双创”升级版，依托互联网平台完善全方位创业创新服务体系，实现线上线下良性互动、创业创新资源有机结合，鼓励平台开展创新任务众包，更多向中小企业开放共享资源，支撑中小企业开展技术、产品、管理模式、商业模式等创新，进一步提升创业创新效能。（发展改革委牵头，各相关部门按职责分别负责）

（四）加强网络支撑能力建设。深入实施“宽带中国”战略，加快5G等新一代信息基础设施建设，优化提升网络性能和速率，推进下一代互联网、广播电视网、物联网建设，进一步降低中小企业宽带平均资费水平，为平台经济发展提供有力支撑。（工业和信息化部、发展改革委等相关部门按职责分别负责）

四、优化平台经济发展环境，夯实新业态成长基础

（一）加强政府部门与平台数据共享。依托全国一体化在线政务服务平台、国家“互联网+监管”系统、国家数据共享交换平台、全国信用信息共享平台和国家企业信用信息公示系统，进一步归集市场主体基本信息和各类涉企许可信息，力争2019年上线运行全国一体化在线政务服务平台电子证照共享服务系统，为平台依法依规核验经营者、其他参与方的资质信息提供服务保障。（国务院办公厅、发展改革委、市场监管总局按职责分别负责）加强部门间数据共享，防止各级政府部门多头向平台索要数据。（发展改革委、中央网信办、市场监管总局、国务院办公厅等相关部门按职责分别负责）畅通政企数据双向流通机制，制定发布政府数据开放清单，探索建立数据资源确权、流通、交易、应用开发规则和流程，加强数据隐私保护和安全管理。（发展改革委、中央网信办等相关部门及各地区按职责分别负责）

（二）推动完善社会信用体系。加大全国信用信息共享平台开放力度，依法将可公开的信用信息与相关企业共享，支持平台提升管理水平。利用平台数据补充完善现有信用体系信息，加强对平台内失信主体的约束和惩戒。（发展改革委、市场监管总局负责）完善新业态信用体系，在网约车、共享单车、汽车分时租赁等领域，建立健全身份认证、双向评价、信用管理等机制，规范平台经济参与者行为。（发展改革委、交通运输部等相关部门按职责分别负责）

（三）营造良好的政策环境。各地区各部门要充分听取平台经济参与者的诉求，有针对性地研究提出解决措施，为平台创新发展和吸纳就业提供有力保障。（各地区、各部门负责）2019 年底前建成全国统一的电子发票公共服务平台，提供免费的增值税电子普通发票开具服务，加快研究推进增值税专用发票电子化工作。（税务总局负责）尽快制定电子商务法实施中的有关信息公示、零星小额交易等配套规则。（商务部、市场监管总局、司法部按职责分别负责）鼓励银行业金融机构基于互联网和大数据等技术手段，创新发展适应平台经济相关企业融资需求的金融产品和服务，为平台经济发展提供支持。允许有实力有条件的互联网平台申请保险兼业代理资质。（银保监会等相关部门按职责分别负责）推动平台经济监管与服务的国际交流合作，加强政策沟通，为平台企业走出去创造良好外部条件。（商务部等相关部门按职责分别负责）

五、切实保护平台经济参与者合法权益，强化平台经济发展法治保障

（一）保护平台、平台内经营者和平台从业人员等权益。督促平台按照公开、公平、公正的原则，建立健全交易规则和服务协议，明确进入和退出平台、商品和服务质量安全保障、平台从业人员权益保护、消费者权益保护等规定。（商务部、市场监管总局牵头，各相关部门按职责分别负责）抓紧研究完善平台企业用工和灵活就业等从业人员社保政策，开展职业伤害保障试点，积极推进全民参保计划，引导更多平台从业人员参保。加强对平台从业人员的职业技能培训，将其纳入职业技能提升行动。（人力资源社会保障部负责）强化知识产权保护意识。依法打击网络欺诈行为和以“打假”为名的敲诈勒索行为。（市场监管总局、知识产权局按职责分别负责）

（二）加强平台经济领域消费者权益保护。督促平台建立健全消费者投诉和举报机制，公开投诉举报电话，确保投诉举报电话有人接听，建立与市场监管部门投诉举报平台的信息共享机制，及时受理并处理投诉举报，鼓励行业组织依法依规建立消费者投诉和维权第三方平台。鼓励平台建立争议在线解决机制，制定

并公示争议解决规则。依法严厉打击泄露和滥用用户信息等损害消费者权益行为。（市场监管总局等相关部门按职责分别负责）

（三）完善平台经济相关法律法规。及时推动修订不适应平台经济发展的相关法律法规与政策规定，加快破除制约平台经济发展的体制机制障碍。（司法部等相关部门按职责分别负责）

涉及金融领域的互联网平台，其金融业务的市场准入管理和事中事后监管，按照法律法规和有关规定执行。设立金融机构、从事金融活动、提供金融信息中介和交易撮合服务，必须依法接受准入管理。

各地区、各部门要充分认识促进平台经济规范健康发展的重要意义，按照职责分工抓好贯彻落实，压实工作责任，完善工作机制，密切协作配合，切实解决平台经济发展面临的突出问题，推动各项政策措施及时落地见效，重大情况及时报国务院。

国务院办公厅

2019 年 8 月 1 日

附录三

中华人民共和国电子商务法

（2018 年 8 月 31 日第十三届全国人民代表大会常务委员会第五次会议通过）

目　录

第一章　总则

第一条　为了保障电子商务各方主体的合法权益，规范电子商务行为，维护市场秩序，促进电子商务持续健康发展，制定本法。

第二条　中华人民共和国境内的电子商务活动，适用本法。

本法所称电子商务，是指通过互联网等信息网络销售商品或者提供服务的经营活动。

法律、行政法规对销售商品或者提供服务有规定的，适用其规定。金融类产品和服务，利用信息网络提供新闻信息、音视频节目、出版以及文化产品等内容方面的服务，不适用本法。

第三条　国家鼓励发展电子商务新业态，创新商业模式，促进电子商务技术研发和推广应用，推进电子商务诚信体系建设，营造有利于电子商务创新发展的市场环境，充分发挥电子商务在推动高质量发展、满足人民日益增长的美好生活需要、构建开放型经济方面的重要作用。

第四条　国家平等对待线上线下商务活动，促进线上线下融合发展，各级人民政府和有关部门不得采取歧视性的政策措施，不得滥用行政权力排除、限制市场竞争。

第五条　电子商务经营者从事经营活动，应当遵循自愿、平等、公平、诚信的原则，遵守法律和商业道德，公平参与市场竞争，履行消费者权益保护、环境保护、知识产权保护、网络安全与个人信息保护等方面的义务，承担产品和服务质量责任，接受政府和社会的监督。

第六条　国务院有关部门按照职责分工负责电子商务发展促进、监督管理等工作。县级以上地方各级人民政府可以根据本行政区域的实际情况，确定本行政区域内电子商务的部门职责划分。

第七条　国家建立符合电子商务特点的协同管理体系，推动形成有关部门、电子商务行业组织、电子商务经营者、消费者等共同参与的电子商务市场治理体系。

第八条　电子商务行业组织按照本组织章程开展行业自律，建立健全行业规范，推动行业诚信建设，监督、引导本行业经营者公平参与市场竞争。

第二章　电子商务经营者

第一节　一般规定

第九条　本法所称电子商务经营者，是指通过互联网等信息网络从事销售商品或者提供服务的经营活动的自然人、法人和非法人组织，包括电子商务平台经营者、平台内经营者以及通过自建网站、其他网络服务销售商品或者提供服务的电子商务经营者。

本法所称电子商务平台经营者，是指在电子商务中为交易双方或者多方提供网络经营场所、交易撮合、信息发布等服务，供交易双方或者多方独立开展交易活动的法人或者非法人组织。

本法所称平台内经营者，是指通过电子商务平台销售商品或者提供服务的电子商务经营者。

第十条　电子商务经营者应当依法办理市场主体登记。但是，个人销售自产农副产品、家庭手工业产品，个人利用自己的技能从事依法无须取得许可的便民劳务活动和零星小额交易活动，以及依照法律、行政法规不需要进行登记的除外。

第十一条　电子商务经营者应当依法履行纳税义务，并依法享受税收优惠。

依照前条规定不需要办理市场主体登记的电子商务经营者在首次纳税义务发生后，应当依照税收征收管理法律、行政法规的规定申请办理税务登记，并如实申报纳税。

第十二条　电子商务经营者从事经营活动，依法需要取得相关行政许可的，应当依法取得行政许可。

第十三条　电子商务经营者销售的商品或者提供的服务应当符合保障人身、财产安全的要求和环境保护要求，不得销售或者提供法律、行政法规禁止交易的商品或者服务。

第十四条　电子商务经营者销售商品或者提供服务应当依法出具纸质发票或者电子发票等购货凭证或者服务单据。电子发票与纸质发票具有同等法律效力。

第十五条　电子商务经营者应当在其首页显著位置，持续公示营业执照信息、与其经营业务有关的行政许可信息、属于依照本法第十条规定的不需要办理市场主体登记情形等信息，或者上述信息的链接标识。

前款规定的信息发生变更的，电子商务经营者应当及时更新公示信息。

第十六条　电子商务经营者自行终止从事电子商务的，应当提前三十日在首页显著位置持续公示有关信息。

第十七条　电子商务经营者应当全面、真实、准确、及时地披露商品或者服务信息，保障消费者的知情权和选择权。电子商务经营者不得以虚构交易、编造用户评价等方式进行虚假或者引人误解的商业宣传，欺骗、误导消费者。

第十八条　电子商务经营者根据消费者的兴趣爱好、消费习惯等特征向其提供商品或者服务的搜索结果的，应当同时向该消费者提供不针对其个人特征的选项，尊重和平等保护消费者合法权益。

电子商务经营者向消费者发送广告的，应当遵守《中华人民共和国广告法》的有关规定。

第十九条　电子商务经营者搭售商品或者服务，应当以显著方式提请消费者注意，不得将搭售商品或者服务作为默认同意的选项。

第二十条　电子商务经营者应当按照承诺或者与消费者约定的方式、时限向消费者交付商品或者服务，并承担商品运输中的风险和责任。但是，消费者另行选择快递物流服务提供者的除外。

第二十一条　电子商务经营者按照约定向消费者收取押金的，应当明示押金退还的方式、程序，不得对押金退还设置不合理条件。消费者申请退还押金，符合押金退还条件的，电子商务经营者应当及时退还。

第二十二条　电子商务经营者因其技术优势、用户数量、对相关行业的控制能力以及其他经营者对该电子商务经营者在交易上的依赖程度等因素而具有市场支配地位的，不得滥用市场支配地位，排除、限制竞争。

第二十三条　电子商务经营者收集、使用其用户的个人信息，应当遵守法律、行政法规有关个人信息保护的规定。

第二十四条　电子商务经营者应当明示用户信息查询、更正、删除以及用户注销的方式、程序，不得对用户信息查询、更正、删除以及用户注销设置不合理条件。

电子商务经营者收到用户信息查询或者更正、删除的申请的，应当在核实身份后及时提供查询或者更正、删除用户信息。用户注销的，电子商务经营者应当立即删除该用户的信息；依照法律、行政法规的规定或者双方约定保存的，依照其规定。

第二十五条　有关主管部门依照法律、行政法规的规定要求电子商务经营者

提供有关电子商务数据信息的，电子商务经营者应当提供。有关主管部门应当采取必要措施保护电子商务经营者提供的数据信息的安全，并对其中的个人信息、隐私和商业秘密严格保密，不得泄露、出售或者非法向他人提供。

第二十六条　电子商务经营者从事跨境电子商务，应当遵守进出口监督管理的法律、行政法规和国家有关规定。

第二节　电子商务平台经营者

第二十七条　电子商务平台经营者应当要求申请进入平台销售商品或者提供服务的经营者提交其身份、地址、联系方式、行政许可等真实信息，进行核验、登记，建立登记档案，并定期核验更新。

电子商务平台经营者为进入平台销售商品或者提供服务的非经营用户提供服务，应当遵守本节有关规定。

第二十八条　电子商务平台经营者应当按照规定向市场监督管理部门报送平台内经营者的身份信息，提示未办理市场主体登记的经营者依法办理登记，并配合市场监督管理部门，针对电子商务的特点，为应当办理市场主体登记的经营者办理登记提供便利。

电子商务平台经营者应当依照税收征收管理法律、行政法规的规定，向税务部门报送平台内经营者的身份信息和与纳税有关的信息，并应当提示依照本法第十条规定不需要办理市场主体登记的电子商务经营者依照本法第十一条第二款的规定办理税务登记。

第二十九条　电子商务平台经营者发现平台内的商品或者服务信息存在违反本法第十二条、第十三条规定情形的，应当依法采取必要的处置措施，并向有关主管部门报告。

第三十条　电子商务平台经营者应当采取技术措施和其他必要措施保证其网络安全、稳定运行，防范网络违法犯罪活动，有效应对网络安全事件，保障电子商务交易安全。

电子商务平台经营者应当制定网络安全事件应急预案，发生网络安全事件时，应当立即启动应急预案，采取相应的补救措施，并向有关主管部门报告。

第三十一条　电子商务平台经营者应当记录、保存平台上发布的商品和服务信息、交易信息，并确保信息的完整性、保密性、可用性。商品和服务信息、交易信息保存时间自交易完成之日起不少于三年；法律、行政法规另有规定的，依照其规定。

第三十二条　电子商务平台经营者应当遵循公开、公平、公正的原则，制定平台服务协议和交易规则，明确进入和退出平台、商品和服务质量保障、消费者权益保护、个人信息保护等方面的权利和义务。

第三十三条　电子商务平台经营者应当在其首页显著位置持续公示平台服务协议和交易规则信息或者上述信息的链接标识，并保证经营者和消费者能够便利、完整地阅览和下载。

第三十四条　电子商务平台经营者修改平台服务协议和交易规则，应当在其首页显著位置公开征求意见，采取合理措施确保有关各方能够及时充分表达意见。修改内容应当至少在实施前七日予以公示。

平台内经营者不接受修改内容，要求退出平台的，电子商务平台经营者不得阻止，并按照修改前的服务协议和交易规则承担相关责任。

第三十五条　电子商务平台经营者不得利用服务协议、交易规则以及技术等手段，对平台内经营者在平台内的交易、交易价格以及与其他经营者的交易等进行不合理限制或者附加不合理条件，或者向平台内经营者收取不合理费用。

第三十六条　电子商务平台经营者依据平台服务协议和交易规则对平台内经营者违反法律、法规的行为实施警示、暂停或者终止服务等措施的，应当及时公示。

第三十七条　电子商务平台经营者在其平台上开展自营业务的，应当以显著方式区分标记自营业务和平台内经营者开展的业务，不得误导消费者。

电子商务平台经营者对其标记为自营的业务依法承担商品销售者或者服务提供者的民事责任。

第三十八条　电子商务平台经营者知道或者应当知道平台内经营者销售的商品或者提供的服务不符合保障人身、财产安全的要求，或者有其他侵害消费者合法权益行为，未采取必要措施的，依法与该平台内经营者承担连带责任。

对关系消费者生命健康的商品或者服务，电子商务平台经营者对平台内经营者的资质资格未尽到审核义务，或者对消费者未尽到安全保障义务，造成消费者损害的，依法承担相应的责任。

第三十九条　电子商务平台经营者应当建立健全信用评价制度，公示信用评价规则，为消费者提供对平台内销售的商品或者提供的服务进行评价的途径。

电子商务平台经营者不得删除消费者对其平台内销售的商品或者提供的服务的评价。

第四十条　电子商务平台经营者应当根据商品或者服务的价格、销量、信用等以多种方式向消费者显示商品或者服务的搜索结果；对于竞价排名的商品或者服务，应当显著标明“广告”。

第四十一条　电子商务平台经营者应当建立知识产权保护规则，与知识产权权利人加强合作，依法保护知识产权。

第四十二条　知识产权权利人认为其知识产权受到侵害的，有权通知电子商务平台经营者采取删除、屏蔽、断开链接、终止交易和服务等必要措施。通知应当包括构成侵权的初步证据。

电子商务平台经营者接到通知后，应当及时采取必要措施，并将该通知转送平台内经营者；未及时采取必要措施的，对损害的扩大部分与平台内经营者承担连带责任。

因通知错误造成平台内经营者损害的，依法承担民事责任。恶意发出错误通知，造成平台内经营者损失的，加倍承担赔偿责任。

第四十三条　平台内经营者接到转送的通知后，可以向电子商务平台经营者提交不存在侵权行为的声明。声明应当包括不存在侵权行为的初步证据。

电子商务平台经营者接到声明后，应当将该声明转送发出通知的知识产权权利人，并告知其可以向有关主管部门投诉或者向人民法院起诉。电子商务平台经营者在转送声明到达知识产权权利人后十五日内，未收到权利人已经投诉或者起诉通知的，应当及时终止所采取的措施。

第四十四条　电子商务平台经营者应当及时公示收到的本法第四十二条、第四十三条规定的通知、声明及处理结果。

第四十五条　电子商务平台经营者知道或者应当知道平台内经营者侵犯知识产权的，应当采取删除、屏蔽、断开链接、终止交易和服务等必要措施；未采取必要措施的，与侵权人承担连带责任。

第四十六条　除本法第九条第二款规定的服务外，电子商务平台经营者可以按照平台服务协议和交易规则，为经营者之间的电子商务提供仓储、物流、支付结算、交收等服务。电子商务平台经营者为经营者之间的电子商务提供服务，应当遵守法律、行政法规和国家有关规定，不得采取集中竞价、做市商等集中交易方式进行交易，不得进行标准化合约交易。

第三章　电子商务合同的订立与履行

第四十七条　电子商务当事人订立和履行合同，适用本章和《中华人民共和国民法总则》《中华人民共和国合同法》《中华人民共和国电子签名法》等法律的规定。

第四十八条 电子商务当事人使用自动信息系统订立或者履行合同的行为对使用该系统的当事人具有法律效力。

在电子商务中推定当事人具有相应的民事行为能力。但是，有相反证据足以推翻的除外。

第四十九条 电子商务经营者发布的商品或者服务信息符合要约条件的，用户选择该商品或者服务并提交订单成功，合同成立。当事人另有约定的，从其约定。

电子商务经营者不得以格式条款等方式约定消费者支付价款后合同不成立；格式条款等含有该内容的，其内容无效。

第五十条 电子商务经营者应当清晰、全面、明确地告知用户订立合同的步骤、注意事项、下载方法等事项，并保证用户能够便利、完整地阅览和下载。

电子商务经营者应当保证用户在提交订单前可以更正输入错误。

第五十一条 合同标的为交付商品并采用快递物流方式交付的，收货人签收时间为交付时间。合同标的为提供服务的，生成的电子凭证或者实物凭证中载明的时间为交付时间；前述凭证没有载明时间或者载明时间与实际提供服务时间不一致的，实际提供服务的时间为交付时间。

合同标的为采用在线传输方式交付的，合同标的进入对方当事人指定的特定系统并且能够检索识别的时间为交付时间。

合同当事人对交付方式、交付时间另有约定的，从其约定。

第五十二条 电子商务当事人可以约定采用快递物流方式交付商品。

快递物流服务提供者为电子商务提供快递物流服务，应当遵守法律、行政法规，并应当符合承诺的服务规范和时限。快递物流服务提供者在交付商品时，应当提示收货人当面查验；交由他人代收的，应当经收货人同意。

快递物流服务提供者应当按照规定使用环保包装材料，实现包装材料的减量化和再利用。

快递物流服务提供者在提供快递物流服务的同时，可以接受电子商务经营者的委托提供代收货款服务。

第五十三条 电子商务当事人可以约定采用电子支付方式支付价款。

电子支付服务提供者为电子商务提供电子支付服务，应当遵守国家规定，告

知用户电子支付服务的功能、使用方法、注意事项、相关风险和收费标准等事项，不得附加不合理交易条件。电子支付服务提供者应当确保电子支付指令的完整性、一致性、可跟踪稽核和不可篡改。

电子支付服务提供者应当向用户免费提供对账服务以及最近三年的交易记录。

第五十四条　电子支付服务提供者提供电子支付服务不符合国家有关支付安全管理要求，造成用户损失的，应当承担赔偿责任。

第五十五条　用户在发出支付指令前，应当核对支付指令所包含的金额、收款人等完整信息。

支付指令发生错误的，电子支付服务提供者应当及时查找原因，并采取相关措施予以纠正。造成用户损失的，电子支付服务提供者应当承担赔偿责任，但能够证明支付错误非自身原因造成的除外。

第五十六条　电子支付服务提供者完成电子支付后，应当及时准确地向用户提供符合约定方式的确认支付的信息。

第五十七条　用户应当妥善保管交易密码、电子签名数据等安全工具。用户发现安全工具遗失、被盗用或者未经授权的支付的，应当及时通知电子支付服务提供者。

未经授权的支付造成的损失，由电子支付服务提供者承担；电子支付服务提供者能够证明未经授权的支付是因用户的过错造成的，不承担责任。

电子支付服务提供者发现支付指令未经授权，或者收到用户支付指令未经授权的通知时，应当立即采取措施防止损失扩大。电子支付服务提供者未及时采取措施导致损失扩大的，对损失扩大部分承担责任。

第四章　电子商务争议解决

第五十八条　国家鼓励电子商务平台经营者建立有利于电子商务发展和消费者权益保护的商品、服务质量担保机制。

电子商务平台经营者与平台内经营者协议设立消费者权益保证金的，双方应当就消费者权益保证金的提取数额、管理、使用和退还办法等作出明确约定。

消费者要求电子商务平台经营者承担先行赔偿责任以及电子商务平台经营者赔偿后向平台内经营者的追偿，适用《中华人民共和国消费者权益保护法》的有关规定。

第五十九条　电子商务经营者应当建立便捷、有效的投诉、举报机制，公开投诉、举报方式等信息，及时受理并处理投诉、举报。

第六十条　电子商务争议可以通过协商和解，请求消费者组织、行业协会或者其他依法成立的调解组织调解，向有关部门投诉，提请仲裁，或者提起诉讼等方式解决。

第六十一条　消费者在电子商务平台购买商品或者接受服务，与平台内经营者发生争议时，电子商务平台经营者应当积极协助消费者维护合法权益。

第六十二条　在电子商务争议处理中，电子商务经营者应当提供原始合同和交易记录。因电子商务经营者丢失、伪造、篡改、销毁、隐匿或者拒绝提供前述资料，致使人民法院、仲裁机构或者有关机关无法查明事实的，电子商务经营者应当承担相应的法律责任。

第六十三条　电子商务平台经营者可以建立争议在线解决机制，制定并公示争议解决规则，根据自愿原则，公平、公正地解决当事人的争议。

第五章　电子商务促进

第六十四条　国务院和省、自治区、直辖市人民政府应当将电子商务发展纳入国民经济和社会发展规划，制定科学合理的产业政策，促进电子商务创新发展。

第六十五条　国务院和县级以上地方人民政府及其有关部门应当采取措施，支持、推动绿色包装、仓储、运输，促进电子商务绿色发展。

第六十六条　国家推动电子商务基础设施和物流网络建设，完善电子商务统计制度，加强电子商务标准体系建设。

第六十七条　国家推动电子商务在国民经济各个领域的应用，支持电子商务与各产业融合发展。

第六十八条　国家促进农业生产、加工、流通等环节的互联网技术应用，鼓励各类社会资源加强合作，促进农村电子商务发展，发挥电子商务在精准扶贫中的作用。

第六十九条　国家维护电子商务交易安全，保护电子商务用户信息，鼓励电子商务数据开发应用，保障电子商务数据依法有序自由流动。

国家采取措施推动建立公共数据共享机制，促进电子商务经营者依法利用公共数据。

第七十条　国家支持依法设立的信用评价机构开展电子商务信用评价，向社会提供电子商务信用评价服务。

第七十一条　国家促进跨境电子商务发展，建立健全适应跨境电子商务特点的海关、税收、进出境检验检疫、支付结算等管理制度，提高跨境电子商务各环节便利化水平，支持跨境电子商务平台经营者等为跨境电子商务提供仓储物流、报关、报检等服务。

国家支持小型微型企业从事跨境电子商务。

第七十二条　国家进出口管理部门应当推进跨境电子商务海关申报、纳税、检验检疫等环节的综合服务和监管体系建设，优化监管流程，推动实现信息共享、监管互认、执法互助，提高跨境电子商务服务和监管效率。跨境电子商务经营者可以凭电子单证向国家进出口管理部门办理有关手续。

第七十三条　国家推动建立与不同国家、地区之间跨境电子商务的交流合作，参与电子商务国际规则的制定，促进电子签名、电子身份等国际互认。

国家推动建立与不同国家、地区之间的跨境电子商务争议解决机制。

第六章　法律责任

第七十四条　电子商务经营者销售商品或者提供服务，不履行合同义务或者履行合同义务不符合约定，或者造成他人损害的，依法承担民事责任。

第七十五条　电子商务经营者违反本法第十二条、第十三条规定，未取得相关行政许可从事经营活动，或者销售、提供法律、行政法规禁止交易的商品、服务，或者不履行本法第二十五条规定的信息提供义务，电子商务平台经营者违反本法第四十六条规定，采取集中交易方式进行交易，或者进行标准化合约交易的，依照有关法律、行政法规的规定处罚。

第七十六条　电子商务经营者违反本法规定，有下列行为之一的，由市场监督管理部门责令限期改正，可以处一万元以下的罚款，对其中的电子商务平台经营者，依照本法第八十一条第一款的规定处罚：

（一）未在首页显著位置公示营业执照信息、行政许可信息、属于不需要办理市场主体登记情形等信息，或者上述信息的链接标识的；

（二）未在首页显著位置持续公示终止电子商务的有关信息的；

（三）未明示用户信息查询、更正、删除以及用户注销的方式、程序，或者对用户信息查询、更正、删除以及用户注销设置不合理条件的。

电子商务平台经营者对违反前款规定的平台内经营者未采取必要措施的，由市场监督管理部门责令限期改正，可以处二万元以上十万元以下的罚款。

第七十七条　电子商务经营者违反本法第十八条第一款规定提供搜索结果，或者违反本法第十九条规定搭售商品、服务的，由市场监督管理部门责令限期改正，没收违法所得，可以并处五万元以上二十万元以下的罚款；情节严重的，并处二十万元以上五十万元以下的罚款。

第七十八条　电子商务经营者违反本法第二十一条规定，未向消费者明示押金退还的方式、程序，对押金退还设置不合理条件，或者不及时退还押金的，由有关主管部门责令限期改正，可以处五万元以上二十万元以下的罚款；情节严重的，处二十万元以上五十万元以下的罚款。

第七十九条　电子商务经营者违反法律、行政法规有关个人信息保护的规定，或者不履行本法第三十条和有关法律、行政法规规定的网络安全保障义务的，依照《中华人民共和国网络安全法》等法律、行政法规的规定处罚。

第八十条　电子商务平台经营者有下列行为之一的，由有关主管部门责令限期改正；逾期不改正的，处二万元以上十万元以下的罚款；情节严重的，责令停业整顿，并处十万元以上五十万元以下的罚款：

（一）不履行本法第二十七条规定的核验、登记义务的；

（二）不按照本法第二十八条规定向市场监督管理部门、税务部门报送有关信息的；

（三）不按照本法第二十九条规定对违法情形采取必要的处置措施，或者未向有关主管部门报告的；

（四）不履行本法第三十一条规定的商品和服务信息、交易信息保存义务的。

法律、行政法规对前款规定的违法行为的处罚另有规定的，依照其规定。

第八十一条　电子商务平台经营者违反本法规定，有下列行为之一的，由市场监督管理部门责令限期改正，可以处二万元以上十万元以下的罚款；情节严重的，处十万元以上五十万元以下的罚款：

（一）未在首页显著位置持续公示平台服务协议、交易规则信息或者上述信息的链接标识的；

（二）修改交易规则未在首页显著位置公开征求意见，未按照规定的时间提前公示修改内容，或者阻止平台内经营者退出的；

（三）未以显著方式区分标记自营业务和平台内经营者开展的业务的；

（四）未为消费者提供对平台内销售的商品或者提供的服务进行评价的途径，或者擅自删除消费者的评价的。

电子商务平台经营者违反本法第四十条规定，对竞价排名的商品或者服务未显著标明“广告”的，依照《中华人民共和国广告法》的规定处罚。

第八十二条　电子商务平台经营者违反本法第三十五条规定，对平台内经营者在平台内的交易、交易价格或者与其他经营者的交易等进行不合理限制或者附加不合理条件，或者向平台内经营者收取不合理费用的，由市场监督管理部门责令限期改正，可以处五万元以上五十万元以下的罚款；情节严重的，处五十万元以上二百万元以下的罚款。

第八十三条　电子商务平台经营者违反本法第三十八条规定，对平台内经营者侵害消费者合法权益行为未采取必要措施，或者对平台内经营者未尽到资质资格审核义务，或者对消费者未尽到安全保障义务的，由市场监督管理部门责令限期改正，可以处五万元以上五十万元以下的罚款；情节严重的，责令停业整顿，并处五十万元以上二百万元以下的罚款。

第八十四条　电子商务平台经营者违反本法第四十二条、第四十五条规定，对平台内经营者实施侵犯知识产权行为未依法采取必要措施的，由有关知识产权行政部门责令限期改正；逾期不改正的，处五万元以上五十万元以下的罚款；情节严重的，处五十万元以上二百万元以下的罚款。

第八十五条　电子商务经营者违反本法规定，销售的商品或者提供的服务不符合保障人身、财产安全的要求，实施虚假或者引人误解的商业宣传等不正当竞争行为，滥用市场支配地位，或者实施侵犯知识产权、侵害消费者权益等行为的，依照有关法律的规定处罚。

第八十六条　电子商务经营者有本法规定的违法行为的，依照有关法律、行政法规的规定记入信用档案，并予以公示。

第八十七条　依法负有电子商务监督管理职责的部门的工作人员，玩忽职守、滥用职权、徇私舞弊，或者泄露、出售或者非法向他人提供在履行职责中所知悉的个人信息、隐私和商业秘密的，依法追究法律责任。

第八十八条　违反本法规定，构成违反治安管理行为的，依法给予治安管理处罚；构成犯罪的，依法追究刑事责任。

第七章　附则

第八十九条　本法自 2019 年 1 月 1 日起施行。

附录四

中华人民共和国反不正当竞争法

（1993 年 9 月 2 日第八届全国人民代表大会常务委员会第三次会议通过 2017 年 11 月 4 日第十二届全国人民代表大会常务委员会第三十次会议修订）

目　录

第一章　总则

第一条　为了促进社会主义市场经济健康发展，鼓励和保护公平竞争，制止不正当竞争行为，保护经营者和消费者的合法权益，制定本法。

第二条　经营者在生产经营活动中，应当遵循自愿、平等、公平、诚信的原则，遵守法律和商业道德。

本法所称的不正当竞争行为，是指经营者在生产经营活动中，违反本法规定，扰乱市场竞争秩序，损害其他经营者或者消费者的合法权益的行为。

本法所称的经营者，是指从事商品生产、经营或者提供服务（以下所称商品包括服务）的自然人、法人和非法人组织。

第三条　各级人民政府应当采取措施，制止不正当竞争行为，为公平竞争创造良好的环境和条件。

国务院建立反不正当竞争工作协调机制，研究决定反不正当竞争重大政策，协调处理维护市场竞争秩序的重大问题。

第四条　县级以上人民政府履行工商行政管理职责的部门对不正当竞争行为进行查处；法律、行政法规规定由其他部门查处的，依照其规定。

第五条　国家鼓励、支持和保护一切组织和个人对不正当竞争行为进行社会监督。

国家机关及其工作人员不得支持、包庇不正当竞争行为。

行业组织应当加强行业自律，引导、规范会员依法竞争，维护市场竞争秩序。

第二章　不正当竞争行为

第六条　经营者不得实施下列混淆行为，引人误认为是他人商品或者与他人存在特定联系：

（一）擅自使用与他人有一定影响的商品名称、包装、装潢等相同或者近似的标识；

（二）擅自使用他人有一定影响的企业名称（包括简称、字号等）、社会组织名称（包括简称等）、姓名（包括笔名、艺名、译名等）；

（三）擅自使用他人有一定影响的域名主体部分、网站名称、网页等；

（四）其他足以引人误认为是他人商品或者与他人存在特定联系的混淆行为。

第七条　经营者不得采用财物或者其他手段贿赂下列单位或者个人，以谋取交易机会或者竞争优势：

（一）交易相对方的工作人员；

（二）受交易相对方委托办理相关事务的单位或者个人；

（三）利用职权或者影响力影响交易的单位或者个人。

经营者在交易活动中，可以以明示方式向交易相对方支付折扣，或者向中间人支付佣金。经营者向交易相对方支付折扣、向中间人支付佣金的，应当如实入账。接受折扣、佣金的经营者也应当如实入账。

经营者的工作人员进行贿赂的，应当认定为经营者的行为；但是，经营者有证据证明该工作人员的行为与为经营者谋取交易机会或者竞争优势无关的除外。

第八条　经营者不得对其商品的性能、功能、质量、销售状况、用户评价、曾获荣誉等作虚假或者引人误解的商业宣传，欺骗、误导消费者。

经营者不得通过组织虚假交易等方式，帮助其他经营者进行虚假或者引人误解的商业宣传。

第九条　经营者不得实施下列侵犯商业秘密的行为：

（一）以盗窃、贿赂、欺诈、胁迫或者其他不正当手段获取权利人的商业秘密；

（二）披露、使用或者允许他人使用以前项手段获取的权利人的商业秘密；

（三）违反约定或者违反权利人有关保守商业秘密的要求，披露、使用或者允许他人使用其所掌握的商业秘密。

第三人明知或者应知商业秘密权利人的员工、前员工或者其他单位、个人实施前款所列违法行为，仍获取、披露、使用或者允许他人使用该商业秘密的，视为侵犯商业秘密。

本法所称的商业秘密，是指不为公众所知悉、具有商业价值并经权利人采取相应保密措施的技术信息和经营信息。

第十条　经营者进行有奖销售不得存在下列情形：

（一）所设奖的种类、兑奖条件、奖金金额或者奖品等有奖销售信息不明确，影响兑奖；

（二）采用谎称有奖或者故意让内定人员中奖的欺骗方式进行有奖销售；

（三）抽奖式的有奖销售，最高奖的金额超过五万元。

第十一条　经营者不得编造、传播虚假信息或者误导性信息，损害竞争对手的商业信誉、商品声誉。

第十二条　经营者利用网络从事生产经营活动，应当遵守本法的各项规定。

经营者不得利用技术手段，通过影响用户选择或者其他方式，实施下列妨碍、破坏其他经营者合法提供的网络产品或者服务正常运行的行为：

（一）未经其他经营者同意，在其合法提供的网络产品或者服务中，插入链

接、强制进行目标跳转；

（二）误导、欺骗、强迫用户修改、关闭、卸载其他经营者合法提供的网络产品或者服务；

（三）恶意对其他经营者合法提供的网络产品或者服务实施不兼容；

（四）其他妨碍、破坏其他经营者合法提供的网络产品或者服务正常运行的行为。

第三章　对涉嫌不正当竞争行为的调查

第十三条　监督检查部门调查涉嫌不正当竞争行为，可以采取下列措施：

（一）进入涉嫌不正当竞争行为的经营场所进行检查；

（二）询问被调查的经营者、利害关系人及其他有关单位、个人，要求其说明有关情况或者提供与被调查行为有关的其他资料；

（三）查询、复制与涉嫌不正当竞争行为有关的协议、账簿、单据、文件、记录、业务函电和其他资料；

（四）查封、扣押与涉嫌不正当竞争行为有关的财物；

（五）查询涉嫌不正当竞争行为的经营者的银行账户。

采取前款规定的措施，应当向监督检查部门主要负责人书面报告，并经批准。采取前款第四项、第五项规定的措施，应当向设区的市级以上人民政府监督检查部门主要负责人书面报告，并经批准。

监督检查部门调查涉嫌不正当竞争行为，应当遵守《中华人民共和国行政强制法》和其他有关法律、行政法规的规定，并应当将查处结果及时向社会公开。

第十四条　监督检查部门调查涉嫌不正当竞争行为，被调查的经营者、利害关系人及其他有关单位、个人应当如实提供有关资料或者情况。

第十五条　监督检查部门及其工作人员对调查过程中知悉的商业秘密负有保密义务。

第十六条　对涉嫌不正当竞争行为，任何单位和个人有权向监督检查部门举报，监督检查部门接到举报后应当依法及时处理。

监督检查部门应当向社会公开受理举报的电话、信箱或者电子邮件地址，并为举报人保密。对实名举报并提供相关事实和证据的，监督检查部门应当将处理结果告知举报人。

第四章　法律责任

第十七条　经营者违反本法规定，给他人造成损害的，应当依法承担民事责任。

经营者的合法权益受到不正当竞争行为损害的，可以向人民法院提起诉讼。

因不正当竞争行为受到损害的经营者的赔偿数额，按照其因被侵权所受到的实际损失确定；实际损失难以计算的，按照侵权人因侵权所获得的利益确定。赔偿数额还应当包括经营者为制止侵权行为所支付的合理开支。

经营者违反本法第六条、第九条规定，权利人因被侵权所受到的实际损失、侵权人因侵权所获得的利益难以确定的，由人民法院根据侵权行为的情节判决给予权利人三百万元以下的赔偿。

第十八条　经营者违反本法第六条规定实施混淆行为的，由监督检查部门责令停止违法行为，没收违法商品。违法经营额五万元以上的，可以并处违法经营额五倍以下的罚款；没有违法经营额或者违法经营额不足五万元的，可以并处二十五万元以下的罚款。情节严重的，吊销营业执照。

经营者登记的企业名称违反本法第六条规定的，应当及时办理名称变更登记；名称变更前，由原企业登记机关以统一社会信用代码代替其名称。

第十九条　经营者违反本法第七条规定贿赂他人的，由监督检查部门没收违法所得，处十万元以上三百万元以下的罚款。情节严重的，吊销营业执照。

第二十条　经营者违反本法第八条规定对其商品作虚假或者引人误解的商业宣传，或者通过组织虚假交易等方式帮助其他经营者进行虚假或者引人误解的商业宣传的，由监督检查部门责令停止违法行为，处二十万元以上一百万元以下的罚款；情节严重的，处一百万元以上二百万元以下的罚款，可以吊销营业执照。

经营者违反本法第八条规定，属于发布虚假广告的，依照《中华人民共和国广告法》的规定处罚。

第二十一条　经营者违反本法第九条规定侵犯商业秘密的，由监督检查部门责令停止违法行为，处十万元以上五十万元以下的罚款；情节严重的，处五十万元以上三百万元以下的罚款。

第二十二条　经营者违反本法第十条规定进行有奖销售的，由监督检查部门责令停止违法行为，处五万元以上五十万元以下的罚款。

第二十三条　经营者违反本法第十一条规定损害竞争对手商业信誉、商品声誉的，由监督检查部门责令停止违法行为、消除影响，处十万元以上五十万元以下的罚款；情节严重的，处五十万元以上三百万元以下的罚款。

第二十四条　经营者违反本法第十二条规定妨碍、破坏其他经营者合法提供的网络产品或者服务正常运行的，由监督检查部门责令停止违法行为，处十万元以上五十万元以下的罚款；情节严重的，处五十万元以上三百万元以下的罚款。

第二十五条　经营者违反本法规定从事不正当竞争，有主动消除或者减轻违法行为危害后果等法定情形的，依法从轻或者减轻行政处罚；违法行为轻微并及时纠正，没有造成危害后果的，不予行政处罚。

第二十六条　经营者违反本法规定从事不正当竞争，受到行政处罚的，由监督检查部门记入信用记录，并依照有关法律、行政法规的规定予以公示。

第二十七条　经营者违反本法规定，应当承担民事责任、行政责任和刑事责任，其财产不足以支付的，优先用于承担民事责任。

第二十八条　妨害监督检查部门依照本法履行职责，拒绝、阻碍调查的，由监督检查部门责令改正，对个人可以处五千元以下的罚款，对单位可以处五万元以下的罚款，并可以由公安机关依法给予治安管理处罚。

第二十九条　当事人对监督检查部门作出的决定不服的，可以依法申请行政复议或者提起行政诉讼。

第三十条　监督检查部门的工作人员滥用职权、玩忽职守、徇私舞弊或者泄露调查过程中知悉的商业秘密的，依法给予处分。

第三十一条　违反本法规定，构成犯罪的，依法追究刑事责任。

第五章　附则

第三十二条　本法自 2018 年 1 月 1 日起施行。

附录五

国家互联网信息办公室
公安部
商务部
文化和旅游部
国家税务总局
国家市场监督管理总局
国家广播电视总局

网络直播营销管理办法（试行）

第一章　总则

第一条　为加强网络直播营销管理，维护国家安全和公共利益，保护公民、法人和其他组织的合法权益，促进网络直播营销健康有序发展，根据《中华人民共和国网络安全法》《中华人民共和国电子商务法》《中华人民共和国广告法》《中华人民共和国反不正当竞争法》《网络信息内容生态治理规定》等法律、行政法规和国家有关规定，制定本办法。

第二条　在中华人民共和国境内，通过互联网站、应用程序、小程序等，以视频直播、音频直播、图文直播或多种直播相结合等形式开展营销的商业活动，适用本办法。

本办法所称直播营销平台，是指在网络直播营销中提供直播服务的各类平台，包括互联网直播服务平台、互联网音视频服务平台、电子商务平台等。

本办法所称直播间运营者，是指在直播营销平台上注册账号或者通过自建网站等其他网络服务，开设直播间从事网络直播营销活动的个人、法人和其他组织。

本办法所称直播营销人员，是指在网络直播营销中直接向社会公众开展营销的个人。

本办法所称直播营销人员服务机构，是指为直播营销人员从事网络直播营销活动提供策划、运营、经纪、培训等的专门机构。

从事网络直播营销活动，属于《中华人民共和国电子商务法》规定的“电子商务平台经营者”或“平台内经营者”定义的市场主体，应当依法履行相应的责任和义务。

第三条　从事网络直播营销活动，应当遵守法律法规，遵循公序良俗，遵守商业道德，坚持正确导向，弘扬社会主义核心价值观，营造良好网络生态。

第四条　国家网信部门和国务院公安、商务、文化和旅游、税务、市场监督管理、广播电视等有关主管部门建立健全线索移交、信息共享、会商研判、教育培训等工作机制，依据各自职责做好网络直播营销相关监督管理工作。

县级以上地方人民政府有关主管部门依据各自职责做好本行政区域内网络直播营销相关监督管理工作。

第二章　直播营销平台

第五条　直播营销平台应当依法依规履行备案手续，并按照有关规定开展安全评估。

从事网络直播营销活动，依法需要取得相关行政许可的，应当依法取得行政许可。

第六条　直播营销平台应当建立健全账号及直播营销功能注册注销、信息安全管理、营销行为规范、未成年人保护、消费者权益保护、个人信息保护、网络和数据安全管理等机制、措施。

直播营销平台应当配备与服务规模相适应的直播内容管理专业人员，具备维护互联网直播内容安全的技术能力，技术方案应符合国家相关标准。

第七条　直播营销平台应当依据相关法律法规和国家有关规定，制定并公开网络直播营销管理规则、平台公约。

直播营销平台应当与直播营销人员服务机构、直播间运营者签订协议，要求其规范直播营销人员招募、培训、管理流程，履行对直播营销内容、商品和服务的真实性、合法性审核义务。

直播营销平台应当制定直播营销商品和服务负面目录，列明法律法规规定的禁止生产销售、禁止网络交易、禁止商业推销宣传以及不适宜以直播形式营销的商品和服务类别。

第八条　直播营销平台应当对直播间运营者、直播营销人员进行基于身份证件信息、统一社会信用代码等真实身份信息认证，并依法依规向税务机关报送身份信息和其他涉税信息。直播营销平台应当采取必要措施保障处理的个人信息安全。

直播营销平台应当建立直播营销人员真实身份动态核验机制，在直播前核验所有直播营销人员身份信息，对与真实身份信息不符或按照国家有关规定不得从事网络直播发布的，不得为其提供直播发布服务。

第九条　直播营销平台应当加强网络直播营销信息内容管理，开展信息发布审核和实时巡查，发现违法和不良信息，应当立即采取处置措施，保存有关记录，并向有关主管部门报告。

直播营销平台应当加强直播间内链接、二维码等跳转服务的信息安全管理，防范信息安全风险。

第十条　直播营销平台应当建立健全风险识别模型，对涉嫌违法违规的高风险营销行为采取弹窗提示、违规警示、限制流量、暂停直播等措施。直播营销平台应当以显著方式警示用户平台外私下交易等行为的风险。

第十一条　直播营销平台提供付费导流等服务，对网络直播营销进行宣传、推广，构成商业广告的，应当履行广告发布者或者广告经营者的责任和义务。

直播营销平台不得为直播间运营者、直播营销人员虚假或者引人误解的商业宣传提供帮助、便利条件。

第十二条　直播营销平台应当建立健全未成年人保护机制，注重保护未成年人身心健康。网络直播营销中包含可能影响未成年人身心健康内容的，直播营销平台应当在信息展示前以显著方式作出提示。

第十三条　直播营销平台应当加强新技术新应用新功能上线和使用管理，对利用人工智能、数字视觉、虚拟现实、语音合成等技术展示的虚拟形象从事网络直播营销的，应当按照有关规定进行安全评估，并以显著方式予以标识。

第十四条　直播营销平台应当根据直播间运营者账号合规情况、关注和访问量、交易量和金额及其他指标维度，建立分级管理制度，根据级别确定服务范围及功能，对重点直播间运营者采取安排专人实时巡查、延长直播内容保存时间等措施。

直播营销平台应当对违反法律法规和服务协议的直播间运营者账号，视情采取警示提醒、限制功能、暂停发布、注销账号、禁止重新注册等处置措施，保存记录并向有关主管部门报告。

直播营销平台应当建立黑名单制度，将严重违法违规的直播营销人员及因违法失德造成恶劣社会影响的人员列入黑名单，并向有关主管部门报告。

第十五条　直播营销平台应当建立健全投诉、举报机制，明确处理流程和反馈期限，及时处理公众对于违法违规信息内容、营销行为投诉举报。

消费者通过直播间内链接、二维码等方式跳转到其他平台购买商品或者接受服务，发生争议时，相关直播营销平台应当积极协助消费者维护合法权益，提供必要的证据等支持。

第十六条　直播营销平台应当提示直播间运营者依法办理市场主体登记或税务登记，如实申报收入，依法履行纳税义务，并依法享受税收优惠。直播营销平台及直播营销人员服务机构应当依法履行代扣代缴义务。

第三章　直播间运营者和直播营销人员

第十七条　直播营销人员或者直播间运营者为自然人的，应当年满十六周岁；十六周岁以上的未成年人申请成为直播营销人员或者直播间运营者的，应当经监护人同意。

第十八条　直播间运营者、直播营销人员从事网络直播营销活动，应当遵守法律法规和国家有关规定，遵循社会公序良俗，真实、准确、全面地发布商品或服务信息，不得有下列行为：

（一）违反《网络信息内容生态治理规定》第六条、第七条规定的；

（二）发布虚假或者引人误解的信息，欺骗、误导用户；

（三）营销假冒伪劣、侵犯知识产权或不符合保障人身、财产安全要求的商品；

（四）虚构或者篡改交易、关注度、浏览量、点赞量等数据流量造假；

（五）知道或应当知道他人存在违法违规或高风险行为，仍为其推广、引流；

（六）骚扰、诋毁、谩骂及恐吓他人，侵害他人合法权益；

（七）传销、诈骗、赌博、贩卖违禁品及管制物品等；

（八）其他违反国家法律法规和有关规定的行为。

第十九条　直播间运营者、直播营销人员发布的直播内容构成商业广告的，应当履行广告发布者、广告经营者或者广告代言人的责任和义务。

第二十条　直播营销人员不得在涉及国家安全、公共安全、影响他人及社会正常生产生活秩序的场所从事网络直播营销活动。

直播间运营者、直播营销人员应当加强直播间管理，在下列重点环节的设置应当符合法律法规和国家有关规定，不得含有违法和不良信息，不得以暗示等方式误导用户：

（一）直播间运营者账号名称、头像、简介；

（二）直播间标题、封面；

（三）直播间布景、道具、商品展示；

（四）直播营销人员着装、形象；

（五）其他易引起用户关注的重点环节。

第二十一条　直播间运营者、直播营销人员应当依据平台服务协议做好语音和视频连线、评论、弹幕等互动内容的实时管理，不得以删除、屏蔽相关不利评价等方式欺骗、误导用户。

第二十二条　直播间运营者应当对商品和服务供应商的身份、地址、联系方式、行政许可、信用情况等信息进行核验，并留存相关记录备查。

第二十三条　直播间运营者、直播营销人员应当依法依规履行消费者权益保护责任和义务，不得故意拖延或者无正当理由拒绝消费者提出的合法合理要求。

第二十四条　直播间运营者、直播营销人员与直播营销人员服务机构合作开展商业合作的，应当与直播营销人员服务机构签订书面协议，明确信息安全管理、商品质量审核、消费者权益保护等义务并督促履行。

第二十五条　直播间运营者、直播营销人员使用其他人肖像作为虚拟形象从事网络直播营销活动的，应当征得肖像权人同意，不得利用信息技术手段伪造等方式侵害他人的肖像权。对自然人声音的保护，参照适用前述规定。

第四章　监督管理和法律责任

第二十六条　有关部门根据需要对直播营销平台履行主体责任情况开展监督

检查，对存在问题的平台开展专项检查。

直播营销平台对有关部门依法实施的监督检查，应当予以配合，不得拒绝、阻挠。直播营销平台应当为有关部门依法调查、侦查活动提供技术支持和协助。

第二十七条　有关部门加强对行业协会商会的指导，鼓励建立完善行业标准，开展法律法规宣传，推动行业自律。

第二十八条　违反本办法，给他人造成损害的，依法承担民事责任；构成犯罪的，依法追究刑事责任；尚不构成犯罪的，由网信等有关主管部门依据各自职责依照有关法律法规予以处理。

第二十九条　有关部门对严重违反法律法规的直播营销市场主体名单实施信息共享，依法开展联合惩戒。

第五章　附则

第三十条　本办法自 2021 年 5 月 25 日起施行。

附录六

国家工商行政管理总局令

第 87 号

《互联网广告管理暂行办法》已经国家工商行政管理总局局务会议审议通过，现予公布，自 2016 年 9 月 1 日起施行。

局长　张茅

2016 年 7 月 4 日

互联网广告管理暂行办法

（2016 年 7 月 4 日国家工商行政管理总局令第 87 号公布）

第一条　为了规范互联网广告活动，保护消费者的合法权益，促进互联网广告业的健康发展，维护公平竞争的市场经济秩序，根据《中华人民共和国广告法》（以下简称广告法）等法律、行政法规，制定本办法。

第二条　利用互联网从事广告活动，适用广告法和本办法的规定。

第三条　本办法所称互联网广告，是指通过网站、网页、互联网应用程序等互联网媒介，以文字、图片、音频、视频或者其他形式，直接或者间接地推销商

品或者服务的商业广告。

前款所称互联网广告包括：

（一）推销商品或者服务的含有链接的文字、图片或者视频等形式的广告；

（二）推销商品或者服务的电子邮件广告；

（三）推销商品或者服务的付费搜索广告；

（四）推销商品或者服务的商业性展示中的广告，法律、法规和规章规定经营者应当向消费者提供的信息的展示依照其规定；

（五）其他通过互联网媒介推销商品或者服务的商业广告。

第四条　鼓励和支持广告行业组织依照法律、法规、规章和章程的规定，制定行业规范，加强行业自律，促进行业发展，引导会员依法从事互联网广告活动，推动互联网广告行业诚信建设。

第五条　法律、行政法规规定禁止生产、销售的商品或者提供的服务，以及禁止发布广告的商品或者服务，任何单位或者个人不得在互联网上设计、制作、代理、发布广告。

禁止利用互联网发布处方药和烟草的广告。

第六条　医疗、药品、特殊医学用途配方食品、医疗器械、农药、兽药、保健食品广告等法律、行政法规规定须经广告审查机关进行审查的特殊商品或者服务的广告，未经审查，不得发布。

第七条　互联网广告应当具有可识别性，显著标明“广告”，使消费者能够辨明其为广告。

付费搜索广告应当与自然搜索结果明显区分。

第八条　利用互联网发布、发送广告，不得影响用户正常使用网络。在互联网页面以弹出等形式发布的广告，应当显著标明关闭标志，确保一键关闭。

不得以欺骗方式诱使用户点击广告内容。

未经允许，不得在用户发送的电子邮件中附加广告或者广告链接。

第九条　互联网广告主、广告经营者、广告发布者之间在互联网广告活动中应当依法订立书面合同。

第十条　互联网广告主应当对广告内容的真实性负责。

广告主发布互联网广告需具备的主体身份、行政许可、引证内容等证明文件，应当真实、合法、有效。

广告主可以通过自设网站或者拥有合法使用权的互联网媒介自行发布广告，

也可以委托互联网广告经营者、广告发布者发布广告。

互联网广告主委托互联网广告经营者、广告发布者发布广告，修改广告内容时，应当以书面形式或者其他可以被确认的方式通知为其提供服务的互联网广告经营者、广告发布者。

第十一条　为广告主或者广告经营者推送或者展示互联网广告，并能够核对广告内容、决定广告发布的自然人、法人或者其他组织，是互联网广告的发布者。

第十二条　互联网广告发布者、广告经营者应当按照国家有关规定建立、健全互联网广告业务的承接登记、审核、档案管理制度；审核查验并登记广告主的名称、地址和有效联系方式等主体身份信息，建立登记档案并定期核实更新。

互联网广告发布者、广告经营者应当查验有关证明文件，核对广告内容，对内容不符或者证明文件不全的广告，不得设计、制作、代理、发布。

互联网广告发布者、广告经营者应当配备熟悉广告法规的广告审查人员；有条件的还应当设立专门机构，负责互联网广告的审查。

第十三条　互联网广告可以以程序化购买广告的方式，通过广告需求方平台、媒介方平台以及广告信息交换平台等所提供的信息整合、数据分析等服务进行有针对性地发布。

通过程序化购买广告方式发布的互联网广告，广告需求方平台经营者应当清晰标明广告来源。

第十四条　广告需求方平台是指整合广告主需求，为广告主提供发布服务的广告主服务平台。广告需求方平台的经营者是互联网广告发布者、广告经营者。

媒介方平台是指整合媒介方资源，为媒介所有者或者管理者提供程序化的广告分配和筛选的媒介服务平台。

广告信息交换平台是提供数据交换、分析匹配、交易结算等服务的数据处理平台。

第十五条　广告需求方平台经营者、媒介方平台经营者、广告信息交换平台经营者以及媒介方平台的成员，在订立互联网广告合同时，应当查验合同相对方的主体身份证明文件、真实名称、地址和有效联系方式等信息，建立登记档案并定期核实更新。

媒介方平台经营者、广告信息交换平台经营者以及媒介方平台成员，对其明知或者应知的违法广告，应当采取删除、屏蔽、断开链接等技术措施和管理措施，予以制止。

第十六条　互联网广告活动中不得有下列行为：

（一）提供或者利用应用程序、硬件等对他人正当经营的广告采取拦截、过滤、覆盖、快进等限制措施；

（二）利用网络通路、网络设备、应用程序等破坏正常广告数据传输，篡改或者遮挡他人正当经营的广告，擅自加载广告；

（三）利用虚假的统计数据、传播效果或者互联网媒介价值，诱导错误报价，谋取不正当利益或者损害他人利益。

第十七条　未参与互联网广告经营活动，仅为互联网广告提供信息服务的互联网信息服务提供者，对其明知或者应知利用其信息服务发布违法广告的，应当予以制止。

第十八条　对互联网广告违法行为实施行政处罚，由广告发布者所在地工商行政管理部门管辖。广告发布者所在地工商行政管理部门管辖异地广告主、广告经营者有困难的，可以将广告主、广告经营者的违法情况移交广告主、广告经营者所在地工商行政管理部门处理。

广告主所在地、广告经营者所在地工商行政管理部门先行发现违法线索或者收到投诉、举报的，也可以进行管辖。

对广告主自行发布的违法广告实施行政处罚，由广告主所在地工商行政管理部门管辖。

第十九条　工商行政管理部门在查处违法广告时，可以行使下列职权：

（一）对涉嫌从事违法广告活动的场所实施现场检查；

（二）询问涉嫌违法的有关当事人，对有关单位或者个人进行调查；

（三）要求涉嫌违法当事人限期提供有关证明文件；

（四）查阅、复制与涉嫌违法广告有关的合同、票据、账簿、广告作品和互联网广告后台数据，采用截屏、页面另存、拍照等方法确认互联网广告内容；

（五）责令暂停发布可能造成严重后果的涉嫌违法广告。

工商行政管理部门依法行使前款规定的职权时，当事人应当协助、配合，不得拒绝、阻挠或者隐瞒真实情况。

第二十条　工商行政管理部门对互联网广告的技术监测记录资料，可以作为对违法的互联网广告实施行政处罚或者采取行政措施的电子数据证据。

第二十一条　违反本办法第五条第一款规定，利用互联网广告推销禁止生产、销售的产品或者提供的服务，或者禁止发布广告的商品或者服务的，依照广告法第五十七条第五项的规定予以处罚；违反第二款的规定，利用互联网发布处方药、烟草广告的，依照广告法第五十七条第二项、第四项的规定予以处罚。

第二十二条　违反本办法第六条规定，未经审查发布广告的，依照广告法第五十八条第一款第十四项的规定予以处罚。

第二十三条　互联网广告违反本办法第七条规定，不具有可识别性的，依照广告法第五十九条第三款的规定予以处罚。

第二十四条　违反本办法第八条第一款规定，利用互联网发布广告，未显著标明关闭标志并确保一键关闭的，依照广告法第六十三条第二款的规定进行处罚；违反第二款、第三款规定，以欺骗方式诱使用户点击广告内容的，或者未经允许，在用户发送的电子邮件中附加广告或者广告链接的，责令改正，处一万元以上三万元以下的罚款。

第二十五条　违反本办法第十二条第一款、第二款规定，互联网广告发布者、广告经营者未按照国家有关规定建立、健全广告业务管理制度的，或者未对广告内容进行核对的，依照广告法第六十一条第一款的规定予以处罚。

第二十六条　有下列情形之一的，责令改正，处一万元以上三万元以下的罚款：

（一）广告需求方平台经营者违反本办法第十三条第二款规定，通过程序化购买方式发布的广告未标明来源的；

（二）媒介方平台经营者、广告信息交换平台经营者以及媒介方平台成员，违反本办法第十五条第一款、第二款规定，未履行相关义务的。

第二十七条　违反本办法第十七条规定，互联网信息服务提供者明知或者应知互联网广告活动违法不予制止的，依照广告法第六十四条规定予以处罚。

第二十八条　工商行政管理部门依照广告法和本办法规定所做出的行政处罚决定，应当通过企业信用信息公示系统依法向社会公示。

第二十九条　本办法自 2016 年 9 月 1 日起施行。

附录七

中华人民共和国物权法

（2007年3月16日第十届全国人民代表大会第五次会议通过）

目　录

第一编　总则

第一章　基本原则

第一条　为了维护国家基本经济制度，维护社会主义市场经济秩序，明确物的归属，发挥物的效用，保护权利人的物权，根据宪法，制定本法。

第二条　因物的归属和利用而产生的民事关系，适用本法。

本法所称物，包括不动产和动产。法律规定权利作为物权客体的，依照其规定。

本法所称物权，是指权利人依法对特定的物享有直接支配和排他的权利，包括所有权、用益物权和担保物权。

第三条　国家在社会主义初级阶段，坚持公有制为主体、多种所有制经济共同发展的基本经济制度。

国家巩固和发展公有制经济，鼓励、支持和引导非公有制经济的发展。

国家实行社会主义市场经济，保障一切市场主体的平等法律地位和发展权利。

第四条　国家、集体、私人的物权和其他权利人的物权受法律保护，任何单位和个人不得侵犯。

第五条　物权的种类和内容，由法律规定。

第六条　不动产物权的设立、变更、转让和消灭，应当依照法律规定登记。动产物权的设立和转让，应当依照法律规定交付。

第七条　物权的取得和行使，应当遵守法律，尊重社会公德，不得损害公共利益和他人合法权益。

第八条　其他相关法律对物权另有特别规定的，依照其规定。

第二章　物权的设立、变更、转让和消灭

第一节　不动产登记

第九条　不动产物权的设立、变更、转让和消灭，经依法登记，发生效力；未经登记，不发生效力，但法律另有规定的除外。

依法属于国家所有的自然资源，所有权可以不登记。

第十条　不动产登记，由不动产所在地的登记机构办理。

国家对不动产实行统一登记制度。统一登记的范围、登记机构和登记办法，由法律、行政法规规定。

第十一条　当事人申请登记，应当根据不同登记事项提供权属证明和不动产界址、面积等必要材料。

第十二条　登记机构应当履行下列职责：

（一）查验申请人提供的权属证明和其他必要材料；

（二）就有关登记事项询问申请人；

（三）如实、及时登记有关事项；

（四）法律、行政法规规定的其他职责。

申请登记的不动产的有关情况需要进一步证明的，登记机构可以要求申请人补充材料，必要时可以实地查看。

第十三条　登记机构不得有下列行为：

（一）要求对不动产进行评估；

（二）以年检等名义进行重复登记；

（三）超出登记职责范围的其他行为。

第十四条　不动产物权的设立、变更、转让和消灭，依照法律规定应当登记的，自记载于不动产登记簿时发生效力。

第十五条　当事人之间订立有关设立、变更、转让和消灭不动产物权的合同，除法律另有规定或者合同另有约定外，自合同成立时生效；未办理物权登记的，不影响合同效力。

第十六条　不动产登记簿是物权归属和内容的根据。不动产登记簿由登记机构管理。

第十七条　不动产权属证书是权利人享有该不动产物权的证明。不动产权属证书记载的事项，应当与不动产登记簿一致；记载不一致的，除有证据证明不动产登记簿确有错误外，以不动产登记簿为准。

第十八条　权利人、利害关系人可以申请查询、复制登记资料，登记机构应当提供。

第十九条　权利人、利害关系人认为不动产登记簿记载的事项错误的，可以申请更正登记。不动产登记簿记载的权利人书面同意更正或者有证据证明登记确有错误的，登记机构应当予以更正。

不动产登记簿记载的权利人不同意更正的，利害关系人可以申请异议登记。登记机构予以异议登记的，申请人在异议登记之日起十五日内不起诉，异议登记失效。异议登记不当，造成权利人损害的，权利人可以向申请人请求损害赔偿。

第二十条　当事人签订买卖房屋或者其他不动产物权的协议，为保障将来实现物权，按照约定可以向登记机构申请预告登记。预告登记后，未经预告登记的权利人同意，处分该不动产的，不发生物权效力。

预告登记后，债权消灭或者自能够进行不动产登记之日起三个月内未申请登记的，预告登记失效。

第二十一条　当事人提供虚假材料申请登记，给他人造成损害的，应当承担赔偿责任。

因登记错误，给他人造成损害的，登记机构应当承担赔偿责任。登记机构赔偿后，可以向造成登记错误的人追偿。

第二十二条　不动产登记费按件收取，不得按照不动产的面积、体积或者价款的比例收取。具体收费标准由国务院有关部门会同价格主管部门规定。

第二节　动产交付

第二十三条　动产物权的设立和转让，自交付时发生效力，但法律另有规定的除外。

第二十四条　船舶、航空器和机动车等物权的设立、变更、转让和消灭，未经登记，不得对抗善意第三人。

第二十五条　动产物权设立和转让前，权利人已经依法占有该动产的，物权自法律行为生效时发生效力。

第二十六条　动产物权设立和转让前，第三人依法占有该动产的，负有交付义务的人可以通过转让请求第三人返还原物的权利代替交付。

第二十七条　动产物权转让时，双方又约定由出让人继续占有该动产的，物权自该约定生效时发生效力。

第三节　其他规定

第二十八条　因人民法院、仲裁委员会的法律文书或者人民政府的征收决定等，导致物权设立、变更、转让或者消灭的，自法律文书或者人民政府的征收决定等生效时发生效力。

第二十九条　因继承或者受遗赠取得物权的，自继承或者受遗赠开始时发生效力。

第三十条　因合法建造、拆除房屋等事实行为设立或者消灭物权的，自事实行为成就时发生效力。

第三十一条　依照本法第二十八条至第三十条规定享有不动产物权的，处分该物权时，依照法律规定需要办理登记的，未经登记，不发生物权效力。

第三章　物权的保护

第三十二条　物权受到侵害的，权利人可以通过和解、调解、仲裁、诉讼等途径解决。

第三十三条　因物权的归属、内容发生争议的，利害关系人可以请求确认权利。

第三十四条　无权占有不动产或者动产的，权利人可以请求返还原物。

第三十五条　妨害物权或者可能妨害物权的，权利人可以请求排除妨害或者消除危险。

第三十六条　造成不动产或者动产毁损的，权利人可以请求修理、重作、更换或者恢复原状。

第三十七条　侵害物权，造成权利人损害的，权利人可以请求损害赔偿，也可以请求承担其他民事责任。

第三十八条　本章规定的物权保护方式，可以单独适用，也可以根据权利被侵害的情形合并适用。

侵害物权，除承担民事责任外，违反行政管理规定的，依法承担行政责任；构成犯罪的，依法追究刑事责任。

第二编　所有权

第四章　一般规定

第三十九条　所有权人对自己的不动产或者动产，依法享有占有、使用、收益和处分的权利。

第四十条　所有权人有权在自己的不动产或者动产上设立用益物权和担保物权。用益物权人、担保物权人行使权利，不得损害所有权人的权益。

第四十一条　法律规定专属于国家所有的不动产和动产，任何单位和个人不能取得所有权。

第四十二条　为了公共利益的需要，依照法律规定的权限和程序可以征收集体所有的土地和单位、个人的房屋及其他不动产。

征收集体所有的土地，应当依法足额支付土地补偿费、安置补助费、地上附着物和青苗的补偿费等费用，安排被征地农民的社会保障费用，保障被征地农民的生活，维护被征地农民的合法权益。

征收单位、个人的房屋及其他不动产，应当依法给予拆迁补偿，维护被征收人的合法权益；征收个人住宅的，还应当保障被征收人的居住条件。

任何单位和个人不得贪污、挪用、私分、截留、拖欠征收补偿费等费用。

第四十三条　国家对耕地实行特殊保护，严格限制农用地转为建设用地，控制建设用地总量。不得违反法律规定的权限和程序征收集体所有的土地。

第四十四条　因抢险、救灾等紧急需要，依照法律规定的权限和程序可以征用单位、个人的不动产或者动产。被征用的不动产或者动产使用后，应当返还被征用人。单位、个人的不动产或者动产被征用或者征用后毁损、灭失的，应当给予补偿。

第五章　国家所有权和集体所有权、私人所有权

第四十五条　法律规定属于国家所有的财产，属于国家所有即全民所有。

国有财产由国务院代表国家行使所有权；法律另有规定的，依照其规定。

第四十六条　矿藏、水流、海域属于国家所有。

第四十七条　城市的土地，属于国家所有。法律规定属于国家所有的农村和城市郊区的土地，属于国家所有。

第四十八条　森林、山岭、草原、荒地、滩涂等自然资源，属于国家所有，但法律规定属于集体所有的除外。

第四十九条　法律规定属于国家所有的野生动植物资源，属于国家所有。

第五十条　无线电频谱资源属于国家所有。

第五十一条　法律规定属于国家所有的文物，属于国家所有。

第五十二条　国防资产属于国家所有。

铁路、公路、电力设施、电信设施和油气管道等基础设施，依照法律规定为国家所有的，属于国家所有。

第五十三条　国家机关对其直接支配的不动产和动产，享有占有、使用以及依照法律和国务院的有关规定处分的权利。

第五十四条　国家举办的事业单位对其直接支配的不动产和动产，享有占有、使用以及依照法律和国务院的有关规定收益、处分的权利。

第五十五条　国家出资的企业，由国务院、地方人民政府依照法律、行政法规规定分别代表国家履行出资人职责，享有出资人权益。

第五十六条　国家所有的财产受法律保护，禁止任何单位和个人侵占、哄抢、私分、截留、破坏。

第五十七条　履行国有财产管理、监督职责的机构及其工作人员，应当依法加强对国有财产的管理、监督，促进国有财产保值增值，防止国有财产损失；滥用职权，玩忽职守，造成国有财产损失的，应当依法承担法律责任。

违反国有财产管理规定，在企业改制、合并分立、关联交易等过程中，低价转让、合谋私分、擅自担保或者以其他方式造成国有财产损失的，应当依法承担法律责任。

第五十八条　集体所有的不动产和动产包括：

（一）法律规定属于集体所有的土地和森林、山岭、草原、荒地、滩涂；

（二）集体所有的建筑物、生产设施、农田水利设施；

（三）集体所有的教育、科学、文化、卫生、体育等设施；

（四）集体所有的其他不动产和动产。

第五十九条　农民集体所有的不动产和动产，属于本集体成员集体所有。

下列事项应当依照法定程序经本集体成员决定：

（一）土地承包方案以及将土地发包给本集体以外的单位或者个人承包；

（二）个别土地承包经营权人之间承包地的调整；

（三）土地补偿费等费用的使用、分配办法；

（四）集体出资的企业的所有权变动等事项；

（五）法律规定的其他事项。

第六十条　对于集体所有的土地和森林、山岭、草原、荒地、滩涂等，依照下列规定行使所有权：

（一）属于村农民集体所有的，由村集体经济组织或者村民委员会代表集体行使所有权；

（二）分别属于村内两个以上农民集体所有的，由村内各该集体经济组织或者村民小组代表集体行使所有权；

（三）属于乡镇农民集体所有的，由乡镇集体经济组织代表集体行使所有权。

第六十一条　城镇集体所有的不动产和动产，依照法律、行政法规的规定由本集体享有占有、使用、收益和处分的权利。

第六十二条　集体经济组织或者村民委员会、村民小组应当依照法律、行政法规以及章程、村规民约向本集体成员公布集体财产的状况。

第六十三条　集体所有的财产受法律保护，禁止任何单位和个人侵占、哄抢、私分、破坏。

集体经济组织、村民委员会或者其负责人作出的决定侵害集体成员合法权益的，受侵害的集体成员可以请求人民法院予以撤销。

第六十四条　私人对其合法的收入、房屋、生活用品、生产工具、原材料等不动产和动产享有所有权。

第六十五条　私人合法的储蓄、投资及其收益受法律保护。

国家依照法律规定保护私人的继承权及其他合法权益。

第六十六条　私人的合法财产受法律保护，禁止任何单位和个人侵占、哄抢、破坏。

第六十七条　国家、集体和私人依法可以出资设立有限责任公司、股份有限公司或者其他企业。国家、集体和私人所有的不动产或者动产，投到企业的，由出资人按照约定或者出资比例享有资产收益、重大决策以及选择经营管理者等权利并履行义务。

第六十八条　企业法人对其不动产和动产依照法律、行政法规以及章程享有占有、使用、收益和处分的权利。

企业法人以外的法人，对其不动产和动产的权利，适用有关法律、行政法规以及章程的规定。

第六十九条　社会团体依法所有的不动产和动产，受法律保护。

第六章　业主的建筑物区分所有权

第七十条　业主对建筑物内的住宅、经营性用房等专有部分享有所有权，对专有部分以外的共有部分享有共有和共同管理的权利。

第七十一条　业主对其建筑物专有部分享有占有、使用、收益和处分的权利。业主行使权利不得危及建筑物的安全，不得损害其他业主的合法权益。

第七十二条　业主对建筑物专有部分以外的共有部分，享有权利，承担义务；不得以放弃权利不履行义务。

业主转让建筑物内的住宅、经营性用房，其对共有部分享有的共有和共同管理的权利一并转让。

第七十三条　建筑区划内的道路，属于业主共有，但属于城镇公共道路的除外。建筑区划内的绿地，属于业主共有，但属于城镇公共绿地或者明示属于个人的除外。建筑区划内的其他公共场所、公用设施和物业服务用房，属于业主共有。

第七十四条　建筑区划内，规划用于停放汽车的车位、车库应当首先满足业主的需要。

建筑区划内，规划用于停放汽车的车位、车库的归属，由当事人通过出售、附赠或者出租等方式约定。

占用业主共有的道路或者其他场地用于停放汽车的车位，属于业主共有。

第七十五条　业主可以设立业主大会，选举业主委员会。

地方人民政府有关部门应当对设立业主大会和选举业主委员会给予指导和协助。

第七十六条　下列事项由业主共同决定：

（一）制定和修改业主大会议事规则；

（二）制定和修改建筑物及其附属设施的管理规约；

（三）选举业主委员会或者更换业主委员会成员；

（四）选聘和解聘物业服务企业或者其他管理人；

（五）筹集和使用建筑物及其附属设施的维修资金；

（六）改建、重建建筑物及其附属设施；

（七）有关共有和共同管理权利的其他重大事项。

决定前款第五项和第六项规定的事项，应当经专有部分占建筑物总面积三分之二以上的业主且占总人数三分之二以上的业主同意。决定前款其他事项，应当经专有部分占建筑物总面积过半数的业主且占总人数过半数的业主同意。

第七十七条　业主不得违反法律、法规以及管理规约，将住宅改变为经营性用房。业主将住宅改变为经营性用房的，除遵守法律、法规以及管理规约外，应当经有利害关系的业主同意。

第七十八条　业主大会或者业主委员会的决定，对业主具有约束力。

业主大会或者业主委员会作出的决定侵害业主合法权益的，受侵害的业主可以请求人民法院予以撤销。

第七十九条　建筑物及其附属设施的维修资金，属于业主共有。经业主共同决定，可以用于电梯、水箱等共有部分的维修。维修资金的筹集、使用情况应当公布。

第八十条　建筑物及其附属设施的费用分摊、收益分配等事项，有约定的，

按照约定；没有约定或者约定不明确的，按照业主专有部分占建筑物总面积的比例确定。

第八十一条　业主可以自行管理建筑物及其附属设施，也可以委托物业服务企业或者其他管理人管理。

对建设单位聘请的物业服务企业或者其他管理人，业主有权依法更换。

第八十二条　物业服务企业或者其他管理人根据业主的委托管理建筑区划内的建筑物及其附属设施，并接受业主的监督。

第八十三条　业主应当遵守法律、法规以及管理规约。

业主大会和业主委员会，对任意弃置垃圾、排放污染物或者噪声、违反规定饲养动物、违章搭建、侵占通道、拒付物业费等损害他人合法权益的行为，有权依照法律、法规以及管理规约，要求行为人停止侵害、消除危险、排除妨害、赔偿损失。业主对侵害自己合法权益的行为，可以依法向人民法院提起诉讼。

第七章　相邻关系

第八十四条　不动产的相邻权利人应当按照有利生产、方便生活、团结互助、公平合理的原则，正确处理相邻关系。

第八十五条　法律、法规对处理相邻关系有规定的，依照其规定；法律、法规没有规定的，可以按照当地习惯。

第八十六条　不动产权利人应当为相邻权利人用水、排水提供必要的便利。

对自然流水的利用，应当在不动产的相邻权利人之间合理分配。对自然流水的排放，应当尊重自然流向。

第八十七条　不动产权利人对相邻权利人因通行等必须利用其土地的，应当提供必要的便利。

第八十八条　不动产权利人因建造、修缮建筑物以及铺设电线、电缆、水管、暖气和燃气管线等必须利用相邻土地、建筑物的，该土地、建筑物的权利人应当提供必要的便利。

第八十九条　建造建筑物，不得违反国家有关工程建设标准，妨碍相邻建筑物的通风、采光和日照。

第九十条　不动产权利人不得违反国家规定弃置固体废物，排放大气污染物、水污染物、噪声、光、电磁波辐射等有害物质。

第九十一条　不动产权利人挖掘土地、建造建筑物、铺设管线以及安装设备等，不得危及相邻不动产的安全。

第九十二条　不动产权利人因用水、排水、通行、铺设管线等利用相邻不动产的，应当尽量避免对相邻的不动产权利人造成损害；造成损害的，应当给予赔偿。

第八章　共有

第九十三条　不动产或者动产可以由两个以上单位、个人共有。共有包括按份共有和共同共有。

第九十四条　按份共有人对共有的不动产或者动产按照其份额享有所有权。

第九十五条　共同共有人对共有的不动产或者动产共同享有所有权。

第九十六条　共有人按照约定管理共有的不动产或者动产；没有约定或者约定不明确的，各共有人都有管理的权利和义务。

第九十七条　处分共有的不动产或者动产以及对共有的不动产或者动产作重大修缮的，应当经占份额三分之二以上的按份共有人或者全体共同共有人同意，但共有人之间另有约定的除外。

第九十八条　对共有物的管理费用以及其他负担，有约定的，按照约定；没有约定或者约定不明确的，按份共有人按照其份额负担，共同共有人共同负担。

第九十九条　共有人约定不得分割共有的不动产或者动产，以维持共有关系的，应当按照约定，但共有人有重大理由需要分割的，可以请求分割；没有约定或者约定不明确的，按份共有人可以随时请求分割，共同共有人在共有的基础丧失或者有重大理由需要分割时可以请求分割。因分割对其他共有人造成损害的，应当给予赔偿。

第一百条　共有人可以协商确定分割方式。达不成协议，共有的不动产或者动产可以分割并且不会因分割减损价值的，应当对实物予以分割；难以分割或者因分割会减损价值的，应当对折价或者拍卖、变卖取得的价款予以分割。

共有人分割所得的不动产或者动产有瑕疵的，其他共有人应当分担损失。

第一百零一条　按份共有人可以转让其享有的共有的不动产或者动产份额。其他共有人在同等条件下享有优先购买的权利。

第一百零二条　因共有的不动产或者动产产生的债权债务，在对外关系上，共有人享有连带债权、承担连带债务，但法律另有规定或者第三人知道共有人不具有连带债权债务关系的除外；在共有人内部关系上，除共有人另有约定外，按份共有人按照份额享有债权、承担债务，共同共有人共同享有债权、承担债务。偿还债务超过自己应当承担份额的按份共有人，有权向其他共有人追偿。

第一百零三条　共有人对共有的不动产或者动产没有约定为按份共有或者共同共有，或者约定不明确的，除共有人具有家庭关系等外，视为按份共有。

第一百零四条　按份共有人对共有的不动产或者动产享有的份额，没有约定或者约定不明确的，按照出资额确定；不能确定出资额的，视为等额享有。

第一百零五条　两个以上单位、个人共同享有用益物权、担保物权的，参照本章规定。

第九章　所有权取得的特别规定

第一百零六条　无处分权人将不动产或者动产转让给受让人的，所有权人有权追回；除法律另有规定外，符合下列情形的，受让人取得该不动产或者动产的所有权：

（一）受让人受让该不动产或者动产时是善意的；

（二）以合理的价格转让；

（三）转让的不动产或者动产依照法律规定应当登记的已经登记，不需要登记的已经交付给受让人。

受让人依照前款规定取得不动产或者动产的所有权的，原所有权人有权向无处分权人请求赔偿损失。

当事人善意取得其他物权的，参照前两款规定。

第一百零七条　所有权人或者其他权利人有权追回遗失物。该遗失物通过转让被他人占有的，权利人有权向无处分权人请求损害赔偿，或者自知道或者应当知道受让人之日起二年内向受让人请求返还原物，但受让人通过拍卖或者向具有经营资格的经营者购得该遗失物的，权利人请求返还原物时应当支付受让人所付的费用。权利人向受让人支付所付费用后，有权向无处分权人追偿。

第一百零八条　善意受让人取得动产后，该动产上的原有权利消灭，但善意受让人在受让时知道或者应当知道该权利的除外。

第一百零九条　拾得遗失物，应当返还权利人。拾得人应当及时通知权利人领取，或者送交公安等有关部门。

第一百一十条　有关部门收到遗失物，知道权利人的，应当及时通知其领取；不知道的，应当及时发布招领公告。

第一百一十一条　拾得人在遗失物送交有关部门前，有关部门在遗失物被领取前，应当妥善保管遗失物。因故意或者重大过失致使遗失物毁损、灭失的，应当承担民事责任。

第一百一十二条　权利人领取遗失物时，应当向拾得人或者有关部门支付保管遗失物等支出的必要费用。

权利人悬赏寻找遗失物的，领取遗失物时应当按照承诺履行义务。

拾得人侵占遗失物的，无权请求保管遗失物等支出的费用，也无权请求权利人按照承诺履行义务。

第一百一十三条　遗失物自发布招领公告之日起六个月内无人认领的，归国家所有。

第一百一十四条　拾得漂流物、发现埋藏物或者隐藏物的，参照拾得遗失物的有关规定。文物保护法等法律另有规定的，依照其规定。

第一百一十五条　主物转让的，从物随主物转让，但当事人另有约定的除外。

第一百一十六条　天然孳息，由所有权人取得；既有所有权人又有用益物权人的，由用益物权人取得。当事人另有约定的，按照约定。

法定孳息，当事人有约定的，按照约定取得；没有约定或者约定不明确的，按照交易习惯取得。

第三编　用益物权

第十章　一般规定

第一百一十七条　用益物权人对他人所有的不动产或者动产，依法享有占有、使用和收益的权利。

第一百一十八条　国家所有或者国家所有由集体使用以及法律规定属于集体所有的自然资源，单位、个人依法可以占有、使用和收益。

第一百一十九条　国家实行自然资源有偿使用制度，但法律另有规定的除外。

第一百二十条　用益物权人行使权利，应当遵守法律有关保护和合理开发利用资源的规定。所有权人不得干涉用益物权人行使权利。

第一百二十一条　因不动产或者动产被征收、征用致使用益物权消灭或者影响用益物权行使的，用益物权人有权依照本法第四十二条、第四十四条的规定获得相应补偿。

第一百二十二条　依法取得的海域使用权受法律保护。

第一百二十三条　依法取得的探矿权、采矿权、取水权和使用水域、滩涂从事养殖、捕捞的权利受法律保护。

第十一章　土地承包经营权

第一百二十四条　农村集体经济组织实行家庭承包经营为基础、统分结合的双层经营体制。

农民集体所有和国家所有由农民集体使用的耕地、林地、草地以及其他用于农业的土地，依法实行土地承包经营制度。

第一百二十五条　土地承包经营权人依法对其承包经营的耕地、林地、草地等享有占有、使用和收益的权利，有权从事种植业、林业、畜牧业等农业生产。

第一百二十六条　耕地的承包期为三十年。草地的承包期为三十年至五十年。林地的承包期为三十年至七十年；特殊林木的林地承包期，经国务院林业行政主管部门批准可以延长。

前款规定的承包期届满，由土地承包经营权人按照国家有关规定继续承包。

第一百二十七条　土地承包经营权自土地承包经营权合同生效时设立。

县级以上地方人民政府应当向土地承包经营权人发放土地承包经营权证、林权证、草原使用权证，并登记造册，确认土地承包经营权。

第一百二十八条　土地承包经营权人依照农村土地承包法的规定，有权将土地承包经营权采取转包、互换、转让等方式流转。流转的期限不得超过承包期的剩余期限。未经依法批准，不得将承包地用于非农建设。

第一百二十九条　土地承包经营权人将土地承包经营权互换、转让，当事人要求登记的，应当向县级以上地方人民政府申请土地承包经营权变更登记；未经登记，不得对抗善意第三人。

第一百三十条　承包期内发包人不得调整承包地。

因自然灾害严重毁损承包地等特殊情形，需要适当调整承包的耕地和草地的，应当依照农村土地承包法等法律规定办理。

第一百三十一条　承包期内发包人不得收回承包地。农村土地承包法等法律另有规定的，依照其规定。

第一百三十二条　承包地被征收的，土地承包经营权人有权依照本法第四十二条第二款的规定获得相应补偿。

第一百三十三条　通过招标、拍卖、公开协商等方式承包荒地等农村土地，依照农村土地承包法等法律和国务院的有关规定，其土地承包经营权可以转让、入股、抵押或者以其他方式流转。

第一百三十四条　国家所有的农用地实行承包经营的，参照本法的有关规定。

第十二章　建设用地使用权

第一百三十五条　建设用地使用权人依法对国家所有的土地享有占有、使用和收益的权利，有权利用该土地建造建筑物、构筑物及其附属设施。

第一百三十六条　建设用地使用权可以在土地的地表、地上或者地下分别设立。新设立的建设用地使用权，不得损害已设立的用益物权。

第一百三十七条　设立建设用地使用权，可以采取出让或者划拨等方式。

工业、商业、旅游、娱乐和商品住宅等经营性用地以及同一土地有两个以上意向用地者的，应当采取招标、拍卖等公开竞价的方式出让。

严格限制以划拨方式设立建设用地使用权。采取划拨方式的，应当遵守法律、行政法规关于土地用途的规定。

第一百三十八条　采取招标、拍卖、协议等出让方式设立建设用地使用权的，当事人应当采取书面形式订立建设用地使用权出让合同。

建设用地使用权出让合同一般包括下列条款：

（一）当事人的名称和住所；

（二）土地界址、面积等；

（三）建筑物、构筑物及其附属设施占用的空间；

（四）土地用途；

（五）使用期限；

（六）出让金等费用及其支付方式；

（七）解决争议的方法。

第一百三十九条　设立建设用地使用权的，应当向登记机构申请建设用地使用权登记。建设用地使用权自登记时设立。登记机构应当向建设用地使用权人发放建设用地使用权证书。

第一百四十条　建设用地使用权人应当合理利用土地，不得改变土地用途；需要改变土地用途的，应当依法经有关行政主管部门批准。

第一百四十一条　建设用地使用权人应当依照法律规定以及合同约定支付出让金等费用。

第一百四十二条　建设用地使用权人建造的建筑物、构筑物及其附属设施的所有权属于建设用地使用权人，但有相反证据证明的除外。

第一百四十三条　建设用地使用权人有权将建设用地使用权转让、互换、出资、赠与或者抵押，但法律另有规定的除外。

第一百四十四条　建设用地使用权转让、互换、出资、赠与或者抵押的，当事人应当采取书面形式订立相应的合同。使用期限由当事人约定，但不得超过建设用地使用权的剩余期限。

第一百四十五条　建设用地使用权转让、互换、出资或者赠与的，应当向登记机构申请变更登记。

第一百四十六条　建设用地使用权转让、互换、出资或者赠与的，附着于该土地上的建筑物、构筑物及其附属设施一并处分。

第一百四十七条　建筑物、构筑物及其附属设施转让、互换、出资或者赠与的，该建筑物、构筑物及其附属设施占用范围内的建设用地使用权一并处分。

第一百四十八条　建设用地使用权期间届满前，因公共利益需要提前收回该土地的，应当依照本法第四十二条的规定对该土地上的房屋及其他不动产给予补偿，并退还相应的出让金。

第一百四十九条　住宅建设用地使用权期间届满的，自动续期。

非住宅建设用地使用权期间届满后的续期，依照法律规定办理。该土地上的房屋及其他不动产的归属，有约定的，按照约定；没有约定或者约定不明确的，依照法律、行政法规的规定办理。

第一百五十条　建设用地使用权消灭的，出让人应当及时办理注销登记。登记机构应当收回建设用地使用权证书。

第一百五十一条　集体所有的土地作为建设用地的，应当依照土地管理法等法律规定办理。

第十三章　宅基地使用权

第一百五十二条　宅基地使用权人依法对集体所有的土地享有占有和使用的权利，有权依法利用该土地建造住宅及其附属设施。

第一百五十三条　宅基地使用权的取得、行使和转让，适用土地管理法等法律和国家有关规定。

第一百五十四条　宅基地因自然灾害等原因灭失的，宅基地使用权消灭。对失去宅基地的村民，应当重新分配宅基地。

第一百五十五条　已经登记的宅基地使用权转让或者消灭的，应当及时办理变更登记或者注销登记。

第十四章　地役权

第一百五十六条　地役权人有权按照合同约定，利用他人的不动产，以提高自己的不动产的效益。

前款所称他人的不动产为供役地，自己的不动产为需役地。

第一百五十七条　设立地役权，当事人应当采取书面形式订立地役权合同。

地役权合同一般包括下列条款：

（一）当事人的姓名或者名称和住所；

（二）供役地和需役地的位置；

（三）利用目的和方法；

（四）利用期限；

（五）费用及其支付方式；

（六）解决争议的方法。

第一百五十八条　地役权自地役权合同生效时设立。当事人要求登记的，可以向登记机构申请地役权登记；未经登记，不得对抗善意第三人。

第一百五十九条　供役地权利人应当按照合同约定，允许地役权人利用其土地，不得妨害地役权人行使权利。

第一百六十条　地役权人应当按照合同约定的利用目的和方法利用供役地，尽量减少对供役地权利人物权的限制。

第一百六十一条　地役权的期限由当事人约定，但不得超过土地承包经营权、建设用地使用权等用益物权的剩余期限。

第一百六十二条　土地所有权人享有地役权或者负担地役权的，设立土地承包经营权、宅基地使用权时，该土地承包经营权人、宅基地使用权人继续享有或者负担已设立的地役权。

第一百六十三条　土地上已设立土地承包经营权、建设用地使用权、宅基地使用权等权利的，未经用益物权人同意，土地所有权人不得设立地役权。

第一百六十四条　地役权不得单独转让。土地承包经营权、建设用地使用权等转让的，地役权一并转让，但合同另有约定的除外。

第一百六十五条　地役权不得单独抵押。土地承包经营权、建设用地使用权等抵押的，在实现抵押权时，地役权一并转让。

第一百六十六条　需役地以及需役地上的土地承包经营权、建设用地使用权部分转让时，转让部分涉及地役权的，受让人同时享有地役权。

第一百六十七条　供役地以及供役地上的土地承包经营权、建设用地使用权部分转让时，转让部分涉及地役权的，地役权对受让人具有约束力。

第一百六十八条　地役权人有下列情形之一的，供役地权利人有权解除地役权合同，地役权消灭：

（一）违反法律规定或者合同约定，滥用地役权；

（二）有偿利用供役地，约定的付款期间届满后在合理期限内经两次催告未支付费用。

第一百六十九条　已经登记的地役权变更、转让或者消灭的，应当及时办理变更登记或者注销登记。

第四编　担保物权

第十五章　一般规定

第一百七十条　担保物权人在债务人不履行到期债务或者发生当事人约定的实现担保物权的情形，依法享有就担保财产优先受偿的权利，但法律另有规定的除外。

第一百七十一条　债权人在借贷、买卖等民事活动中，为保障实现其债权，需要担保的，可以依照本法和其他法律的规定设立担保物权。

第三人为债务人向债权人提供担保的，可以要求债务人提供反担保。反担保适用本法和其他法律的规定。

第一百七十二条　设立担保物权，应当依照本法和其他法律的规定订立担保合同。担保合同是主债权债务合同的从合同。主债权债务合同无效，担保合同无效，但法律另有规定的除外。

担保合同被确认无效后，债务人、担保人、债权人有过错的，应当根据其过错各自承担相应的民事责任。

第一百七十三条　担保物权的担保范围包括主债权及其利息、违约金、损害赔偿金、保管担保财产和实现担保物权的费用。当事人另有约定的，按照约定。

第一百七十四条　担保期间，担保财产毁损、灭失或者被征收等，担保物权人可以就获得的保险金、赔偿金或者补偿金等优先受偿。被担保债权的履行期未届满的，也可以提存该保险金、赔偿金或者补偿金等。

第一百七十五条　第三人提供担保，未经其书面同意，债权人允许债务人转移全部或者部分债务的，担保人不再承担相应的担保责任。

第一百七十六条　被担保的债权既有物的担保又有人的担保的，债务人不履行到期债务或者发生当事人约定的实现担保物权的情形，债权人应当按照约定实现债权；没有约定或者约定不明确，债务人自己提供物的担保的，债权人应当先就该物的担保实现债权；第三人提供物的担保的，债权人可以就物的担保实现债权，也可以要求保证人承担保证责任。提供担保的第三人承担担保责任后，有权向债务人追偿。

第一百七十七条　有下列情形之一的，担保物权消灭：

（一）主债权消灭；

（二）担保物权实现；

（三）债权人放弃担保物权；

（四）法律规定担保物权消灭的其他情形。

第一百七十八条　担保法与本法的规定不一致的，适用本法。

第十六章　抵押权

第一节　一般抵押权

第一百七十九条　为担保债务的履行，债务人或者第三人不转移财产的占有，将该财产抵押给债权人的，债务人不履行到期债务或者发生当事人约定的实现抵押权的情形，债权人有权就该财产优先受偿。

前款规定的债务人或者第三人为抵押人，债权人为抵押权人，提供担保的财产为抵押财产。

第一百八十条　债务人或者第三人有权处分的下列财产可以抵押：

（一）建筑物和其他土地附着物；

（二）建设用地使用权；

（三）以招标、拍卖、公开协商等方式取得的荒地等土地承包经营权；

（四）生产设备、原材料、半成品、产品；

（五）正在建造的建筑物、船舶、航空器；

（六）交通运输工具；

（七）法律、行政法规未禁止抵押的其他财产。

抵押人可以将前款所列财产一并抵押。

第一百八十一条　经当事人书面协议，企业、个体工商户、农业生产经营者可以将现有的以及将有的生产设备、原材料、半成品、产品抵押，债务人不履行到期债务或者发生当事人约定的实现抵押权的情形，债权人有权就实现抵押权时的动产优先受偿。

第一百八十二条　以建筑物抵押的，该建筑物占用范围内的建设用地使用权一并抵押。以建设用地使用权抵押的，该土地上的建筑物一并抵押。

抵押人未依照前款规定一并抵押的，未抵押的财产视为一并抵押。

第一百八十三条　乡镇、村企业的建设用地使用权不得单独抵押。以乡镇、村企业的厂房等建筑物抵押的，其占用范围内的建设用地使用权一并抵押。

第一百八十四条　下列财产不得抵押：

（一）土地所有权；

（二）耕地、宅基地、自留地、自留山等集体所有的土地使用权，但法律规定可以抵押的除外；

（三）学校、幼儿园、医院等以公益为目的的事业单位、社会团体的教育设施、医疗卫生设施和其他社会公益设施；

（四）所有权、使用权不明或者有争议的财产；

（五）依法被查封、扣押、监管的财产；

（六）法律、行政法规规定不得抵押的其他财产。

第一百八十五条　设立抵押权，当事人应当采取书面形式订立抵押合同。

抵押合同一般包括下列条款：

（一）被担保债权的种类和数额；

（二）债务人履行债务的期限；

（三）抵押财产的名称、数量、质量、状况、所在地、所有权归属或者使用权归属；

（四）担保的范围。

第一百八十六条　抵押权人在债务履行期届满前，不得与抵押人约定债务人不履行到期债务时抵押财产归债权人所有。

第一百八十七条　以本法第一百八十条第一款第一项至第三项规定的财产或者第五项规定的正在建造的建筑物抵押的，应当办理抵押登记。抵押权自登记时设立。

第一百八十八条　以本法第一百八十条第一款第四项、第六项规定的财产或者第五项规定的正在建造的船舶、航空器抵押的，抵押权自抵押合同生效时设立；未经登记，不得对抗善意第三人。

第一百八十九条　企业、个体工商户、农业生产经营者以本法第一百八十一条规定的动产抵押的，应当向抵押人住所地的工商行政管理部门办理登记。抵押权自抵押合同生效时设立；未经登记，不得对抗善意第三人。

依照本法第一百八十一条规定抵押的，不得对抗正常经营活动中已支付合理价款并取得抵押财产的买受人。

第一百九十条　订立抵押合同前抵押财产已出租的，原租赁关系不受该抵押权的影响。抵押权设立后抵押财产出租的，该租赁关系不得对抗已登记的抵押权。

第一百九十一条　抵押期间，抵押人经抵押权人同意转让抵押财产的，应当将转让所得的价款向抵押权人提前清偿债务或者提存。转让的价款超过债权数额的部分归抵押人所有，不足部分由债务人清偿。

抵押期间，抵押人未经抵押权人同意，不得转让抵押财产，但受让人代为清偿债务消灭抵押权的除外。

第一百九十二条　抵押权不得与债权分离而单独转让或者作为其他债权的担保。债权转让的，担保该债权的抵押权一并转让，但法律另有规定或者当事人另有约定的除外。

第一百九十三条　抵押人的行为足以使抵押财产价值减少的，抵押权人有权要求抵押人停止其行为。抵押财产价值减少的，抵押权人有权要求恢复抵押财产的价值，或者提供与减少的价值相应的担保。抵押人不恢复抵押财产的价值也不提供担保的，抵押权人有权要求债务人提前清偿债务。

第一百九十四条　抵押权人可以放弃抵押权或者抵押权的顺位。抵押权人与抵押人可以协议变更抵押权顺位以及被担保的债权数额等内容，但抵押权的变更，未经其他抵押权人书面同意，不得对其他抵押权人产生不利影响。

债务人以自己的财产设定抵押，抵押权人放弃该抵押权、抵押权顺位或者变更抵押权的，其他担保人在抵押权人丧失优先受偿权益的范围内免除担保责任，但其他担保人承诺仍然提供担保的除外。

第一百九十五条　债务人不履行到期债务或者发生当事人约定的实现抵押权的情形，抵押权人可以与抵押人协议以抵押财产折价或者以拍卖、变卖该抵押财产所得的价款优先受偿。协议损害其他债权人利益的，其他债权人可以在知道或者应当知道撤销事由之日起一年内请求人民法院撤销该协议。

抵押权人与抵押人未就抵押权实现方式达成协议的，抵押权人可以请求人民法院拍卖、变卖抵押财产。

抵押财产折价或者变卖的，应当参照市场价格。

第一百九十六条　依照本法第一百八十一条规定设定抵押的，抵押财产自下列情形之一发生时确定：

（一）债务履行期届满，债权未实现；

（二）抵押人被宣告破产或者被撤销；

（三）当事人约定的实现抵押权的情形；

（四）严重影响债权实现的其他情形。

第一百九十七条　债务人不履行到期债务或者发生当事人约定的实现抵押权的情形，致使抵押财产被人民法院依法扣押的，自扣押之日起抵押权人有权收取该抵押财产的天然孳息或者法定孳息，但抵押权人未通知应当清偿法定孳息的义务人的除外。

前款规定的孳息应当先充抵收取孳息的费用。

第一百九十八条　抵押财产折价或者拍卖、变卖后，其价款超过债权数额的部分归抵押人所有，不足部分由债务人清偿。

第一百九十九条　同一财产向两个以上债权人抵押的，拍卖、变卖抵押财产所得的价款依照下列规定清偿：

（一）抵押权已登记的，按照登记的先后顺序清偿；顺序相同的，按照债权比例清偿；

（二）抵押权已登记的先于未登记的受偿；

（三）抵押权未登记的，按照债权比例清偿。

第二百条　建设用地使用权抵押后，该土地上新增的建筑物不属于抵押财产。该建设用地使用权实现抵押权时，应当将该土地上新增的建筑物与建设用地使用权一并处分，但新增建筑物所得的价款，抵押权人无权优先受偿。

第二百零一条　依照本法第一百八十条第一款第三项规定的土地承包经营权抵押的，或者依照本法第一百八十三条规定以乡镇、村企业的厂房等建筑物占用范围内的建设用地使用权一并抵押的，实现抵押权后，未经法定程序，不得改变土地所有权的性质和土地用途。

第二百零二条　抵押权人应当在主债权诉讼时效期间行使抵押权；未行使的，人民法院不予保护。

第二节　最高额抵押权

第二百零三条　为担保债务的履行，债务人或者第三人对一定期间内将要连续发生的债权提供担保财产的，债务人不履行到期债务或者发生当事人约定的实现抵押权的情形，抵押权人有权在最高债权额限度内就该担保财产优先受偿。

最高额抵押权设立前已经存在的债权，经当事人同意，可以转入最高额抵押担保的债权范围。

第二百零四条　最高额抵押担保的债权确定前，部分债权转让的，最高额抵押权不得转让，但当事人另有约定的除外。

第二百零五条　最高额抵押担保的债权确定前，抵押权人与抵押人可以通过协议变更债权确定的期间、债权范围以及最高债权额，但变更的内容不得对其他抵押权人产生不利影响。

第二百零六条　有下列情形之一的，抵押权人的债权确定：

（一）约定的债权确定期间届满；

（二）没有约定债权确定期间或者约定不明确，抵押权人或者抵押人自最高额抵押权设立之日起满二年后请求确定债权；

（三）新的债权不可能发生；

（四）抵押财产被查封、扣押；

（五）债务人、抵押人被宣告破产或者被撤销；

（六）法律规定债权确定的其他情形。

第二百零七条　最高额抵押权除适用本节规定外，适用本章第一节一般抵押权的规定。

第十七章　质权

第一节　动产质权

第二百零八条　为担保债务的履行，债务人或者第三人将其动产出质给债权人占有的，债务人不履行到期债务或者发生当事人约定的实现质权的情形，债权人有权就该动产优先受偿。

前款规定的债务人或者第三人为出质人，债权人为质权人，交付的动产为质押财产。

第二百零九条　法律、行政法规禁止转让的动产不得出质。

第二百一十条　设立质权，当事人应当采取书面形式订立质权合同。

质权合同一般包括下列条款：

（一）被担保债权的种类和数额；

（二）债务人履行债务的期限；

（三）质押财产的名称、数量、质量、状况；

（四）担保的范围；

（五）质押财产交付的时间。

第二百一十一条　质权人在债务履行期届满前，不得与出质人约定债务人不履行到期债务时质押财产归债权人所有。

第二百一十二条　质权自出质人交付质押财产时设立。

第二百一十三条　质权人有权收取质押财产的孳息，但合同另有约定的除外。

前款规定的孳息应当先充抵收取孳息的费用。

第二百一十四条　质权人在质权存续期间，未经出质人同意，擅自使用、处分质押财产，给出质人造成损害的，应当承担赔偿责任。

第二百一十五条　质权人负有妥善保管质押财产的义务；因保管不善致使质押财产毁损、灭失的，应当承担赔偿责任。

质权人的行为可能使质押财产毁损、灭失的，出质人可以要求质权人将质押财产提存，或者要求提前清偿债务并返还质押财产。

第二百一十六条　因不能归责于质权人的事由可能使质押财产毁损或者价值明显减少，足以危害质权人权利的，质权人有权要求出质人提供相应的担保；出质人不提供的，质权人可以拍卖、变卖质押财产，并与出质人通过协议将拍卖、变卖所得的价款提前清偿债务或者提存。

第二百一十七条　质权人在质权存续期间，未经出质人同意转质，造成质押财产毁损、灭失的，应当向出质人承担赔偿责任。

第二百一十八条　质权人可以放弃质权。债务人以自己的财产出质，质权人放弃该质权的，其他担保人在质权人丧失优先受偿权益的范围内免除担保责任，但其他担保人承诺仍然提供担保的除外。

第二百一十九条　债务人履行债务或者出质人提前清偿所担保的债权的，质权人应当返还质押财产。

债务人不履行到期债务或者发生当事人约定的实现质权的情形，质权人可以与出质人协议以质押财产折价，也可以就拍卖、变卖质押财产所得的价款优先受偿。

质押财产折价或者变卖的，应当参照市场价格。

第二百二十条　出质人可以请求质权人在债务履行期届满后及时行使质权；质权人不行使的，出质人可以请求人民法院拍卖、变卖质押财产。

出质人请求质权人及时行使质权，因质权人怠于行使权利造成损害的，由质权人承担赔偿责任。

第二百二十一条　质押财产折价或者拍卖、变卖后，其价款超过债权数额的部分归出质人所有，不足部分由债务人清偿。

第二百二十二条　出质人与质权人可以协议设立最高额质权。

最高额质权除适用本节有关规定外，参照本法第十六章第二节最高额抵押权的规定。

第二节　权利质权

第二百二十三条　债务人或者第三人有权处分的下列权利可以出质：

（一）汇票、支票、本票；

（二）债券、存款单；

（三）仓单、提单；

（四）可以转让的基金份额、股权；

（五）可以转让的注册商标专用权、专利权、著作权等知识产权中的财产权；

（六）应收账款；

（七）法律、行政法规规定可以出质的其他财产权利。

第二百二十四条　以汇票、支票、本票、债券、存款单、仓单、提单出质的，当事人应当订立书面合同。质权自权利凭证交付质权人时设立；没有权利凭证的，质权自有关部门办理出质登记时设立。

第二百二十五条　汇票、支票、本票、债券、存款单、仓单、提单的兑现日期或者提货日期先于主债权到期的，质权人可以兑现或者提货，并与出质人协议将兑现的价款或者提取的货物提前清偿债务或者提存。

第二百二十六条　以基金份额、股权出质的，当事人应当订立书面合同。以基金份额、证券登记结算机构登记的股权出质的，质权自证券登记结算机构办理出质登记时设立；以其他股权出质的，质权自工商行政管理部门办理出质登记时设立。

基金份额、股权出质后，不得转让，但经出质人与质权人协商同意的除外。出质人转让基金份额、股权所得的价款，应当向质权人提前清偿债务或者提存。

第二百二十七条　以注册商标专用权、专利权、著作权等知识产权中的财产权出质的，当事人应当订立书面合同。质权自有关主管部门办理出质登记时设立。

知识产权中的财产权出质后，出质人不得转让或者许可他人使用，但经出质人与质权人协商同意的除外。出质人转让或者许可他人使用出质的知识产权中的财产权所得的价款，应当向质权人提前清偿债务或者提存。

第二百二十八条　以应收账款出质的，当事人应当订立书面合同。质权自信贷征信机构办理出质登记时设立。

应收账款出质后，不得转让，但经出质人与质权人协商同意的除外。出质人转让应收账款所得的价款，应当向质权人提前清偿债务或者提存。

第二百二十九条　权利质权除适用本节规定外，适用本章第一节动产质权的规定。

第十八章　留置权

第二百三十条　债务人不履行到期债务，债权人可以留置已经合法占有的债务人的动产，并有权就该动产优先受偿。

前款规定的债权人为留置权人，占有的动产为留置财产。

第二百三十一条　债权人留置的动产，应当与债权属于同一法律关系，但企业之间留置的除外。

第二百三十二条　法律规定或者当事人约定不得留置的动产，不得留置。

第二百三十三条　留置财产为可分物的，留置财产的价值应当相当于债务的金额。

第二百三十四条　留置权人负有妥善保管留置财产的义务；因保管不善致使留置财产毁损、灭失的，应当承担赔偿责任。

第二百三十五条　留置权人有权收取留置财产的孳息。

前款规定的孳息应当先充抵收取孳息的费用。

第二百三十六条　留置权人与债务人应当约定留置财产后的债务履行期间；没有约定或者约定不明确的，留置权人应当给债务人两个月以上履行债务的期间，但鲜活易腐等不易保管的动产除外。债务人逾期未履行的，留置权人可以与债务人协议以留置财产折价，也可以就拍卖、变卖留置财产所得的价款优先受偿。

留置财产折价或者变卖的，应当参照市场价格。

第二百三十七条　债务人可以请求留置权人在债务履行期届满后行使留置权；留置权人不行使的，债务人可以请求人民法院拍卖、变卖留置财产。

第二百三十八条　留置财产折价或者拍卖、变卖后，其价款超过债权数额的部分归债务人所有，不足部分由债务人清偿。

第二百三十九条　同一动产上已设立抵押权或者质权，该动产又被留置的，留置权人优先受偿。

第二百四十条　留置权人对留置财产丧失占有或者留置权人接受债务人另行提供担保的，留置权消灭。

第五编　占有

第十九章　占有

第二百四十一条　基于合同关系等产生的占有，有关不动产或者动产的使用、收益、违约责任等，按照合同约定；合同没有约定或者约定不明确的，依照有关法律规定。

第二百四十二条　占有人因使用占有的不动产或者动产，致使该不动产或者动产受到损害的，恶意占有人应当承担赔偿责任。

第二百四十三条　不动产或者动产被占有人占有的，权利人可以请求返还原物及其孳息，但应当支付善意占有人因维护该不动产或者动产支出的必要费用。

第二百四十四条　占有的不动产或者动产毁损、灭失，该不动产或者动产的权利人请求赔偿的，占有人应当将因毁损、灭失取得的保险金、赔偿金或者补偿金等返还给权利人；权利人的损害未得到足够弥补的，恶意占有人还应当赔偿损失。

第二百四十五条　占有的不动产或者动产被侵占的，占有人有权请求返还原物；对妨害占有的行为，占有人有权请求排除妨害或者消除危险；因侵占或者妨害造成损害的，占有人有权请求损害赔偿。

占有人返还原物的请求权，自侵占发生之日起一年内未行使的，该请求权消灭。

附　则

第二百四十六条　法律、行政法规对不动产统一登记的范围、登记机构和登记办法作出规定前，地方性法规可以依照本法有关规定作出规定。

第二百四十七条　本法自 2007 年 10 月 1 日起施行。

后　记

在本书即将完稿之际，内心百感交集，回首过往，时常焦虑、彷徨，深感做科研的艰辛，但内心依然坚定，始终心怀敬畏之心，坚持夙兴夜寐、戒骄戒躁，每当陷入困境我总会告诉自己“不管有没有思路，坐在电脑前总会有收获”，幸运的是奋斗的路上并不孤独，我遇到了许多良师益友，让我更快地成长。

感谢我的导师吴昌南教授，从本书拟题、构思，再到本书的修改，无不凝结着吴老师的心血，每当把书稿发给老师，老师总会及时地告诉我如何修改，很多时候老师会修改到深夜，让我深切体会到老师的良苦用心，没有老师的悉心教诲我很难取得现在的成绩。在遇到吴老师之前，我对科研是缺乏信心的，总担心自己理论功底不够扎实，忐忑不安。吴老师深厚的理论功底和严谨的科研态度深深地影响着我，让我有勇气和底气将科研之路走下去。感谢江西财经大学产业经济研究院的卢福财教授、廖进球教授、王自力教授、刘满凤教授、陈明教授、何小钢教授、吴志军教授等，对我基础理论课程的学习给予了非常细致的指导和无私的帮助，对我书稿的构思和完善发挥了重要的促进作用。感谢王勇、王守坤等授课老师，他们的循循善诱、释疑解惑令我印象深刻。

感谢陈慧同学，我们经常于傍晚时分在校园操场散步、聊天，让我在繁重的科研工作中得以放松，之后又可以满血复活继续工作。我们两人志趣相投，一见如故，见面总有说不完的话，祝愿我们友谊天长地久！感谢邱信丰同学，他科研功底扎实，踌躇满志，当我遇到实证方面的困难时，他都能给我一些建议。当我意志消沉时，他又能给我一些信心，让我相信书稿的写作没有想象的那么难，只要态度认真，功夫到了书稿也就可以了。感谢张艳丽同学，她告诉我如何构建实证模型、如何有效利用网络资源学习实证计量，让我更快地进入实证的殿堂，感谢她的无私讲解和帮助。感谢柯达、熊先承、刘海兰等同学给我的宝贵建议，也感谢他们对我的鼓励和支持，让我在撰写过程中多了欢声笑语，一起并肩作战。感谢同门帅燕、黄烨炜、胡龙海、任金洋、胡云鹏等的鼓励和支持。

感谢我的家人，我的父母一直是我的精神支柱，是我前进的动力。我的爸爸在我小的时候告诉我一句话“人骗地皮，地皮骗肚皮”，他用朴素的语言告诉我一个道理，做什么事情一定要扎扎实实，不要偷奸耍滑，自作聪明。这让我养成了勤奋、踏实的学习、工作态度，受益终生。我的妈妈一贯勤俭节约，为人低调，对子女付出无私的爱。感谢我的姐姐，她热爱生活，开朗洒脱，在我遇到处理不了的问题的时候，她的劝解能让我释怀。感谢我的公公婆婆，帮我照看两个小孩，虽然公婆身体不好，但他们始终默默坚持，没有他们的辛苦付出我无法完成科研工作。感谢我的爱人一直支持我，承担了教育孩子的重任。感谢我的女儿和儿子，我总是忙于科研而疏于陪伴，内心充满愧疚。始终忘不了，我的女儿跟我说世界上最爱的人是我，希望我长命百岁。我的儿子在公园看到我回来，老远就朝我奔过来，给我一个大大的拥抱。每当回家看到两个孩子时总能让我能量满满，他们的欢声笑语让我感到幸福。

本书得到国家自然科学基金面上项目“互联网平台企业估值最大化目标及其机会主义行为规制研究”（项目编号：72073053）资助的同时，还得到“十四五”省一流专业建设（国际经济与贸易）和南昌工程学院应用经济学学科经费资助。